中国社会科学院创新工程学术出版资助项目

村庄整治效果和影响的实证研究

Empirical Study on
the **Effectiveness** and **Impact** of Village Renovation

崔红志 等 / 著

社会科学文献出版社
SOCIAL SCIENCES ACADEMIC PRESS (CHINA)

研究参与者的贡献

课 题 筹 划 人：孙翠芬　陈新中　杨新民

课 题 主 持 人：张晓山

课 题 负 责 人：崔红志

课 题 协 调 人：朱宇峰

课 题 组 成 员：孙翠芬　陈新中　杨新民　张　军　李人庆

　　　　　　　　刘长全　张鸣鸣　李　越　谈小燕　何祖军

　　　　　　　　王庆山　靳全斌　殷　明　朱宇峰　熊广成

　　　　　　　　段　豫　王晓彬　石　慧　张　勇　李玉娟

参与农户问卷
调查的研究生：朱　林　贾　栋　冯　卓　余　翔　华东旭

　　　　　　　　邵艳梅　吴晶晶　张杨杨

前　言

近年来，我国村庄整治呈现普遍化、加速化的趋向，出现了多种多样的地方实践探索①。与其他地区相比，河南省村庄整治的迫切性可能更强。

河南省历来是我国的人口大省、粮食和农业生产大省。在现有农业技术和装备尚未取得重大突破的背景下，河南省要继续承担维护国家粮食安全的任务，耕地数量不减少、质量不降低是一个基础性前提。经过30多年的改革和发展，河南省也已经成为我国的新兴工业大省，城镇化和工业化也需要土地②。为了解决农业现代化、工业化和城市化"三化"协调发展中的用地矛盾，河南省尝试采取村庄整治的方式，将农民迁移到新建的社区居住，然后把农民宅基地集中起来，统一整理复耕还田；村庄整治后所节余的建设用地指标可以通过城乡建设用地"增减挂钩"和"人地挂钩"等制度安排，有偿调节到城镇使用③。同时，与全国平均水平相比，河南省的村庄规模小、布局分散、数量大、基础设施较差。村庄合并将有助于在较短时间内改善农民的生活条件，也会提高公共资源投入的规模效率。

但是，村庄整治需要社会、经济、法律及政策等方面的支撑条件。而且，村庄整治不仅会产生前述几个方面的积极效应，也会引发一系列诸多连带、连锁效应，农民的就业和生产方式、生活方式、农村社会结构以及

---

① 如天津市的"宅基地换房"、浙江嘉兴的"两分两换"、重庆的"地票交易"和四川成都的"拆院并院"。详见"第一部分　总论"中的附录1。

② 据有关资料估算，2010~2020年，河南省城乡建设用地供需差达到32200公顷，其中，以郑州、洛阳的供需差距最明显，分别达到了6190.9公顷和5801.7公顷。

③ "人地挂钩"是国务院针对中原经济区实施的特殊政策。《国务院关于支持河南省加快建设中原经济区的指导意见》提出，"在严格执行土地利用总体规划和土地整治规划的基础上，探索开展城乡之间、地区之间人地挂钩政策试点，实行城镇建设用地增加规模与吸纳农村人口进入城市定居规模挂钩、城市化地区建设用地增加规模与吸纳外来人口进入城市定居规模挂钩，有效破解'三化'协调发展用地矛盾"。"人地挂钩"比"土地增减挂钩"的灵活性强。有关"人地挂钩"较为详细的介绍，参见第五章、第六章的相关内容。

农村治理方式等多方面都会发生相应的变化。如何更好地开展村庄整治成了摆在河南省决策层和具体职能部门面前的一个重要课题。为此，2012 年初，河南省国土资源厅土地整理中心委托中国社会科学院农村发展研究所组成"土地综合整治对城乡统筹发展的支撑作用"课题组进行专题研究。本书是该项研究课题的成果。

本项研究采用实证分析和规范分析、定量研究与定性研究相结合的研究方法，以实地调查的第一手资料为基础，着重分析、探讨了三个方面的问题。一是开展村庄整治需要哪些条件；二是村庄整治已经产生了哪些积极效果和问题；三是村庄整治对未来农村发展、农村治理、农民生计保障等方面有哪些影响。

本书由三个部分组成。第一部分是总论。第二部分是村庄整治的个案调研报告。第三部分是农户案例。"第一部分　总论"中各章节的撰写者分别是：第一章、第五章、第六章、第十章、第十一章、附录 3，崔红志；第二章、第九章、附录 2，李越；第三章，张军；第四章，朱宇峰、熊广成；第七章，刘长全；第八章、附录 2，张鸣鸣；第十一章，孙翠芬。"第二部分　村庄个案研究"，共包括 17 个村的个案，其中个案 1、2、3、7、8 由崔红志撰写；个案 15、16、17 由刘长全撰写；个案 4、5、13、14 由张鸣鸣撰写；个案 6、9、10、11 由李越撰写；个案 12 由谈小燕撰写。"第三部分　农户访谈个案"主要由参与调查的课题组成员及研究生撰写。全书由崔红志统稿。

河南省国土资源厅土地整理中心承担了课题调研的组织和协调工作。农户问卷调查由课题组成员和聘用的学生共同完成。中国社会科学院农村发展研究所杜志雄、苑鹏、谭秋成、李人庆对本项课题研究提出了一些重要建议。

崔红志

2015 年 5 月

目　录

第一部分　总论

第二部分　村庄个案研究

第三部分　农户访谈个案

第一部分

总　论

第一章 导 论

一 问题的提出

村庄整治并非新现象。早在20世纪90年代，我国江苏省、浙江省等沿海发达地区就开展了多种形式的村庄整治，通过将人口少的自然村撤并集中到人口大村，或集中建设公寓型农民小区，解决当地工业化高速发展后农村的空心化问题。近年来，由于地方政府的强力推动，村庄合并呈现普遍化、加速化的新特征，传统村落加速消失。

地方政府介入村庄整治的合理性是显而易见的。在城市化加速的背景下，盲目地在不久可能消失的自然村或行政村搞基础设施建设，就会造成不必要的投入浪费。扩大村庄的人口和地域规模，可以在一定程度上解决公共资源在单个村庄投入的规模不经济问题。而且，村庄合并有助于实现农村土地的节约、集约利用，并可以通过城乡建设用地增减挂钩等措施来缓解工业化和城市化中的土地约束。

但是，一方面，开展村庄整治是需要条件的，具备社会、经济、法律及政策的支撑条件，是开展村庄整治的前提；另一方面，村庄整治的效果与影响具有综合性、全方位性。村庄整治不仅是农民生活聚集地点的改变，而且也会引发农民生活方式、就业和生产方式、农村社会结构以及农村治理方式等多方面的变化。相应地，对村庄整治效果的评价就不仅要看是否完成了村庄整治，也要对村庄整治中所采取手段的合理性、合法性和农民的可接受性，以及村庄整治对农业生产、农民生计、农村治理结构以及农民发展权的长期影响等方面进行深入、系统地分析和评估。

二 研究的问题

本项研究属于对策研究，旨在通过对不同类型的村庄整治方式进行比较研究，探讨什么样的村庄整治方式能够更好地增进农民的福祉和促进农村可持续发展。研究的问题主要是：

①通过实地调查，了解村庄整治的模式，包括建设方式、筹资机制、补偿方式等；

②分析开展村庄整治面临的社会经济状况及法律、政策等方面的约束，识别影响村庄整治的因素；

③评估村庄整治对农业生产的影响；

④分析村庄整治对农民福祉和生计的影响。

三　调研地点和调研方法

本项研究的技术路线是，在文献回顾及宏观资料分析的基础上，提出调查的框架和逻辑主线，确立调查的内容和通过调查所要回答的问题，然后通过试调查和正式调查，建立数据库，利用数据分析及村庄和农户个案的资料，开展专题研究，最后得出进一步完善村庄整治的意见建议。

（一）调研地点

本项调研所调研的地区主要在河南省。河南省历来是我国的人口大省、粮食和农业生产大省，经过 30 多年的改革和发展，河南省也已经成为我国的新兴工业大省。农业、工业和城市化都对土地有刚性需求。河南省还是我国劳动力输出大省，大量农村劳动力外流，农村空心化现象较为严重。近年来，河南省试图通过村庄合并的方式解决城镇化、工业化所需土地与保护基本农田之间的矛盾，并把村庄整治及新型农村社区建设的功能定位成"统筹城乡发展的结合点、推进城乡一体化的切入点、促进农村发展的增长点"。截至 2012 年底，河南省已经初步建成新型农村社区近 300 个，在建 1400 多个，全省各地不同类型、不同建设方式的新型农村社区不断涌现。从典型性和区域代表性的角度考虑，课题组选择了 14 个县（市）作为样本县，分别是豫西地区平顶山市所辖的舞钢市和郏县、豫南地区信阳市所辖的光山县和息县、豫东地区商丘市所辖的夏邑县、睢县，以及开封市所辖的兰考县，豫北地区的省直管县滑县和新乡市所辖的卫辉市和获嘉县，郑州市所辖的新密市、登封市、新郑市和荥阳市。

除了在河南省有关地区的调查外，课题组还在我国较早开展村庄整治并产生较大社会影响的四川省崇州市和山东省齐河县进行了调研。

（二）调研方法

我们采取问卷调查与访谈相结合、以问卷调查为主的方式获取基础性信息。2012 年 4 月初，课题组成员在河南省卫辉市城郊乡焦庄村和倪湾村、滑县锦和新城的暴庄村和睢庄村进行了农户问卷和村问卷试调查。然后根据试调查的情况进一步修改了问卷。2012 年 4～7 月，课题组成员在上述 14 个样本县（市）中，每个县（市）选择 1～2 个有代表性的新型农村社区作为调研对象。调查主要采用座谈、深度访谈和农户及村干部问卷调查的形式。座谈及深度访谈的对象包括县（市、区）、乡（镇）有关部门的负责同志及村组干部、村民代表和农民。

农户问卷调查样本抽取主要依据家庭的经济条件，也兼顾家庭在村中的社会地位、从业类型等特征，在每个行政村选择 15 户有代表性的农户。共获取有效问卷 367 份。为了调查不被干扰和所获信息的准确性，我们采取直接入户的方式。

四 主要发现

（一）在较短时间内，已经形成一批具有典型代表意义和积极示范效应的新型农村社区，积累了许多宝贵的经验

在资金筹措方面，初步形成了政府财政、企业、村集体、农户等多主体共同投入的资金来源格局。在村庄整治方式的选择方面，多数地方能够因地制宜，充分尊重农民的意愿。在宣传发动方面，普遍采取干部党员带头，并充分利用农村民间组织的作用。在保障农民生计方面，一些社区坚持产业园区、公共服务区与农民集中居住区建设同步推进；各地普遍尝试多种办法解决农户的经济压力，有的社区专门建设供贫困户居住的房屋。应该说，这些做法对于河南省乃至全国的新型社区建设都具有借鉴意义。

（二）对村庄整治破解"三化"协调发展中土地矛盾的空间不宜高估

不管是城乡建设用地"增减挂钩"还是"人地挂钩"，都要求一个村庄内绝大多数乃至所有农户在较短时间内完成拆旧建新；否则，新的社区占

了土地，旧村庄又难以复垦，农业生产和粮食安全受到了影响，城市用地指标也无法增加。但是，村庄整治中普遍、始终存在着不同的农民拆旧建新的意愿。家庭的经济状况、人口数量与结构、从业性质和从业地点、旧房质量、面积及区位等方面的差异，都会影响农民参与拆旧建新的意愿。在遵从农民自愿选择的前提下，以现有的社会经济条件，不可能实现村庄整治地域的广覆盖，也难以使得一个村庄内绝大多数乃至所有农户在较短时间内完成拆旧建新。例如，村庄整治耗资巨大，而基层政府的财政能力不足，整合部门涉农资金集中用于新型农村社区建设不仅与国家现有的法律、政策相抵触，而且正当性也常被质疑。又如，村庄整治需要其他的改革（例如农地确权）相配套，但关联改革滞后，影响了村庄整治的进程。

（三）农民参与具有工具性作用

农民在村庄整治方案中的充分参与，不仅是农民应该享有的权利，而且有助于提高农民拆旧建新的意愿，还会对农民集中居住后的福祉尤其是主观福祉产生积极影响。一些村庄尽管有较高的补偿标准和优惠措施，但因为程序性正义的缺乏而直接导致农民不愿意拆旧建新。相反，有的村庄对农民的补偿标准很低甚至没有补偿，但由于有了充分讨论和农民自组织的调解，村庄整治却能够顺畅推进。让广大农民了解相关的政策法规，保障他们对村庄整治全过程的知情权，调动他们参与村庄整治的积极性和主动性，是引导村庄整治成功的关键。

（四）村庄整治产生了诸多积极效果，但也存在着一些不容忽视的问题

①从农民的住房面积、生活设施、享受的公共服务和社会保障的水平等客观指标以及农民的生活满意度、农民对未来生活信心等主观指标看，农民入住新型社区后的整体福祉状况有了很大改善。但是，农民福祉改善在群体内存在不均衡，农村内部不同群体因其自身资源禀赋的差异而面临不同程度的获益或损失。在农民总体福祉或平均福祉改善的情况下，老年群体、低收入群体和"40"、"50"群体这三类弱势群体的生存状况处于权利被侵犯、福利被忽视的状态。从目前的情况看，不少地方村庄整治的福祉效应不是帕累托改进。

②村庄整治的节地效果明显，但旧村复垦难是一个共性问题。与政策设计的预期一致，调查地区农村居民点分散，农民户均住房及庭院占地面积普遍超过国家规定的标准，少的在半亩左右，多的则在 1 亩以上，而且一户多宅情况也较为常见，村庄整治可以节约大量的建设用地。但是，旧村复垦难，理论上的节地率无法转化为现实的节地率。一些农户不愿意拆迁是复垦难的内在和基本性原因，资金缺乏和基层政府的重视程度不足是外在原因。

③村庄整治奠定了现代农业发展的基础，但土地流转后的"非粮化"现象较为普遍。伴随着村庄整治的推进，农业生产条件普遍得到了改善。各地通过水利、道路、林网等各项工程建设，改善了农业生产的灌溉、交通等基础性生产条件，提高了农田灌溉保证率和生产能力。同时，县乡政府及村集体着力推动土地流转，耕地向公司、村集体、农民专业合作社、家庭农场、种植大户等新型农业经营主体流转的速度大大提升了。上述两个变化实际上从生产力和生产关系两个方面奠定了现代农业发展的基础。但是，流转耕地的种植结构普遍存在非粮化乃至非农化现象。尽管这一行为是理性和合理的，但不可回避的问题是，这种做法会影响国家粮食安全，是中央政府所不希望看到的。而且，不以牺牲农业和粮食生产为代价，是河南省村庄整治的前提和应有之义。如何解决中央的要求与地方政府及规模经营主体的非粮化行为之间的矛盾，将是亟待解决的课题。

（五）村庄整治对农村发展具有持久影响

村庄整治后，农村土地转为建设用地进行开发利用的权利，即农地发展权削弱了。在通过土地增减挂钩及"人地挂钩"的村庄整治中，腾出的建设用地需要复耕，有的还要被划为永久性基本农田，集体和农民失去了发展非农产业的空间。即使在那些不通过土地增减挂钩的村庄整治中，其腾出的建设用地大都被企业用于开发，开发的形式包括建房出售、使用节余的建设用地指标发展非农产业等，集体和农民仍然没有发展非农产业的空间。

村庄整治使得农民传统的生计模式瓦解了。①土地对农民就业和养老的兜底保障功能进一步弱化了。②农民的后代将不再享有无偿使用的宅基地。③农民的生活方式商品化，生活成本提高了。④农民的生活环境不再是熟人社会，村民之间的互助共济机制减弱了。

　　村庄整治对农村传统治理方式提出了挑战。村庄合并后，几千年的村落文化、农耕文明、家族宗族关系在农村治理中的作用将会弱化乃至消失。改革开放以来逐渐形成的包括村委会、村民代表会议、党支部、村民小组、村务公开、村民理财小组、村民议事会等正式和非正式制度安排，也面临着被取代的风险。

第二章　相关研究综述

一　村庄整治的必要性

进行村庄整治、推动农民集中居住的最初动力来自对土地资源的合理利用。工业化、城市化的快速发展导致了传统农村的"空心化"，并且由于缺乏规划，农村地区村镇布局散乱，宅基地占地过多、无序使用等土地浪费现象严重，为此，推动村庄整治具有一定的必要性（韩俊等，2007；郑风田、傅晋华，2007；张金明、陈利根，2009；徐持平等，2010）。在中国高度紧张的人地关系以及快速的城市化和工业化背景之下，村庄整治是集约土地利用、保障粮食安全的有效途径（阮荣平，2012）。与此相对应，早期的土地整治和集中居住主要以"空心村"改造、村庄废弃地利用为主。以较早开展集中居住试验的江苏省为例，在2001年前后，苏州、无锡等苏南地区富裕乡镇开始出现了一些小规模的村庄整治试验，通过将人口少的自然村撤并集中到人口大村，或集中建设公寓型农民小区，以解决当地工业化高速发展带来的"空心村"问题。此举既改善了农村居住环境，也提高了农村公共资金的投资效率，是基于经济发展的务实举措（郑风田、傅晋华，2007）。

随着新农村建设、统筹城乡发展等发展理念的提出，村庄整治被赋予了更丰富的内涵。促进农民因地制宜、因势利导地适度集中居住，是实现城乡统筹、推进农村城市化、农业现代化、农民职业化与市民化的必然选择（杨继瑞、周晓蓉，2010）。党国英（2010）从消除城乡二元结构、农民职业特征变化、土地节约、民主政治发展和投资拉动五个方面论述了开展迁村并居的必要性。他认为，村庄整治，利大于弊；如果有好的规范性政策，也可以说有利无弊。张颖举（2011）概括了农民集中居住的三个"有利于"，即有利于改善农民生产生活方式，推动城乡公共服务均等化；有利于实现耕地的保护和农地的规模化流转；有利于统筹城乡发展，缓解城市发展的用地压力。聂家华（2010）认为，集中居住使农民由相对封闭的生产结构向相对开放的社会结构转变，这种转变有利于推进农村市场化和现代化进程。从总体经济增长来看，集中居住是在土地资源约束下，实现工业化所需土地供给的一个重要方式，而工业化的发展则能促进总体经济增长。因此，总体来看，集中居住有助于总体经济福利的改善。另外，集中居住能够提高农村公共物品的供给效率，进而能够在一定程度上推动公共物品供给状况的改善。因此，在有条件的农村地区适度推行集中居住具有较大的经济效益和社会收益（阮荣平，2012）。

当各地村庄整治热火朝天地进行的同时，对这项工程的批评声也不绝于耳。持反对观点的学者认为，把有着千百年积淀的村庄瞬间夷为平地，既是极大的资源浪费，也打破了村落社会的组织结构，扰乱了农村正常的社会秩序，打乱了农民的生产生活习惯，破坏了传统的乡土文化，使农民面临着物质、精神、文化等多重危机（刘奇，2011）。特别是在 2004 年中央政府提出"城乡建设用地增减挂钩"概念后，地方政府开展土地整治的积极性被极大地激发，催生了村庄整治、撤村并居、农民上楼、农村社区化等名目繁多的政策实践（刘元胜等，2011）。许多学者将这些席卷全国 20 多个省市区的集中居住政策实践形象地称为"灭村运动"（刘奇，2011；涂重航，2011；郑风田，2012）。所谓的"灭村运动"，就是地方政府打着神圣的名义（诸如让农民住进现代化的楼房、城乡一体化、新农村建设等），没收农民宅基地、侵害农民财产权益、破坏农民村落文化的一种强制性征地行为，其实际目的是借助"土地增减挂钩"政策的漏洞获取建设用地指标、突破国家土地管制红线、满足土地财政与开发商需要的侵民运动（郑风田，2012）。这场"灭村运动"的直接诱因是城乡建设用地增减挂钩政策的出台，而深层次原因则在于用地指标的约束、土地财政的推动、对城市化的热衷、对政绩的追求以及法律、制度不健全导致的行政权力的失控（刘奇，2011）。

对于是否有必要推动村庄整治，正反双方的观点看似矛盾，但本质上是一致的。赞成推动村庄整治的学者强调的是在有条件的地区适度推行，也强调开展这项工作要有好的制度加以规范；而反对派的质疑并不在于村庄整治的积极意义和必要性，而是反对不顾实际、盲目冒进地推进村庄整治，反对以"土地指标"、"政绩工程"为目标的指导理念，反对忽视农民利益、牺牲农民利益的做法以及"运动式"工作方法。

二　村庄整治的基础条件

尽管开展村庄整治有一定的必要性，但就目前条件看，村庄整治的适宜范围是学术界关注的问题。

（一）农民主观意愿是开展集中居住的基础条件

农民的需求和意愿是开展村庄整治和集中居住的基础条件，是否要进行集中居住、选择怎样的集中居住模式、如何确定补偿标准等多个方面的决策都要充分尊重农民的意愿。在这个过程中，政府应该扮演"引导者"的角色，而不是替农民做决策，更不能简单地依靠国家行政力量强制农民就范（郑风田，2011）。

对于农民集中居住的意愿，许多学者从不同方面进行了考察。党国英（2010）调查发现，农民非常渴望改善居住条件，如果费用合适，农民喜欢住在基础设施比较好、以低层楼房为主的新社区。张金明、陈利根（2009）通过对江苏省江都市80户农户的问卷调查和统计分析表明，现有居住环境与对集中后的预期是影响农民集中居住意愿的两个直接变量，个人特征和家庭情况是内在的制约因素，政策是影响农民集中居住意愿的外部因素。农民的年龄、文化水平、从事职业方面的差异性，使他们对集中居住会有不同的预期和需求；经济收入和家庭结构等方面的分化也使得农户产生不同的居住区位选择动向。尽管存在农民个人特征和家庭结构等方面的差异，但制度和政策支持对农民的影响始终是积极的，即随着政策支持力度的加大，农民的集中居住意愿会更强烈。白莹、蒋青（2011）调查了成都市郫县农民对于四种预设居住方式的选择（包括维持现状、向农村新型社区集中、向城镇周边集中、退出集体经济组织转变为市民身份集中居住），并分析了农民在不同居住方式中做出选择的具体原因。其研究发现，农民对于集中居住具有不同的意愿和不同层次的需求；生产方式的现状是农民做选择时首要考虑的因素，对农民既得利益的价值补偿是农民做选择时的重要判断条件。

（二）社会经济发展水平是开展村庄整治的约束条件

农民是否适合集中居住，是否愿意集中居住，在很大程度上取决于农民的收入水平和当地的经济社会发展水平（韩俊等，2007；郑风田，2012）。世界银行的一份研究报告指出：当人均 GDP 小于 500 美元时，农民以分散的、自给自足式的土地经营为主；当人均 GDP 大于 1000 美元之后，农村土地的商业运作和市场价值才能开发体现出来（胡克梅等，2003）。当前，在我国绝大部分农村地区，农业仍是农民最主要的生产活动，庭院经济和家庭养畜还是农民最重要的收入来源，土地仍是农民生活最基本的保障条件，以村庄为主要形式的农村居民点还是比较适合农民居住和从事各种生产活动，因此，村庄整治应该坚持大稳定、小调整的原则（韩俊等，2007）。

而在农村内部，也不是各类农民都适合集中居住。农民之间的收入差距很大，并不是每个农户的收入水平都能支撑集中居住的成本（郑风田，2009）；要充分认识到，有一定生产规模的专业农户并不适合集中居住。为此，要规划适合专业农户的居民点，集中居住时要考虑农户之间的差异性（党国英，2010）。

张颖举（2011）认为，集中居住是对政府财政承载能力的考验，目前在资金方面并不具备全面开展的可行性；城乡建设用地"增减挂钩"政策的试点尚存在较多制度漏洞，集中居住不具备全面开展的政策基础；对农民利益补偿机制不合理，集中居住不具备全面开展的群众基础；配套就业、生计保障等政策不完善，集中居住不具备全面开展的社会保障基础。

（三）政策、法律制度是开展集中居住的政治条件

村庄整治涉及一系列法律概念以及法律关系的界定，如果对这些法律原则模糊，那么在实践操作中必然会产生更大的混乱。众多学者从法律层针对集中居住的相关问题进行了分析。

在行政法视界里，政府作为行使公权力的行政主体，其权力理应受到限制和制约，从而保障公民、法人和其他社会组织的合法权益。但法制上的不健全导致了政府在"村改居"、村庄整治操作中的行政职权滥用（焦彩霞，2007）。万国华（2009）认为宅基地换房实质上是一种新型的土地征收

关系，进一步演变便可能形成一种新型的土地征收制度。由此会引出一系列亟待解决的法律问题，包括：农民宅基地的期限问题、农民所换取房屋的土地所有权及土地使用权的性质问题、在"宅基地换房"模式中村集体土地所有权人的利益体现问题等（万国华，2009；何缨，2010）。郭振杰、曹世海（2009）研究了重庆集中居住过程中衍生的"地票"制度，认为"地票"在法律权利主体、登记抵押、价值构成等多项权利内容中都有独特的法律性质。而更为重要的是，具有如此广泛影响的地票制度，仅在半年的时间里便由设想成为现实，即使抛开其权利义务层面的合理性，其法律上的正当性也将备受考验。

此外，作为各地实施村庄整治政策依据的"增减挂钩"政策试点还存在诸多缺陷。在政策本身不完善的情况下，盲目扩大推广范围，势必会激发地方政府"以地生财"的自利行为（张颖举，2011）。国务院时任总理温家宝 2010 年 11 月 10 日主持召开国务院常务会议，专门研究部署了规范农村土地整治和城乡建设用地增减挂钩试点工作。会议指出土地整治和"增减挂钩"试点工作中出现了一些亟须规范的问题：少数地方片面追求增加城镇建设用地指标，擅自开展城乡建设用地增减挂钩试点或扩大试点范围，擅自扩大挂钩周转指标的规模；有的地方违背农民意愿强拆强建，侵犯农民利益；挂钩周转指标使用收益分配不明确。陈锡文（2011）指出，中央出台城乡建设用地增减挂钩政策，意在加强乡镇建设，而一些地方擅自扩大增减挂钩试点范围，把建设指标置换到城市以地生财，这种现象非常严重，如不有效遏制，"恐怕要出大事"。

三　村庄整治的效果

村庄整治的效果究竟如何，需要经由实践进行检验。近年来，相当一部分有关村庄整治问题的研究都集中在各地集中居住实践的实际效果上。

（一）对农民生活的影响

综合不同学者在不同地区对不同村庄整治区的实证研究，集中居住对农民生活的影响较一致地反映在如下几方面：生活条件与居住环境明显改善，但生活成本增加；农业生产便利性降低，生产方式被改变；部分地区农民收入减少，农民就业成为关键问题；人际交往及思想观念等亦受到影响（徐持平等，2010；易小燕等，2011；陈彩霞、李雪梅，2012；陈克剑、易皖，2012）。

从福利的视角评价村庄整治效果是一种更为系统的分析方法。有研究指出集中居住使农户总体福利水平稍有提高，主要表现为农民的经济状况、居住条件、发展空间和心理满意度有不同程度的改善。贾燕等（2009）在阿玛蒂亚·森的可行能力分析框架下研究了集中居住过程中农民福利的变化，并使用模糊评判方法对江苏省江都市集中居住前后的农民福利变化进行了测算。结果显示，集中居住过程中，江都市农民的福利虽有所改善，但仍处于较差的水平。其中，农民的经济状况、居住条件、发展空间、心理指标都有不同程度的改善，但社会保障、社区生活和环境进一步恶化；从转换因素看，农民家庭被抚养人口比重、教育程度、地区经济发展水平都是农民福利变化产生差异的显著影响因素。马贤磊、孙晓中（2012）通过对比江苏省经济发展水平不同的两个县的村庄整治后的福利变化，认为经济相对不发达地区的农户集中居住后的福利改善水平显著高于经济相对发达地区的农户，这既跟两个地区集中居住前的初始状态相关，也与两个地区采用的不同集中居住模式相关。与农村居民点整理相比，虽然征地模式会给予农民较高的补偿，但是在经济发展水平较高的地区，一蹴而就的、强制性的征地模式在改善农户福利方面的效果可能低于经济发展水平较低地区缓慢推行的农村居民点整理模式。

（二）对农业生产的影响

农村土地流转与村庄整治之间存在相当密切的关系。农村土地流转后农民成为农业劳动力，农民的适度集中居住有助于流转农地的运作；村庄整治后，农地才可能成块成片，从而有助于农地流转；村庄整治后，与流转农地运作有关的基础设施才能合理布局。从长远的观点看，农业劳动力向农村内部非农产业以及城市社区转移，是发展现代农业的基础条件，因为只有这样，才能减少留在农业中的人口和劳动力，农业的经营规模才有可能扩大（杨继瑞、周晓蓉，2010）。

王延强、陈利根（2008）运用江苏省江都市农户集中居住工程调查问卷的数据，分析了农户集中居住对农地细碎化程度的影响。结果表明，当农户集中居住为主动性农户集中居住，且这些农户家庭多以外出务工、从事非农产业和以非农收入为主要收入来源时，农户集中居住才会对农地细碎化程度的减轻起到一定的促进作用。

（三）对农村发展的影响

农民聚居于农民公寓，实际上已经形成新的社区。在"村改居"的过程中，农村集体经济资产如何处理？新社区如何管理？是否保留以前的村民委员会？这些问题都是关系到中国农村未来发展的关键问题。

丁煌、黄立敏（2010）从社会资本的角度分析了村庄整治后新社区治理绩效不理想的原因。李彦辰（2011）通过对威海市某"村改居"社区的案例研究，发现"村改居"社区居委会这一转型产物在运行机制上还停留在村委会的层次，职责不清、功能不明；社区服务职能和经济管理职能相互掺杂；居委会应有的特质几乎没有体现出来，村委会特征明显；社区居委会在运行管理的过程中存在着公共性重构的问题。王碧红、苏保忠（2007）通过比较"村改居"与传统村委会、城市社区的差别，尝试探索一条适合"村改居"地区发展的社区居委会治理新路。李长健（2011）认为可以从组织机构、职能设置、经费制度、人才机制等方面完善村庄整治后的社区管理。

集体资产改造是"村改居"过程中的一项复杂的系统工程，它涉及组织设立、产权明晰、资产量化、公司治理等多个环节。郑风田、赵淑芳（2005）通过实地调研，总结了"村改居"背景下集体资产处置的主要问题和难点：改制透明度不够、清产核资的过程不规范、资产量化和分配无标准问题、法人治理结构不健全问题等。苏培霞（2011）比较了股份合作企业、股份有限公司、有限责任公司三者的利弊，结论是：股份有限公司由于对股东人数没有最高限制以及对股权的社会流转也没有特别限制的特点，符合"村改居"集体资产改造的实际需要。付群（2012）认为社区集体资产股份制改革中存在的问题有：股权量化和分配难、政社企不独立、运营和管理机制不健全、缺少政策依据等。

社区的管理不仅包括管理一定的区域和人口，更重要的是对社区成员的共同观念、归属感等共同体意识的培养。吴晓燕（2011）提出以新居民的精神文化生活为抓手，形成新的身份认知和社会认同，从而破解村转居社区的治理困境。叶继红（2011）从文化适应的角度来实证分析影响新居民对于集中居住方式适应性的因素。研究表明，社区环境和配套设施、社会交往和社区参与、地区差异以及身份认同等因素对集中居住区居民的文化适应具有显著影响。因此，政府部门应该扩展居住区公共空间面积、加强居住区社区建设，同时在推进过程中要考虑地区差异因素，而农民则需要积极配合政府的行动、加强社区参与和邻里交往，以提高对集中居住的适应能力。

四　推动村庄整治的机制设计

（一）资金筹集机制

村庄整治是一项耗资巨大的系统工程，整治资金包括对农民的补偿费用、拆旧建新工程费用、土地复垦开发费用、基础设施配套费用等。集中居住项目较少时，基础设施的财政投入尚可应付，但当更多农民开始搬迁时，政府投资将捉襟见肘（潘国建、姚佳威，2010）。因此，土地整治和集中居住的开展需要健全的资金筹集机制作为保障。一些学者主张将 BOT、PPP、土地基金和资产证券化等融资方式引入土地综合整治项目（鲍海军等，2002；伍黎芝等，2004；蒋胜强，2011）。王利香、俞晓群（2008）认为鉴于我国工程担保公司刚刚起步，建议在推行土地整理工程保证担保初期，应以银行保函为主，以担保公司保证书、同业担保及母公司信用担保等为辅。"可转移发展地权"（Transferable Development Rights, TDR）为土地整治项目融资机制的创新提供了可循的思路。沈守愚（1998）较早从法学的角度将农地发展权界定为"将农地变更为非农用地的变更利用权"。王小映（2003）则认为，农地发展权是一种可将农地转为建设用地进行开发利用的权利。一些学者将"可转移发展地权"概念引入对土地综合整治的分析中（谭峻、戴银萍，2004；张蔚文等，2008；汪晖、陶然，2009；陈佳骊、徐保根，2010）。汪晖、陶然（2009）指出，成都的"拆院并院"、天津的"宅基地换房"、嘉兴的"两分两换"以及全国很多地方以"新农村建设"、"新民居建设"、"城乡统筹"为名进行的村庄整治，其本质都属于这种政府主导的、区域内建设用地发展权转移的模式。陈佳骊、徐保根（2010）根据浙江省秀洲区的实地调查，分析了基于可转移土地发展权的农村土地整治项目融资机制。

（二）农民权益保护机制

保证农民合法权益不受侵害是推动村庄整治过程中必须坚守的原则。李长健（2011）指出，要切实维护集中居住区农民的权益，不仅要规范其转变过程，更要对转变之后产生的后续问题及时采取针对性措施。一是可向集中居住后失地农民提供常规化的专项补偿；二是可为集中居住后农民生产方式"农转非"提供优惠政策；三是可考虑为农民权益保护制定相对统一的标准。针对集中居住后最为突出的失地农民就业问题，可尝试为农民发放"失地证"，并赋予利用"失地证"获取政策优惠及社会保障等权益，实现农民权益保护的规范化，促进社会公平的实现。郑风田、傅晋华（2007）认为，保护集中居住过程中农民的权益，从国家角度看，中央有关部门应该尽快明确和赋予农民宅基地完整的物权；从地方角度看，重要的是转变执政理念；从农民角度看，应该进一步增强法律意识，并通过组建农民合作社的方式扩大自身的力量，从而有效维护自身的权益。

（三）决策参与机制

让广大农民了解相关的政策法规，保障他们对集中居住全过程的知情权，调动他们参与集中居住区建设的积极性和主动性，是引导村庄整治成功的关键（韩俊等，2006）。鲍海君等（2004）借鉴国外公众参与规划的机制，设计了包括阶段目标、技术方法、机构设置在内的公众参与土地整理总体框架。易舟（2012）提出了公众参与农村闲置宅基地整理的八个步骤。

（四）收益分享机制

如果土地整理的行为在某种程度上是社会发展的一个趋势，那么在这种趋势中，农民能否合理合法地分享到相关的土地收益？怎样能够使这个利益格局更为均衡？农民的利益在长远的社会发展进程中如何能够得到切实有效的保障？为此，张晓山（2011）提出了土地增值收益剩余索取权的概念。他认为，进行村庄整治、土地整治之后，村庄的建设用地已经被大大地压缩了，它未来的发展潜力实际上是被透支了，发展的可持续性没有了。因此，农民不仅应该得到补偿，还应该得到剩余索取权——也就是在整个土地的增值过程中产生的净收益（剩余），农民应该获得属于他们的份额。从财产权的角度讲，土地发展权是土地这种特殊产权权利束中的一种基本权利，所以，对农村土地发展权的压抑实际上是对集体土地所有者或者集体土地使用者利益的某种损害（杨明洪、刘永湘，2004）。

五　简要的结论与展望

从上述对村庄整治研究的梳理不难看出：目前学术界对开展村庄整治的必要性已形成了较为一致的观点，因而研究的重点更多地集中在如何开展集中居住、如何规避集中居住可能带来的负面影响方面。已有研究无论是从研究视角还是研究内容来说都已较为全面，但现有研究仍存在一些问题和不足，可以作为未来研究发展的方向。

首先，研究的深度有待进一步挖掘。现有研究多是针对集中居住实践的现象总结和原因分析，还较少将其抽象为一般性理论问题，因而不能前瞻性地指导实践活动。

其次，比较研究较为缺乏。不同条件、不同模式、不同操作办法下的集中居住在结果和效果上必然存在一定差异，当然也会存在许多共性的现象。采用比较研究的方法将更容易考察具体变量对集中居住效果的影响，所得的共性发现也更有说服力。

最后，缺乏对特定群体的关注。由于农民群体内部在职业身份、经济条件等方面分化较明显，细分人群的研究将更有利于提高研究的参考价值。

第三章 村庄整治的背景、理论依据和意义

一 社区发展理论及国际经验

自从德国社会学家藤尼斯（F. J Tonnies）在《社区与社会》一书中提出社区概念以来，社区在全世界不同国家的现代化发展过程中得到高度重视和快速发展。社区发展理论与社区建设实践成为推动经济和社会不断发展的重要源泉与动力。

（一）社区定义与主要特征

1. 社区定义

最早提出社区概念的是德国社会学家藤尼斯，他认为社区是由具有共同的习俗和价值观念的同质人口组成的，是关系密切的社会团体或共同体。在藤尼斯看来，社区具有自生、同质、封闭、自给自足、单一价值取向等特点，是人们感情和身份的重要源泉，因而社区代表着传统的乡村社会。与社区相对应的是社会，社会是工业化和城镇化的产物。如果说社会变迁的总体趋势是从传统村庄向现代城市转变，那么也可以认为社会变迁是从社区向社会的变迁过程。

藤尼斯之后的学者对社区的定义各有不同，但希勒里（Hillery）提出的社区具有地域性、共同关系和社会互动的概念得到了广泛认同。2000 年 11 月，中共中央、国务院办公厅转发的《民政部关于在全国推进城市社区建设的意见》中，对社区作了如下定义：社区是居住在一定地域范围内人们社会生活的共同体。

综合对社区下的不同概念和定义，以及结合社区的现实发展，我们大致可以认为，社区内涵主要包括以下五方面内容：一是有一定数量的人口；

二是有比较明确的边界；三是有一定类型的经济活动或生产活动；四是有一定规模的基础设施；五是有能够代表社区的文化特征。

2. 社区的主要特征

从国内外社区建设的实践过程来看，社区可以概括为具有一定血缘、地缘、业缘关系的人口群体，为了一个或多个共同关心的诉求，在空间上聚集居住形成的社会共同体。它具有以下四方面特征。

第一，社区具有开放性特征。社区延续了血缘、地缘和业缘关系特征，但其发展又突破了上述的固有边界，是不同经济社会团体的组合，因而是一个开放程度较高的社会系统。

第二，社区具有多样化功能。社区不仅能够满足成员在就业、公共服务和文化方面的诉求，而且还可以提高他们的生活水平，改善他们的居住环境。

第三，社区建设主体多元化。社区建设主体不仅有政府、社区自治组织、企业，还有各种形式和类型的社会中间组织。

第四，社区成员联系紧密。社区成员之间的血缘、业缘、地缘与公共服务关系可以将社区成员更紧密地联系在一起，使社区成员的利益具有趋同性，使社区成员在利益诉求方面更容易达成一致。

第五，社区人口规模因国家、城乡类型而异。从世界各国的社区发展情况看，城市社区和农村社区的人口规模有很大差异。比如美国纽约城市社区，人口规模一般在 11 万～18 万人；新加坡城市社区人口规模在 13 万人左右。农村社区人口规模要比城市社区小，比如韩国农村社区人口规模一般在 2 万～5 万人；日本农村社区人口规模在 2 万人左右。

（二）社区发展理论

最早的社区发展研究是以农村为对象，因而现代城市形成以后，出现了农村社区和城市社区两个截然不同的社区发展类型。关于农村社区的定义，一般认为是指由从事以农业生产活动为主的人们所组成的地域性社会生活共同体。

在工业化和城镇化发展的推动下，人们开始根据自身发展需要的内容，如购物、学校、教会、邮局、新闻报纸、企业共同社会、近邻、政治、农场、图书馆、娱乐来建构不同的关心共同圈，由血缘、业缘和地缘组成的具有很强封闭性特征的传统农村社区，开始向开放的、以追求共同关心的、不断增长的物质和文化生活需要发展为主的现代社区转型。这些关心共同圈在空间范围上与社会组织制度重叠，由此形成新型的与传统农村社区不同的社区。社区可以是单一功能的社区，如在美国有以宗教为主形成的社区；在日本有以学（校）区为主形成的社区；在中国有以建立25分钟车程公共服务区为标准形成的社区，以及以文化体育服务为主题形成的社区；也可以是多功能的社区。多功能社区主要具有经济功能、生活功能、公共服务功能、文化功能和社会交往功能等。从这个意义上说，传统农村社区向现代社区转变形成的新型农村社区，最少也要具备以上五种功能。

关于社区的行政架构和治理历来存在两种不同的理论。一种理论认为要通过政府的干预来建设社区和对社区进行强有力的治理；另一种理论则认为社区是自治组织，应当由社区居民自治来实现社区的管理。两种理论在现实的社区建设与发展中均已被成功地运用。尽管马克思没有对社区的作用做过具体论述，但是马克思关于现代化发展过程中公民社会的建设，以及社会中介组织的发育和发展的论述，在很大程度上反映了社区建设与治理的要求。目前在理论上得到广泛认同的是，社区建设和治理离不开社区建设和发展的阶段环境，在不同的建设和发展阶段上，经济力量、政府力量和社会力量深入社区建设和发展的作用不同，使上述三种力量在影响社区建设与发展方面出现不同的排列组合，对社区建设与发展产生影响，因而简单说依靠哪一种力量进行社区建设与治理都可能存在片面性，也不符合现实发展中社区发展的实际情况。

（三）社区建设与治理的国际经验

从世界范围内的社区发展情况来看，社区建设与治理大致可以归纳出以美国、日本为主且自治程度较高的社区民主自治模式；以欧洲主要是北欧为主的社区政府自治模式；以新加坡为主的政府指导下的社区居民自治等三种模式。这三种模式既有区别，又有共性，主要表现在以下四个方面。

1. 社区实行自治

在三种类型的社区自治中，美国社区居民自治程度最高，社区组织和各种非政府组织是社区治理的主力军，居民在社区治理方面享有充分的民主和权利。日本采取的是以社区为主、政府为辅的治理模式。政府作用仅表现在规划、指导和提供必要的经费方面，很少对社区治理进行干预。社区治理主要由社区自治组织"町内会"负责。北欧主要实行社区政府自治。社区居民通过民主选举程序选举产生社区政府，并由社区政府对社区进行管理。由于产生了社区政府，非政府组织的作用受到一定程度的限制。新加坡实行政府指导下的居民自治。在新加坡的社区中，政府设立了一些派出机构，因而社区发展的政府干预行为在上述几种模式中最突出。

2. 政府给予社区发展一定支持

美国和日本的社区自治程度都较高，但美国政府和日本政府依然对社区发展规划提供指导，并提供相应资金支持。北欧国家的政府不仅对社区发展提供财政支持，而且也提供培训、信息、法律、文化和技术交流等服务。在新加坡，政府对社区的物质和资金支持更直接。

3. 社区自治和发展依法得到保障

为了保障社区民主自治的顺利进行，防止政府直接行政干预，即使是在政府直接干预程度较高的新加坡，也都出台了各种法律条文，对社区自治制度建设、政府干预、社区管理，以及社区财政资金使用、社区基础设施建设等方面作了较为详细的规定，以保障社区能够在法制框架下顺利、健康发展。

二 村庄整治的背景

1978 年实行改革开放以来，河南省经济社会发展取得了显著成就。2011 年，河南省国民生产总值在全国 31 个省份中排第 6 位，但受城乡二元结构发展体制影响，河南省城乡经济社会发展之间存在的差距依然突出，城乡之间、居民之间在分享经济社会发展成果方面的差异依然显著，其主要特征表现在如下几方面。

（一） 城乡居民收入差距没有明显缩小

居民人均收入支出水平是衡量经济发展的重要指标。河南省城乡居民收入差距一直较大。改革开放初期，河南省城乡居民收入差距曾经一度缩小，但自 1985 年以来，城乡居民收入差距又呈现扩大趋势。特别是 2000 年以来，城乡居民人均可支配收入差距呈现进一步扩大的态势（见图 3 - 1）。2000 年，河南省城乡居民人均可支配收入之比为 2.4 ∶ 1，但是到了 2011

年，河南省城乡居民收入之比则上升到了 2.75：1，与全国城乡居民收入之比，尤其是 2005 年以来全国城乡居民收入之比呈缩小趋势相比，河南省城乡居民收入之比的扩大显得尤其突出。

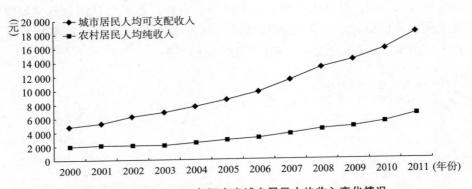

图 3 - 1　2000～2011 年河南省城乡居民人均收入变化情况

资料来源：根据《河南统计年鉴（2012）》数据绘图，中国统计出版社，2012。

（二）城镇化发展严重滞后于工业化发展

按照工业化国家城市化发展的一般规律，城市化进程一般与非农产业发展呈正相关性，且保持在一个比较合理的范围，两者互动互促。改革开放以来我国城镇化进程虽取得了显著发展，但从城镇化率与国民经济三次产业的非农化比较情况看，城镇化发展滞后于工业化发展的现象十分突出。2010 年，我国按人口计算的城镇化率达到 49.95%，当年非农产业在国民经济三次产业中的比重已经达到 89.9%，两者相差 39.95 个百分点。此外，根据中国社会科学院工业经济研究所的一项关于我国工业化发展的研究成果，2010 年我国整体已经进入工业化中期的后半阶段，但城镇化率则处在工业化中期的前半阶段①。

河南省城镇化发展滞后于工业化发展的现象更为突出。2010 年河南省按人口计算的城镇化率为 38.8%，比全国的平均水平低了 11.1 个百分点（见图 3 - 2），在全国 31 个省份中排第 27 位（见图 3 - 3）。2010 年河南省国民经济三次产业中非农产业所占比重达到 85.9%，高于城镇化率 47.1 个

① 陈佳贵、黄群慧、吕铁、李晓华等：《中国工业化进程报告（1995～2010）》，《学术动态》2012 年第 32 期，第 7 页、第 12 页，中国社会科学院科研局主办。

百分点。城镇化水平滞后于工业化发展水平的程度比滞后于全国平均水平的程度更为严重。用中国社会科学院工业经济研究所的工业结构指标评价体系来衡量 2010 年河南省工业化发展所处的阶段，当年河南省已经进入后工业化发展阶段，但是用城镇化水平的评价指标体系来衡量河南省的城镇化发展所处的阶段，当年河南省城镇化仅处于工业化初期的前半发展阶段①，河南省城镇化发展滞后于工业化发展的情况十分突出。

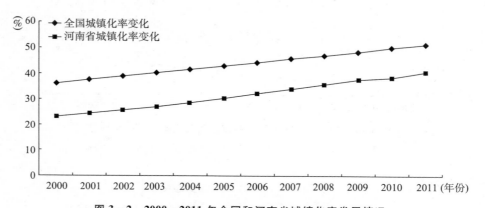

图 3 - 2　2000～2011 年全国和河南省城镇化率发展情况

资料来源：根据《中国统计年鉴（2012 年）》数据绘图，中国统计出版社，2012。

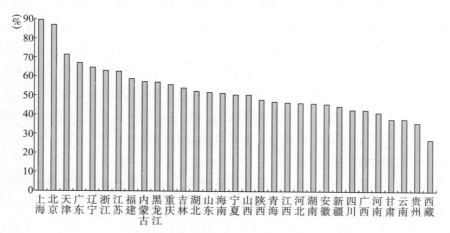

图 3 - 3　2011 年河南省与各省市区城镇化率排名

资料来源：根据《中国统计年鉴（2012 年）》数据绘图，中国统计出版社，2012。

① 陈佳贵、黄群慧、吕铁、李晓华等：《中国工业化进程报告（1995～2010）》，《学术动态》2012 年第 32 期，第 12、13 页，中国社会科学院科研局主办。

（三）工农关系不协调现象依然突出

美国经济学家库茨涅兹对世界上众多国家，尤其是发展中国家的现代化进程的研究发现，农业与非农业之间的人均 GDP 关系可以反映工业部门与农业部门之间的内在发展差距，由此创建了工农业二元结构反差系数指标，以反映工农业发展关系是否协调。工农业二元结构反差系数指标强度大，一方面说明农业比较生产率及比较收益率低，农业剩余劳动力转移缓慢以及农产品价值被低估；另一方面也充分说明工业化发展忽视了工农关系和城乡关系的协调发展要求，其结果必然造成工农业和城乡发展严重失衡。

工农关系失衡是导致城市化滞后于工业化的重要原因之一。库茨涅兹的统计研究发现，除中国外的发展中国家，反映工农关系的工农业二元结构反差系数强度值最大为 4.09 倍①。2000～2011 年的绝大多数年份里，我国工农业二元结构反差系数强度值呈现出波浪式变化走势，基本趋势是先升后降，且数值都高于 4.09 倍的发展中国家的平均水平。在这十几年里，河南省的二元结构强度指标有 8 年超过全国平均水平（见图 3 - 4），说明河南省的工农发展关系和城乡发展关系存在严重的不协调。

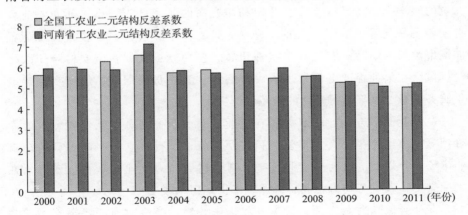

图 3 - 4　2000～2011 年全国和河南省工农业二元结构强度指标变化情况

资料来源：根据《中国统计年鉴（2012 年）》和《河南统计年鉴（2012 年）》数据绘图，中国统计出版社，2012。

---

① 刘炜、黄忠伟：《统筹城乡社会发展的战略选择及制度构建》，《改革》2004 年第 4 期，第 12 页。

（四）城乡公共基础设施建设和公共服务发展差距十分明显

与经济发展的城乡失衡相比，公共基础设施建设和社会事业发展的城乡失衡状况更明显。在城乡二元结构发展体制下，河南省农村公共基础设施建设和社会事业，如文化、教育、医疗卫生、就业和社会保障发展缓慢，城乡之间存在较大差距。

在公共基础设施建设方面：由于城市公共基础设施建设主要靠政府财政投资，资金投入有保障，公共基础设施不仅完善而且有质量保障。农村基础设施建设，如路、电、水、气、邮、污水和垃圾集中收集与处理等基础设施建设，主要依靠县乡政府或者村庄集体经济组织投资建设，国家只给予适当补助。虽然农村公共基础设施建设需求越来越大，但受县乡政府和村庄集体经济组织财政收入有限的影响，公共基础设施建设资金筹集能力弱，不仅不能满足农村经济社会发展的要求，而且与城市发展的差距越拉越大。

在文化教育医疗卫生发展方面：农村居民文化消费水平低，消费内容和结构单一；教育方面尽管解决了九年义务教育的全覆盖问题，农村适龄儿童的辍学率仍高于城市，小升初和初升高的比率低于城市，幼儿学前教育发展更是落后于城市。此外，城乡之间的教育质量差距因教育资源配置向城市倾斜的问题没有得到根本性扭转，差距就更大；新型农村合作医疗制度虽然在某种程度上缓解了农民看病难、看病贵的问题，但城乡医疗卫生服务质量、水平和可及性的差距依然突出。

在就业保障方面：城乡居民在就业政策、就业服务、就业投入、就业管理等方面也存在较大的不公平和差距。由于没有建立统一的城乡劳动就业市场，计划经济时期制定的一些限制农村劳动力就业的歧视性政策仍在发挥作用，农村劳动力就业弱势地位未得到根本改变。

在社会保障发展方面：改革开放以来，经过各级政府的不懈努力，初步建立了农村社会保障体系，社会保障覆盖面、社会保障水平都取得了较为显著的扩大和提高，但城乡居民社会保障依然存在较大差距。一是农村居民的社会保障体制还需要完善，农村社会保障还没有实现全覆盖；二是农村的社会保障水平低于城市。

河南省发展过程中出现的上述发展失衡问题，在很大程度上是工业化、城镇化和农业现代化三者发展不同步的具体体现。由于城镇化发展滞后，城镇不能为工业大规模集中生产提供良好的空间载体，不能为农村人口转移提供空间并形成不断增长的消费品市场，形成拉动经济增长的引擎，因而阻碍了新型工业化发展；不能为第三产业发展，尤其是新兴服务业发展创造市场空间，因而推动产业结构升级的作用无法体现。同时，农村劳动力和农村人口无法实现居住身份和职业身份的转变，也就很难与城镇居民一样平等地享受经济社会发展成果，而只能滞留在农业和农村，这样一来又影响河南从农业大省向农业强省的转变，影响河南农业现代化和农村现代化的发展。

根据刘易斯的"二元结构"转换模型，城镇化、工业化和农业现代化能否实现协调发展，主要受土地、资本、劳动力等生产要素在空间和产业分工中采取的配置方向的影响。在刘易斯二元结构向一元结构转换的发展模型中，由于工业生产部门劳动生产率高于农业，因而土地、资本和劳动力向工业集中能产生较高收入，从而吸引农村劳动力转移到工业部门，工业化成为这一时期"三化"发展的重点。由于工业主要集中在城镇地区，工业化发展推动了城镇的出现，带来了城镇的繁荣，从这点来说，城镇是工业化发展的结果。但是，随着城镇规模的不断扩大，人口和产业集中程度的不断提高，城镇对推动工业结构调整和升级的作用日益显现，对新兴产业的产生与发展的支撑作用不断加强，土地、资本和劳动力开始向城镇集中，城镇化对工业化和农业现代化发展的逆向支撑作用成为"三化"协调发展的主要方面，并促进和推动了工业化和农业现代化发展，进而使工业化、城镇化和农业现代化由不协调发展阶段进入协调发展阶段。

针对工业化发展所处的较高阶段，以及工业化、城镇化和农业现代化发展存在的不协调状况，河南省提出的"三化协调发展、新型城镇化引领"，以及将村庄整治作为新型城镇化发展的重要举措，不仅有利于推动解决"三化"协调发展中城镇化发展短板的问题，而且顺应了河南必须实现土地、资本和劳动力集约和更有效率配置的要求，顺应了城镇化对工业化和农业现代化逆向发展支撑的要求，因而抓住了解决河南省城镇化和农业现代化发展与工业化发展不相适应矛盾的主要方面。

三　村庄整治的理论依据

从城镇化过程中产业区域集聚演变、居民收入增长层次发展、人口流动规律的角度看，村庄整治、建设新型农村社区对城镇化发展具有重要支撑作用，是新型城镇化的重要组成部分。

（一）新型农村社区是产业、人口和社会服务功能聚集不可或缺的重要载体

根据国家统计局关于城乡划分的定义，城包括城区和镇区；乡包括乡中心区和村庄①，因此将城镇界定为城市，乡定义为农村。空间上的产业聚集和人口集中是城市形成和发展的基础，因此城市化是部门和地区经济发展、工业聚集、人口集中的必然结果。② 聚集可以产生正效应，也可以产生负效应。在正聚集效应推动下，小规模的产业和人口聚集可以发展成为中等规模和大规模、特大规模的产业和人口聚集，形成不同规模的城市。产业在空间上的聚集要遵循一定规律，并不是所有产业都适合进入中等规模和大规模、特大规模城市，况且城市发展到一定规模后，在负的聚集效应推动下，某些产业和人口会向中小城市和镇转移。因此，大城市和特大城市的出现，并不意味着小城镇与农村的消失。相反，城市产业和交换关系向乡村的转移，将推动村庄发展的分化。一些村庄脱离传统村庄的单一发展轨迹，逐渐具有工农结合、城乡结合的纽带与桥梁作用，成为农村地区除小城镇之外产业聚集、人口聚集和社会服务功能聚集的新载体——新型农村社区。新型农村社区具有的"二结合、三聚集"功能，实质上是城市功能向下延伸的结果，它打破了传统的非城即乡的城镇化发展模式，是传统村庄不具备而城镇体系和功能建设亟待加强与完善的地方，因而对城镇功能和体系是一种补充。尽管新型农村社区还没有被纳入现行城镇体系制度范畴，但它既不同于城镇又不是农村，以及在城镇化过程中发挥着连接城乡和工农的纽带与桥梁作用，将传统乡村—城镇的城镇化发展模式，变为乡村—新型农村社区—城镇的新型城镇化发展模式。从这个角度看，村庄整治是新型城镇化发展的重要组成部分，也是区别于传统城镇化的实质所在。

---

① 《关于对〈关于统计上划分城乡的暂行规定〉和〈国家统计局统计上划分城乡工作管理办法〉的说明》。

② 谭崇台主编《发展经济学》，山西经济出版社，2001，第355页。

（二）新型农村社区是农村居民消费需求多层次实现不可或缺的重要载体

现代化是一个不断推进和演变的发展过程，受此影响，居民收入增长以及在收入增长基础上实现的消费，表现出多层次和阶段性特征。消费需求的层次性表明居民在不同收入增长阶段对不同空间类型的消费品具有不同的需求层级，而对消费品市场域的分析结果又表明不同聚集规模的城市会导致不同类型消费品具有不同的市场域特征，从而产生不同的聚集消费效应，因此不同收入增长阶段也就对应着不同的聚集消费效应。[①]

从消费品供给的角度看，不同层级的城市由于产业聚集的类型和规模不同，消费品生产和服务供给结构有较大差异，这一方面是因为不同层级城市所对应的消费需求群体的消费和服务需求不同；另一方面是因为不同层级城市消费品生产和服务供给结构也存在较大差异。一般来说，较低层级城市提供与人们日常生活和工作密切相关的普通消费品和服务，而层级较高的城市可以提供高档次消费品和高水平、专业化服务。从消费品和服务需求的角度看，受收入增长变化的影响，尽管居民收入表现为不断增长的态势，但在一定时期内具有相对稳定的特性，因此居民消费和服务需求具有多元化和阶段性差异。居民消费品和服务需求升级，以及城镇消费品生产和服务供给之间的耦合成为推动城镇化发展的动力。但正如城镇化发展是一个动态的循序渐进过程一样，居民消费和服务需求升级也是一个循序渐进的动态变化过程。经济发展虽然为农村居民进入城镇实现消费和服务升级创造了条件，但并不意味着所有具备消费和服务需求升级意愿的农村居民都会或者都要进入城镇。一部分农村居民收入虽然增长了，但也存在消费和服务需求升级的意愿，村庄已经不能提供他们所需要的消费和服务，但受收入增长条件或者就业限制影响，还达不到进入城镇实现消费和服务升级的要求，因此需要有一个介于村庄和城镇之间的载体来实现他们的消费和服务升级。这个空间载体虽然不是城镇，但从人口规模、就业和公共服务等方面具备了城镇功能，解决了村庄不能满足居民消费和服务需求升级的问题，在农村与城镇之间形成了一个新的消费和服务需求市场域

[①] 李恩平：《韩国城市化的路径选择与发展绩效——一个后发经济体成败案例的考察》，中国商务出版社，2006，第47页。

及消费聚集效应，与这个市场域和消费聚集效应相对应形成了新的聚集空间域——新型农村社区。村庄整治弱化了传统城镇化非城即乡的消费和公共服务需求升级的对立发展程度，满足了城镇化发展过程中部分农村居民消费和服务需求升级的愿望。

（三）新型农村社区是农村人口多层次流动和聚集不可或缺的重要载体

城市化是农村人口逐步转变为城市人口以及城市文化、生活方式和价值观念向农村扩散的过程；从空间结构变迁看，城市化是各种生产要素和产业活动向城市地区聚集以及聚集后的再分散过程。[①] 农村人口向城镇流动是乡—城广度城镇化的表现，但农村人口向何种规模的城镇流动则受到一定地域范围内，相互关联、起各种职能作用的不同等级城镇的空间布局状况的影响。不同等级城镇空间布局形成了城镇体系。城镇体系将随着国家的社会经济发展和技术条件进步而不断演变，并不断加以调整。[②] 城镇体系的不断变化直接引发城镇之间的人口流动，出现了城—城之间人口流动的深度城镇化。[③]

城镇人口由较小规模和较低等级城市向较高规模和较高等级城市流动，受两个条件约束：一是较大规模和较高等级的城市要具备吸纳人口和劳动力就业以及提供较高水平和专业化的公共服务能力。就城市发展来说，吸纳就业和人口迁移，以及提供较高水平的公共服务，有一个与经济发展水平相匹配的"水涨船高"逐渐发展的过程。二是迁移人口和劳动力要能承担进入城市的各种成本，实际上这取决于经济收入状况。受此影响，一部分低收入农村人口，或者依然没有完全断绝与农村有着千丝万缕关系的人口，在城市化过程中选择"蛙跳"的方式进行迁移，即根据收入情况先进入较低层级的城镇或地区，然后逐级迁移和流动。新型农村社区作为新型城镇化的一个新载体，可以满足这部分人口的城镇化迁移要求。

---

① 魏后凯主编《现代区域经济学》，经济管理出版社，2006，第307页。
② 魏后凯主编《现代区域经济学》，经济管理出版社，2006，第320~321页。
③ 李恩平：《韩国城市化的路径选择与发展绩效——一个后发经济体成败案例的考察》，中国商务出版社，2006，第47页。

四　村庄整治的作用和意义

村庄整治不仅解决了河南省工业化、城镇化和农业现代化协调发展的重大问题，而且从工业化—城镇化—农业现代化的理论和城镇结构体系上，创新和发展了现有的城镇化理论和城镇结构体系，其对理论发展和实践产生的意义十分重大。

（一）村庄整治的作用

从河南省村庄整治的实践结果看，村庄整治的重要作用主要表现在以下六个方面。

1. 促进生产要素城乡一体化配置

城乡二元结构体制下形成的生产要素城乡二元配置，带来了城乡发展的严重失衡。在市场经济体制下解决城乡发展严重失衡问题，首先要破除生产要素城乡二元配置体制机制，实现城市生产要素下乡，农村生产要素进城，城乡生产要素融合与一体化配置。

城乡生产要素融合与配置在空间选择上有一定要求，要遵循生产要素配置的基本经济规律。受人口规模、交通条件和区位状况制约，绝大多数村庄不具备成为城乡生产要素融合与一体化配置载体的条件，或者不具有城乡生产要素可持续融合与一体化配置的条件。新型农村社区的出现，从人口规模、交通条件和区位条件等方面，弥补了村庄在城乡生产要素融合与一体化配置上的规模不经济等问题，而且新型农村社区既连着农业也连着工商业，既连着农村也连着城市，既可以为城市生产要素下乡提供渠道，也可以为农村生产要素进城架起桥梁，因此在空间上解决了城乡生产要素融合与一体化配置载体问题，促进了生产要素城乡流动，为实现城乡一体化发展创造了条件。

2. 推动公共服务城乡一体化发展

针对我国城乡二元结构造成的城乡公共服务发展差距过大问题，2008年中共十七届三中全会通过的《关于推进农村改革发展若干重大问题的决定》指出，加快发展农村公共事业，促进农村社会全面进步，使广大农民学有所教、劳有所得、病有所医、老有所养、住有所居。在各项改革推动下，城乡一体化的公共服务体制机制逐步建立。但是农村公共服务在实践中遇到了两方面问题,一方面由于农村居民居住较为分散且规模过小,政府向农村居民提供公共服务的成本较高;另一方面农村居民在享受公共服务时也要花费一定的成本,从而使公共服务的效率大打折扣。

建立新型农村社区,不仅可以通过人口聚集产生的规模效应降低公共服务供给成本,也可以减少农村居民享受公共服务时额外支出的成本,提高公共服务效率。更重要的是可以通过建立新型农村社区,实现城乡公共服务一体化的体制机制接轨,为一体化的管理机构落地和实行一体化管理提供载体,推动公共服务城乡均等化发展。

3. 优化城镇体系与发展结构

中国农村人口众多。在城镇化过程中数量庞大的农村人口是进入大城市,还是进入中等城市抑或小城镇,便成为人们讨论的焦点。农村人口进入城镇是完成居民身份和职业身份转换,平等享受政府提供的各项公共服务和福利待遇,并最大限度地追求高工资收入诉求的一种表现和要求。

村庄整治采取的是社区、产业园区和公共服务区配套建设的模式。进入新型农村社区的居民,不仅在新型农村社区的产业园区找到非农就业机会,在农业产业化企业找到从事农业生产工作的机会,还可以通过设在新型农村社区内的政府公共服务机构,全面、便捷地享受政府提供的各项公共服务。因此村庄整治得到农民认可,成为城镇化发展过程中农村人口流向的新载体。新型农村社区既不同于传统村庄也不是城镇,是取消村庄形成城镇—社区的城镇体系,还是依然保留村庄,形成城镇—社区—村庄的城镇体系,还有待于发展来决定,但可以肯定的是,新型农村社区对丰富城镇—村庄体系是一个创新和进步,对未来村庄发展,及工业化、城镇化、农业现代化协调发展将产生深远影响。

4. 改善农村居民生活条件与环境

新农村建设虽然在改路、改水、改灶、改厕、改房方面取得了一定成效,从而在一定程度上改善了农村居民生活条件与环境,但并未彻底解决饮用安全水、使用清洁能源、实现农村污水雨水和垃圾集中收集、集中处理等问题。造成这些问题不能得到有效解决或者根本解决的重要原因就在于村庄人口聚集规模小、居住分散,公共服务基础设施建设成本高,缺少规模效应。

新型农村社区从建设开始,就从居民居住条件的设计方面,引进天然气，对污水和雨水实行管网分离、集中收集处理，对生活垃圾实行集中收集、集中处理，社区内部实现了道路硬化、绿化、美化、亮化，彻底改变了原来居住脏、乱、差的环境，使社区居民享受与城市居民一样的居住条件与环境。

5. 实现农村居民身份与就业岗位的转变

对国家来说，现代化过程就是从农业国向工业国的转变；对农村来说，就是从传统村庄向现代城市的转变；对农民来说，就是从农业生产者向工商业生产者和市民身份的转变。新型农村社区虽然在国家行政体制架构上没有给予制度接纳，也很难被称作城市或者城镇，但是它却与传统村庄不同，能够在事实上完成社区居民身份和就业岗位的转变，这主要体现在以下两个方面：第一，绝大多数社区居民进入与社区配套建设的产业聚集区从事非农就业，与城市居民一样开始获得稳定的工资性收入，或者从事旅游服务业，彻底脱离农业生产，并割断与土地的联系。第二，尽管社区在城与乡上的定位方面有待明确，但社区居民已经与城市居民一样，普遍享受政府提供的各项公共服务，而这些公共服务无论是从数量上还是从质量上看，都比村庄时有了明显进步，与城市居民的差别有了显著缩小。

6. 提高农村居民收入和福利水平

新型农村社区在提高农村居民收入和福利待遇方面的作用十分明显。从收入的多样性来看，新型农村社区居民收入中既有工资性收入，也有租金收入，还有股金收入。从收入水平看，农户进入社区后的收入水平要高于进入社区前的收入水平。以河南省鲁山县东竹园社区为例，在没进行村庄整治以前，东竹园村是省定贫困村，2010年人均收入只有3272元。经过两年的村庄整治，尤其是结合当地旅游资源开发，把村庄整治与发展农家乐旅游结合起来，2012年人均收入超过4500元。从社区居民福利待遇看，进入社区后的福利待遇要远远超过进入社区前的福利待遇。例如，社区向居民提供免费的物业管理，居民用电和供暖也免费。

（二）村庄整治的意义

从河南省村庄整治的实践效果看，它的重要意义主要表现在以下四个方面。

1. 丰富"三化"协调发展理论

2011年，中央农村工作会议提出在工业化、城镇化深入发展过程中同步推进农业现代化的"三化协调"发展要求。在全面贯彻中央农村工作会议精神的基础上，河南省根据自身发展的新情况、新特点，及时提出了建设新型农村社区的发展战略举措，并取得一定成效。村庄整治不仅对城镇化发展理论有突破，而且通过村庄整治，还为"三化协调"发展提供了来自实践的支撑。主要表现在以下两个方面。

第一，城镇化发展理论上的突破与创新。根据发展经济学的一般原理和逻辑，工业化是城镇化的推动力，城镇化是工业化的结果；农业现代化只有在工业化和城镇化大量吸纳农业劳动力和农村人口的背景下，才有可能通过机械替代劳动和广泛采用科学技术来实现。这样一来，工业化、城镇化和农业现代化在时间发展方面就存在一个先后次序和因果关系问题。而且从已有的发展经验看，这样一种先后次序的发展逻辑也被证明带有普遍性。村庄整治打破了工业化、城镇化和农业现代化的因果关系逻辑，把原来在时间发展序列上有着先后发展次序和因果关系的工业化、城镇化和农业现代化，放在同一个时间结节上同时推进发展，这本身就是对现有城镇化理论的一种突破与创新。

第二，区域发展理论上的突破与创新。对一个国家或地区来说，工业化和城镇化过程实际上就是落后农业向先进工业、凋敝村庄向现代城市转变的过程。这一转变过程在空间上通常会造成区域发展的不平衡，即现代化城市与落后村庄并存，而且经济理论通常认为这种区域不平衡现象带有普遍性。在空间上采用居民生活社区、产业聚集区、公共服务区配套共建的新型农村社区，避免了以往工业化、城镇化产生的区域发展不平衡问题，因而对区域发展理论来说是一种突破和创新。

2. 创新"三化协调"发展模式

由于经济社会发展的主客观环境条件不同，工业化、城镇化和农业现代化协调发展的形式和采取的模式各有差异。河南省在实践"三化协调发展、城镇化引领"的发展过程中，突出旧村整体搬迁—土地置换—建设新型农村社区和配套建设产业聚集区与公共服务区—农村人口进入社区生活与工作—农村耕地实行流转—实现农业规模化生产的村庄整治，并根据村庄整治的主客观环境条件，给予村庄整治较大的建设弹性和空间，调动建设主体积极性，实现建设主体互补，因地制宜地创新出各具特色的村庄整治模式。

3. 提供"三化协调"发展经验

河南省通过建立新型农村社区对如何促进"三化协调"发展进行了有益探索，积累了一些经验。这些经验主要表现在以下三个方面。

第一，建设用地存量变增量是推动"三化协调"发展的前提。通过旧村改造搬迁和建设新型农村社区，将节约出来的集体建设用地用于城镇和产业发展，不仅盘活了存量集体建设用地，在确保农业耕地不减少的基础上，破解了城镇化和工业化发展缺少土地的瓶颈，同时利用城镇和产业提供的就业岗位吸纳农业劳动力和农村人口，促进了耕地流转，实现了农业生产的规模化、专业化、集约化、标准化，实现了社区建设及工业化和农业现代化的良性互动发展。

第二，新型农村社区建设是"三化协调发展、城镇化引领"的基础。新型农村社区建设对"三化协调发展、城镇化引领"的基础性作用主要表现为社区建设和稳定发展是建设用地存量变增量的前提。新型农村社区能否稳定可持续发展，在很大程度上取决于新型农村社区能否为居民提供充分的就业机会，能否提供全方位和高质量的公共服务，能否提供必要且不断提高的社会保障。将新型农村社区、产业聚集区和公共服务区有机结合统筹建设，是河南新型农村社区成功建设的特点，也是新型农村社区得以健康发展的保障。

第三，深化体制机制改革是"三化协调"发展的保障。河南省村庄整治离不开改革的推动。如果没有在集体建设用地使用上实现对现有体制的突破，没有在房屋产权上实现对现有体制的突破，没有在耕地流转上实现对现有体制的突破，就不会有河南新型农村社区的顺利建设，从这个意义上说，深化体制机制改革是河南省村庄整治和"三化协调"发展的保障。

4. 找到"三化协调"发展改革突破口

新型农村社区建设符合工业化、城镇化发展要求，因而是未来农村城镇化发展的主要方向之一。从河南省新型农村社区建设与发展的实际情况看，围绕"三化协调"发展产生的集体建设用地使用、转让、出让以及相关收益的合理分配，耕地流转，房屋产权明晰，政府提供的用于农村、农户发展生产和生活的专项资金能否继续使用，公共服务如何与新型农村社区接轨，新型农村社区行政架构定位和社区发展缺少制度性资金保障等问题，是新型农村社区这一新发展方式与旧有体制机制碰撞的结果，是旧有体制机制不适应新型农村社区发展需要的一种反映。这样一来，深化农村体制机制改革的主战场，就由村庄转移到社区，社区成为新发展阶段下农村经济体制机制改革的焦点。因此我们可以说，"三化"能否协调发展，城镇化能否引领"三化协调"发展，关键就取决于围绕着新型农村社区展开的一系列改革能否取得实际成效。

第四章　村庄整治的潜力

一　村庄整治的相关概念

（一）村庄

村庄是人类聚落发展中的一种低级形式，因为人们主要以农业为主，所以这里又叫作农村。

村庄的一个最大特点是人们以土地资源为生产对象，"靠天吃饭"是其真实写照。村庄按部门分，可分为种植业聚落、林业聚落、牧村、渔村以及具有两种以上部门活动的村落等。按平面形态可分为团聚型（集村），即块状聚落（团村）、条状聚落（路村、街村）、环状聚落（环村）；散漫型，即点状聚落（散村），它受经济、社会、历史、地理诸条件的制约，历史悠久的村落多呈团聚型。

（二）村庄整治

村庄整治即农村建设用地整治，是对农村中散乱、废弃、闲置和低效利用的建设用地进行整治，完善农村基础设施和公共服务设施，改善农村生产生活条件，提高农村建设用地节约集约利用水平的活动。

（三）村庄整治潜力

村庄整治潜力是在现有的社会经济条件下，通过对村庄进行合理规划，调整土地利用的内部空间结构、迁村并点及提高城镇化水平等措施改造整理后"富余"的土地资源量，其主要来源于对村庄建设用地的集约化、标准化利用和闲置土地的有效利用。

二 河南省村庄现状分析

（一）用地现状分析

村庄就是农村居民生活居住的场所，以下将村庄统称为农村居民点，村庄用地即农村居民点用地。根据统计，2010 年末，河南省有村民委员会 47881 个，农村人口 6345 万人，农村居民点用地 139.78 万公顷，人均用地 220.30 平方米；农村居民点占全省土地总面积的 8.44%，占建设用地总面积的 63.92%，占城乡用地总面积的 74.24%。

按照农村居民点用地面积 ≥ 150000 公顷、100000 ~ 150000 公顷、< 100000 公顷的标准进行分类。用地面积 ≥ 150000 公顷的有豫西南地区的南阳市、信阳市和驻马店市；100000 ~ 150000 公顷的主要是豫东地区的商丘市和周口市；其他地市均小于 100000 公顷，主要分布在豫西、豫北、豫中，农村居民点用地规模最小的是济源市 9103.24 公顷。

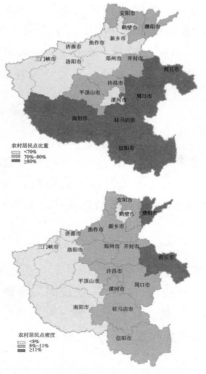

图 4 - 1 河南省村庄相对规模集散分布

农村居民点密度即农村居民点面积占土地总面积的比重按照 ≥11%、8% ~ 11%、<8% 分成密集区、较密集区、一般区。豫北的濮阳市（12.59%）和豫东的商丘市（12.70%）为密集区；豫中、豫北为较密集区，密度从大到小依次为：许昌市、周口市、漯河市、开封市、驻马店市、郑州市、新乡市、安阳市、焦作市和信阳市；豫西、豫南为一般区，最小的是三门峡市，农村居民点密度仅 2.92%。

农村居民点面积占城乡用地面积比重按照 ≥80%、70% ~ 80%、<70% 进行分类。≥80% 的是豫东的周口市（83.76%）、商丘市（82.97%）和豫南的信阳市（81.76%）、驻马店市（82.85%）；70% ~ 80% 的从大到小依次有：开封市、濮阳市、许昌市和平顶山市，多分布在豫中、豫南，及豫东、豫北的个别地市；其余地市均小于 70%，主要分布在豫西、豫西南和豫北，最小的是郑州市（48.55%），相对规模集散分布详见图 4 - 1。

（二）村庄用地特点分析

1. 村庄总体分布密集、部分地区分布相对分散

河南省地处中原，村庄占地比重较大，如果按照全国标准，大部分地市农村居民点都为密集区（8% ~ 11%）。仅山区和丘陵区的农村居民点分布相对分散，如豫西的三门峡市、洛阳市、济源市，村庄的密度分别为 2.38%、4.18%、4.94%，均低于国家密集区的标准下限 5%。

2. 村庄用地规模总体逐年下降

据统计，河南省村庄用地面积从 1996 年的 1408250 千公顷下降到 2008 年的 1397780 千公顷，下降了 10470 公顷。主要原因：一是城镇的发展将一部分农村居民点并入城镇中；二是通过"空心村"整治，减少了农村居民点用地。

3. 村庄有较大整治潜力

村庄用地存在很大的整理潜力，河南省人均农村居民点用地 220.30 平方米，高于国家村镇规划［《村镇规划标准》（GB50188 - 93）］人均 150 平方米的最高标准。通过降低人均用地面积，合理、集约利用，可节约土地 792455 公顷；另外，根据城镇化发展趋势，大量农村人口要在规划期内进城，从而会出现大量有待盘活的农村闲置土地。

三 河南省村庄整治潜力预测

（一）测算方法

农村居民点整理潜力的测算方法较多，比较常用的方法主要有：①人均建设用地标准法，测算原理是依据人均居民点建设用地现状与确定的人均居民点建设用地整理标准匡算出农村居民点整理潜力；②农村居民点整理潜力现场调查统计法，测算原理是根据实际情况，调查村庄内部的闲置、废弃的空地和房屋占地面积；③户均建设用地标准法，其原理与人均建设用地标准法基本一致，即依据户均居民点建设用地现状与户均居民点建设用地标准匡算农村居民点整理潜力；④农村居民点内部土地闲置率法，依据对测算区域内典型样点农村居民点内部闲置土地面积的调查，获取土地闲置率，以此测算整个测算区域的农村居民点整理潜力；⑤根据农村人口及人均居民点用地变化趋势测算规划潜力，其原理是农村居民点整理的用地潜力取决于农村人口的变化，农村人口是影响农村居民点用地最为显著的因子。

本研究采用第⑤种方法，即根据农村人口及人均居民点用地变化趋势测算规划潜力。主要基于由省规定不同地区农村宅基地占用面积标准推算得出的人均居民点用地规模标准，测算农村集体建设用地理论上具备的整治潜力。

（二）整治潜力测算

1. 基于住建部规定的人均农村建设用地面积的整治潜力测算

以住建部规定的人均农村居民点面积最高限 150 平方米，利用河南省现有农村人口数据和预测得出的河南省未来农村人口规模，计算得出河南省的农村集体建设用地整治的潜力，具体计算公式如下：

$$\triangle S = S_{现状} - P_{规划} * 150$$

式中，$\triangle S$ 为农村集体建设用地整治的潜力，$S_{现状}$ 为现状农村集体建设用地，$P_{规划}$ 为规划目标期内河南省农村人口规模预测值。

通过测算得河南省居民点整治潜力为 595282 公顷。

2. 基于河南省宅基地用地法规标准的理论整治潜力测算

依据 1999 年河南省颁布实施的《土地管理法》第五十一条规定的宅基地的面积标准（①城镇郊区和人均耕地六百六十七平方米以下的平原地区，每户用地不得超过一百三十四平方米；②人均耕地六百六十七平方米以上的平原地区，每户用地不得超过一百六十七平方米；③山区、丘陵区每户用地不得超过二百平方米），计算各县（市、区）人均宅基地面积的执行标准。结合各县（市、区）农村人口规模的预测值和农村居民点现状面积，计算得出各县级单元的农村集体建设用地整治的理论潜力，具体计算过程如下：

$$\triangle S_{理论} = S_{现状} - P \times M_{各县（市、区）}$$

式中，$\triangle S_{理论}$ 为农村集体建设用地整治的理论潜力；$S_{现状}$ 为农村居民点用地现状面积；P 为规划目标年各县（市、区）农村人口预测值；$M_{各县（市、区）}$ 为各县（市、区）农村人均居民点用地面积标准。

下面具体就各县（市、区）人均居民点确定方法进行简要阐述。

依据河南省实施的《土地管理法》确定的不同地形户均农村宅基地占用面积的标准，通过户均宅基地面积与户均人口规模，计算得出各县（市、区）人均宅基地面积的执行标准。在此基础上，结合《村镇规划标准》（GB50188）和县（市、区）农村住宅建设用地占用比例的具体情况，推算得出不同地形县（市、区）农村人均居民点用地规模的标准。

其中农村住宅建设用地占用比例依据《村镇规划标准》（GB50188 - 93）中针对中心村一级行政单元的住宅建设用地占用比例的相应规定，执行范围是 55% ~70%，即宅基地占居民点用地的比例在 55% ~70%。鉴于该法规颁布实施的时间相对较早（1994 年开始正式实施），且并没有结合新版《村镇规划编制办法》以及《村庄和集镇规划建设管理条例》进行相应修订，结合河南省正在实施的"千村整治"项目，考虑各县（市、区）的地形状况、经济发展情况等对农村用地结构的影响对《村镇规划标准》当中规定的住宅建设用地比例进行修正，得出各县（市、区）农村人均居民点用地标准。

根据上述公式，计算得出农村居民点整治潜力为 792455 公顷。

3. 农村居民点整理潜力

用以上两种方法计算出的农村居民点整治潜力相差较大，以河南省宅基地用地法规标准计算的理论整治潜力更符合将来农村居民点的整治趋势，采用其计算结果作为农村居民点整治理论潜力，即河南省农村居民点整理潜力为 792455 公顷。

由于农村居民点整理实施难度较大，考虑时序、时机等因素，参照《河南省土地利用总体规划（2006～2020年）》，最终确定规划期内农村居民点整理潜力为 30 万公顷。农村居民点集约利用潜力又分为再利用潜力（即继续用于农村居民点用地或城镇发展用地）和转化为耕地潜力，其中农村居民点转化形成的耕地潜力按总潜力的 60% 进行统计计算，即 18 万公顷。

（三）测算结果分析

根据测算，经全省农村居民点整理后，增加的耕地潜力为 18 万公顷，增加耕地潜力系数为 12.88%。从地市分布看，各地市之间存在较大的潜力差异，潜力较大的有南阳、信阳、驻马店等市，潜力最小的是济源市和鹤壁市。这种差异性一方面是由各地市的地形地貌条件以及农村居民点利用现状决定的，另一方面也受地区经济社会发展状况的一定影响和制约。具体见表4-1、图4-2。

表4-1　河南省各地市农村居民点整理潜力

单位：公顷，%

地市名称	农村居民点	整理潜力	增加耕地系数
郑州市	74359.58	11000	14.79
开封市	65901.67	8720	13.23
洛阳市	74265.55	9200	12.39
平顶山市	60598.91	6570	10.84
安阳市	69089.40	8250	11.94
鹤壁市	14479.53	1790	12.36
新乡市	77545.75	10390	13.4
焦作市	35319.29	3730	10.56
濮阳市	52729.92	6330	12
许昌市	57862.11	6770	11.7
漯河市	29059.34	3430	11.8
三门峡市	28986.96	3910	13.49

续表

地市名称	农村居民点	整理潜力	增加耕地系数
商丘市	135931.01	17890	13.16
周口市	135506.25	13080	9.65
驻马店市	155888.20	20510	13.16
南阳市	169377.93	23770	14.03
信阳市	151777.43	22660	14.93
济源市	9103.24	2000	21.97
合计	1397782.07	180000	12.88

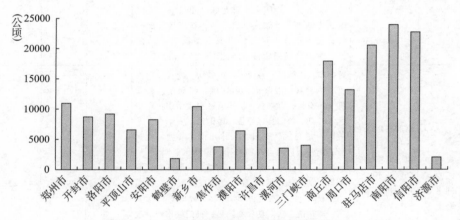

图 4-2 河南省各地市农村居民点整理潜力

（四）村庄整治潜力分级

根据各县（市、区）农村居民点整理情况预计的增加耕地面积及增加耕地系数，将河南省农村居民点整理所涉及的 132 个县（市、区）整理潜力分为三级，增加耕地系数 >15% 且增加耕地面积 >1000 公顷的为Ⅰ级潜力区；增加耕地系数 >15% 且面积≤800 公顷或 10% < 增加耕地系数≤15% 且面积 >800 公顷的为Ⅱ级潜力区；10% < 增加耕地系数≤15% 且面积 ≤800公顷或增加耕地系数≤10% 的为Ⅲ级潜力区，各级别潜力涉及的县（市、区）见表 4-2、图 4-3。

表4-2 河南省农村居民点整理潜力分级

潜力级别	标准	区域范围（所包含市、县、区）	涉及县（市、区）个数	区域总潜力（公顷）	占全省耕地整理总潜力百分比(%)
农村居民点整理Ⅰ级潜力区	增加耕地系数>15%且增加耕地面积>1000公顷	郑州市：荥阳县、中牟县、新郑市、巩义市、登封市、新密市；开封市：尉氏县、开封县；洛阳市：洛宁县；新乡市：原阳县、延津县、卫辉市；三门峡市：渑池县、陕县；商丘市：梁园区、睢阳区、永城市；周口市：西华县；驻马店市：确山县、泌阳县、遂平县、汝南县、正阳县；南阳市：卧龙区、邓州市、宛城区、方城县、社旗县、唐河县、新野县、桐柏县；信阳市：师河区、息县、淮滨县、平桥区、潢川县、固始县；济源市：济源市	38	80270	44.59
农村居民点整理Ⅱ级潜力区	增加耕地系数>15%且增加耕地面积≤800公顷或10%<增加耕地系数≤15%且增加耕地面积>800公顷	郑州市：市辖区；开封市：市辖区、杞县、通许县、兰考县；洛阳市：市辖区、偃师市、孟津县、新安县、宜阳县、伊川县；平顶山市：新华区、叶县、鲁山县、郏县、舞钢市；安阳市：北关区、龙安区、安阳县、林州市、滑县、内黄；鹤壁市：浚县；新乡市：市辖区、封丘县、长垣县、辉县市；焦作市：市辖区、武陟县；濮阳市：清丰县、南乐县、范县、濮阳县；许昌市：长葛县、许昌县、鄢陵县、襄城县；漯河市：市辖区、舞阳县、临颍县；三门峡市：灵宝市；商丘市：虞城县、民权县、宁陵县、睢县、夏邑县、柘城县；周口市：扶沟县、太康县、淮阳县；驻马店市：驿城区、西平县、平舆县、新蔡县；南阳市：南召县、镇平县、内乡县、淅山县、光山县、商城县、罗山	61	79650	44.25
农村居民点整理Ⅲ级潜力区	10%<增加耕地系数≤15%且增加耕地面积≤800公顷或增加耕地系数≤10%	洛阳市：栾川县、嵩县、汝阳县；平顶山市：宝丰县、汝州市；安阳市：文峰区、殷都区、汤阴区；鹤壁市：市辖区、淇县；新乡市：新乡县、获嘉县；焦作市：修武县、博爱县、沁阳市、温县、孟州市；濮阳市：市辖区、台前县；许昌市：魏都区、禹州市；三门峡市：湖滨区、卢氏县、义马市；周口市：川汇区、商水县、鹿邑县、郸城县、沈丘县、项城市；驻马店市：上蔡县；南阳市：西峡县；信阳市：新县。	33	20080	11.16
总　计			132	180000	100.00

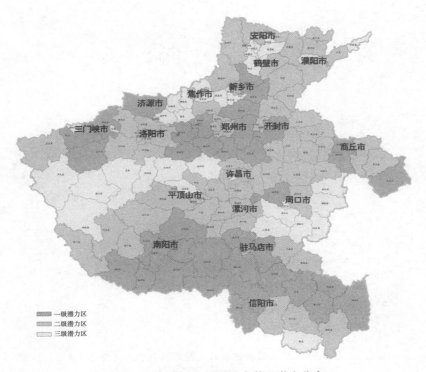

图 4 - 3 河南省农村居民点整理潜力分布

（五）村庄整治重点潜力区划定

农村居民点整理重点潜力区划定，主要依据测算的农村居民点整理增加耕地的潜力值大小，同时考虑当地的资金保证率、农户搬迁意愿和施工难易程度等因素调整划定。

全省共划出 38 个县（市）作为农村居民点整理重点潜力区域，从总体上具有明显的典型性，这些县（市）通过整理增加耕地潜力系数大于 15% 且新增耕地面积大于 1000 公顷，远高于全省 12.88% 的平均水平，增加耕地潜力总量达 80270 公顷，占农村居民点整理总潜力的 44.59%，详见图4 - 4。

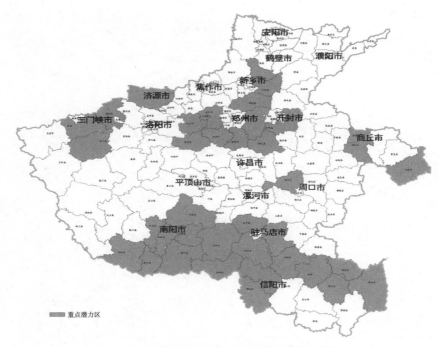

图 4-4　河南省农村居民点整理重点潜力区分布

第五章　村庄整治的模式

村庄整治的模式是指开展村庄整治的方式、方法。本章根据实地调查的资料，对村庄整治的范围、推动主体、建设方式、资金来源、对农民的奖励和补偿办法等方面进行概述。

一　范围与选址

（一）村庄整治的范围

按范围划分，村庄整治分为两类。一类是对单个行政村或其中的几个村民小组（或自然村）的整治从而实现农民集中居住；另一类是多村合并，几个行政村的农户拆除旧房，在划定的区域上修建新房，从而实现多村农户的集中居住。在所调查的 25 个新型社区中，有 12 个属于单村整治，13 个属于多村合并。但是，按照规划，大多目前单村整治的村庄，将来也会有周边其他的村庄并入，形成多村合并的新型农村社区。

村庄整治的范围存在着地区差异。例如，在信阳市调查的 4 个社区均属于单村整治；在商丘市所调查的 4 个社区均属于多村合并；在新乡市所调查的 4 个社区中，有 3 个属于多村合并；在舞钢市调查的几个社区也均属于多村合并。

（二）新型社区的选址

多村合并型村庄整治的新址选择主要有三种方式。一是产业聚集区周边。这类社区大都依托产业集聚区和已有的较为完备的基础设施及公共服务，实行较多行政村和较大规模人口的集中居住。滑县的锦和新城是典型的例子，其位于滑县县城附近的产业聚集区，共合并了 33 个行政村。二是乡镇政府所在地的周边。三是集中在农村区域内，通常是几个行政村合并到中心村或重点村。单村整治的选址大体也可分为两种，一种是在旧村中翻建，另一种是村域内重新选址建设。

二　推动主体

从发起、推动村庄整治的角度看，村庄整治主要有三个推动主体。一是政府主导；二是村集体主导；三是企业主导。

（一）政府主导

政府主导是指通过自上而下动员的方式来发起村庄整治，往往体现为县（市）级政府提出村庄整治的目标或规划，乡镇政府确立具体的村庄整治对象与任务，并推动落实。政府主导的村庄整治通常采取多村合并的方式。以河南省滑县锦和新城为例，政府的主导作用主要体现为以下若干方面。

1. 编制村庄整治规划

滑县锦和新城是河南省最大的村庄整合试点项目。锦和新城的规划面积为 15 平方公里。2009 年，锦和新城一期项目开始实施，共涉及 18 个行政村的 4000 余户，17000 余人。到 2011 年 10 月底，一期项目完成。锦和新城二期工程从 2011 年 5 月开始，整合 15 个行政村的 5000 余户，20000 余人，2014 年全部完成。

2. 制订补偿方案

锦和新城对农民拆旧建新的补偿和奖励办法由政府制定。对于旧房，按照多层楼房、砖混、砖木等不同结构每平方米分别给予 200 元、150 元、100 元的补偿。房屋面积结构以实地测量为准，由拆迁还建办公室、村委会及农户三方面确认、签字并公示后锁定。对拆旧区农村宅基地，按照 3.1 万元/亩的标准给予补偿。通过以上房屋和宅基地补偿，搬迁农民只需支付很少甚至不支付费用就能在新区获得一套住房。如刘姓农户家有六口人，选择建筑面积约 300 平方米的二层宅院，扣除宅基地补偿和原有的房屋奖励，只额外支付了 2 万多元。另外，一家农户 2 口人，选择建筑面积约 90 平方米的六层电梯住宅，所获得的宅基地补偿款和拆旧房屋奖励款不仅能足额支付新房费用，还结余了几千元。

此外，政府规定，农户入住新社区后，能够在当前农村各项社会保障基础上获得由新区提供的额外保障，包括每人每月 60 元的养老金等；"五保"户等困难农户可以成本价购买新区住房，且住房可以转赠、继承。

将一次性补偿和动态补偿相结合，先建后拆，农户安置成本较低。在开发建设过程中，通过拆旧房屋和节约宅基地，农户只需支付很少的成本甚至不支付就能够完成搬迁安置。集中居住后的农民可以得到较过去更为完善的社会保障。一方面大大减轻农民即期负担，另一方面提高了农民对于集中居住后的未来预期。此外，项目实施过程中采取先建后拆的方式，符合农民现实需求，进一步降低了安置难度。

3. 促进农民承包地的流转

锦和新城一期项目在规划设计的同时，就着手开展农用地合并及流转工作。2009 年 9 月，滑县新区成立了新鑫田园开发公司。将项目区内农户的土地经营权统一流转到该公司，再由公司流转给大户经营。项目区内所有农地（共计 20000 余亩）均实现了流转。公司按照每亩土地每年 1000 斤小麦的标准，向转出土地经营权的农民支付租金。

4. 政府得到建设用地结余指标

建设用地结余指标以及增值收益完全用于项目区，通过直接补偿和提供就业机会，提高农民在土地综合整治中的受益程度。锦和新城一期项目节余建设用地 1600 余亩，土地转性后的增值收益通过拆旧补偿和新区基础设施建设全部返还。节余指标通过增减挂钩全部用于产业集聚区，为企业提供土地要素，进而为集中居住的农民提供足够的就业机会，为农民提供了可持续的生计依赖。通过这两大举措，农民利益得到较高程度的保护。从 2006 年起，聚集区陆续入驻神华面业、凤凰光伏等几十家企业，形成了光伏、电子、纺织服装三大主导产业。

（二）村集体主导

村集体主导是指由村干部发起或村民联合发起的村庄整治。这种类型的村庄整治主要有两种驱动因素。一是基于农民改善居住和生活条件的需求，二是基于得到村集体发展经济的建设用地。当然，这种区别不是严格的，在现实中，这两种因素往往交织在一起。

信阳市光山县上官岗村的新型社区建设属于这一类型。上官岗村辖区面积 5.7 平方公里，辖 24 个村民小组 34 个自然村。全村共有 800 余户 3300人。2003 年，上官岗村垃圾堆放场、拆迁空心村和平整坟墓荒地，建成上官岗中心社区（一期）。新社区占地面积 200 亩，可以满足 200 户村民入住。目前，上官岗村正在进行新社区二期的建设，凡自愿将自己 90～140 平方米的老房子拆除、宅基地交村复耕者，即可在中心社区无偿获得 125 平方米左右的多层楼一套和 22 平方米的车库一间。各种优惠政策已引导 5 个自然村近 200 户村民自愿拆除旧房，腾出宅基地复耕。目前已经结余 14 公顷建设用地。

上官岗村集体强力推动农民集中居住的主要动力是满足集体对建设用地的需要。该村的经济实力较强，拥有制砖厂、鞋帽专业市场、光马路停车场和光州宾馆 4 家村办企业，村里 95% 的农户拥有非农经济项目。为了满足企业占地的需要，村干部主导推动了农村综合整治，通过节余出来的土地指标满足村集体对建设用地的需要。集体经济的发展也为村干部推动村民集中居住提供了可能。上官岗中心社区一期的整理项目由村集体投资 1000 多万元完成。

（三）企业主导

企业主导是指由企业依据政府规划而发起并承担较多投入的村庄整治。例如，鹤壁浚县的中鹤新城是由中鹤集团企业主导的整乡合并项目。河南中鹤现代农业产业集团（简称中鹤集团）成立于 1995 年，是国家"十一五"食品安全科技攻关项目示范基地、河南省农业产业化重点龙头企业，拥有农业开发、集约化种养、粮食收储与粮油贸易、小麦加工产业、玉米加工产业、豆制品加工产业、零售业、环保与能源等相关产业。中鹤集团的注册资本为 10.28 亿元，正式员工有 3000 余人。中鹤集团的生产基地、工业园区位于鹤壁浚县王庄镇。中鹤集团在扩张过程中面临建设用地紧张的困境，从而希望通过村庄整治来解决这一问题。据测算，农民集中居住能带来 1.2 万亩的结余土地，通过增减挂钩与占补平衡，这些土地可以转化为中鹤集团的建设用地指标，为企业扩张增加空间。中鹤集团目前占地 1.5 平方公里，在整治后将扩到 5.8 平方公里。王庄镇总人口 7.4 万人，计划通过三期土地综合整治项目集中居住 6 万人，建成中鹤新城社区。项目第一期整治 6~8 个村，共集中 1.5 万人。项目第一期建新占地 3000 亩，已建好 59 栋楼 4700 套住房，总计 19 万平方米住宅面积，另有面积 4 万平方米的公共设施。截至 2011 年 11 月底，在建的还有 91 栋楼，共计 35 万平方米建筑面积。土地综合整治解决了地区农业发展与中鹤集团粮食基地建设问题。王庄镇完成土地综合整治面积 3 万亩，新打机井 600 多眼，铺设地埋管道 500

余公里，架设电力线路 50 公里，修建道路 60 公里，安装星陆双基设备 8 套。2010 年项目区分别首创全国 3 万亩以上连片小麦平均亩产超 600 公斤、连片玉米平均亩产超 750 公斤纪录，实现了小麦、夏玉米两季亩产 1394.4 公斤的高产纪录。中鹤集团依托鹤飞农机专业合作社，将整理后的土地从农民手中流转出来集中经营，作为自己的粮食基地。目前已流转农田 1.5 万亩，余下部分也将全部流转。

三　实施及完成情况

各个村开始进行村庄整治建设的时间有很大的差异。从总体情况看，由村社主导的村庄整治建设大都起步较早；由政府及企业主导的村庄整治建设则大多在 2009 年之后才开始。

改革开放后，河南省农民的居住和环境问题比较突出。一些村庄在 20 世纪 90 年代就开始着手改变农村脏、乱、差的情况，不再新批宅基地，鼓励农户在新规划的地址上建房。2006 年，国家提出了新农村建设的方针，河南省的一些地方把新农村建设的重点放在了"新村建设"。有一定数量的村庄主要依靠自身的力量，在村域范围之内实行农民集中居住。例如，在所调查的新型社区（行政村）中，光山县上光岗村早在 2003 年 7 月就开始实行村庄整治，通过旧村改造的方式来实现农民集中居住。又如，卫辉市焦庄村 2004 年初开始实行农民集中居住。再如，郏县前王庄村在 20 世纪 90 年代就不再新批宅基地，2008 年正式开始拆旧建新。

由政府主导的多村合并，均为近几年实施的，也有一些村庄通过开发商的投入进行村庄整治，建设新农村。荥阳市的洞林社区及新密市的社区都是这种类型。

所调查的村庄整治大都处于建设阶段。截止到调查时点，滑县锦和新城的睢庄村、暴庄村已完成全部农民的集中居住工作，卫辉市焦庄村已基本完成，舞钢张庄村有 84.2% 的农民进入了新社区，郏县睢庄村有 85.7% 的农民进入了新社区。

四　建设方式和房屋类型

（一）建设方式

村庄整治的建设方式主要有统规统建、统规自建（及联建）。在 305 户有效问卷中，140 户属于统规统建，165 户属于统规自建。各调查点的多层和高层楼房均采取了统规统建的方式，而在 251 户的联排或独栋别墅中，统规统建的占 33.47%（84 户），统规自建的占 66.53%（167 户）。在一些社区，自建与统建由农民根据自己的情况自由选择，例如信阳的李楼村等，但是在另一些社区则强制规定采取统建的方式，但是开发商的选择、建设的成本利润等对农户又是非透明的，在农户中容易引起负面情绪。

（二）房屋类型

在 308 户已入住新社区的农户中，82.57% 的农户住房类型是独栋（22.04%）或联排（60.53%）别墅，17.43% 的农户住进了多层（5.59%）或高层（11.84%）楼房。

调查农户之所以以入住别墅的为主，与进行调查的时点有一定关系。调查时有农民入住的新社区或是早在几年前就已开始现在已基本完成村庄整治的村庄，或是按照之前的规划而实施村庄整治中的村庄。这类村庄整治规划的房屋类型主要是独栋或联排别墅，原因是这种类型的房屋与农民生产方式和过往生活习惯的相容性更强。但是，这种房屋类型与稀缺土地资源的集约、节约利用之间存在着矛盾。因此，在近年实施的村庄整治中，多层及高层楼房已经逐渐成为新社区住宅类型的主导。

五　资金筹集与基础设施配套

村庄整治需要投入大量的资金。据有关资料介绍，需要投资数亿元才能建成一个 5000 人口规模的村庄，整治主要用于建房支出、基础设施建设支出、旧村整治支出等。调查发现，各地在村庄整治中，已经初步形成了由政府财政、社会资金、村集体、农户等多主体共同投入的资金来源格局。

（一）政府财政投入

政府财政投入主要用于配套和奖补村庄整治基础设施建设，从而以良好的基础设施和公共服务配套吸引农民群众向村庄整治集中。政府财政资金投入的类型主要包括以下几方面。

1. 财政专项资金

河南省财政在 2011 年、2012 年均安排 10 亿元的专项资金，支持社区基础设施、公共服务设施建设。市、县财政也都安排了一定数量的农村社区建设专项资金。

2. 整合部门资金

各地大都按照用途不变、渠道不乱的方式整合中央及省里的专项资金，集中用于村庄整治和村庄整治建设。例如，新密市出台《关于整合涉农项目资金集中用于村庄整治建设的意见》（新密办〔2011〕82号），要求市直有关部门争取的18项涉农项目和资金，必须首先满足村庄整治建设需要。又如，郏县村庄整治基础设施建设投资主要来源于各种项目资金，把诸多项目资金捆绑投放到村庄整治工作中。2011年，全县累计捆绑实施水电路气、学校、卫生室等8类89个项目，涉及资金4000余万元。例如，每个行政村有1万元的村级卫生室建设经费，但非中心村（被合并村）的1万元经费被捆绑到了中心村。

一些地方探索了多种类型的资金整合办法。以新乡市为例，该市整合涉农资金的办法有以下几种。

（1）实行涉农资金市级统筹

新型农村社区建设资金实行"分级设立专户、市级集中管理、封闭运行、专账核算、专款使用"的管理模式。新乡市设立专项资金账户、整合项目资金专户，分别核算市财政和各县（市、区）应向市级归集的新型农村社区建设财政性资金的归集、拨付和使用情况。各专户下分设市财政和各县（市、区）子账户。

（2）整合范围实行全覆盖

新乡市采取了"存量调整、增量集中"的办法，对上级分配和本级安排的资金增量部分，能够用于新型农村社区建设的，原则上全部纳入整合范围；对存量部分，根据部门项目资金性质按照不低于70%的比例进行整合，用于新型农村社区建设。整合资金范围涉及23个大类支农资金等。

（3）依据规划进行资金整合

新乡市要求各部门按照新型农村社区建设规划组织申报国家和省安排的各类支农项目。具体做法是：每年初由市资金整合办公室对照资金整合范围，提出已启动建设的新型农村社区年内需要安排的基础设施、公共服务设施、产业发展等项目分类清单；市直有关部门对照国家和省级项目的申报指南，把纳入新型农村社区建设的重点村镇作为向上级申报年度项目的平台，围绕年度项目清单优先安排。

（4）建立整合目标考核机制

新乡市将资金整合工作纳入区县及有关部门目标考核，市财政将县级支农资金整合情况作为安排市级配套资金的重要依据，对整合工作成绩突出的有关部门和区县，由市政府给予奖励。

3. 节余建设用地指标交易费

村庄整治可以节余数量可观的农村集体建设用地。通过节余建设用地指标的有偿使用或交易，可以获得相应的收益，收益中的一部分可以用于新型农村社区的基础设施建设、对农民的补偿等方面。节余建设用地指标的有偿使用或交易的形式主要是土地占补平衡和土地增减挂钩。耕地的占补平衡，指建设占用多少耕地，各地人民政府就应补充划入多少数量和质量相当的耕地。占用单位要负责开垦与所占用耕地的数量和质量相当的耕地；没有条件开垦的，应依法缴纳耕地开垦费，专款用于开垦新的耕地。耕地占补平衡是占用耕地单位和个人的法定义务。村庄整治是落实占补平衡的主要渠道。耕地占补平衡在数量、质量上要求严格立足"占一补一"，对于确因自然条件无法达到被占用耕地质量的，实行数量、质量按等级折算，通过增加一定的面积，达到占补耕地的产能综合平衡。所谓土地增减挂钩，指城镇建设用地增加与农村建设用地减少相挂钩，从以宅基地为主的村庄占地中腾出土地复垦，指标可以拿到城里来用。2006 年 4 月，国土资源部在全国 5 个省（市）开展第一批试点。

国务院《关于支持河南省加快建设中原经济区的指导意见》提出，允许河南在严格执行土地利用总体规划和土地整治规划的基础上，探索开展城乡之间、地区之间的人地挂钩政策试点，实行城镇建设用地增加规模与吸纳农村人口进入城市定居规模挂钩、城市化地区建设用地增加规模与吸纳外来人口进入城市定居规模挂钩。2012 年 6 月，国土资源部与河南省政府签署《共同推进土地管理制度改革促进中原经济区建设合作协议》，协议提出，河南省将在国土资源部的指导和支持下，探索开展城乡之间、地区之间的人地挂钩政策试点。人地挂钩政策比城乡土地增减政策更灵活，土地增减及建设土地指标的转让可以突破区域限制，且指标的数量受到的行政性限制相对较少，这意味着中心区城市能获得更多周边区域县市的建设指标，区域内的土地资源也就能得到更高效和市场化的配置。从目前的操作来看，新乡市的试点已开始探索建设用地指标在市域范围跨区县流动。2012 年 8 月，卫辉市城郊乡焦庄社区建成后，节余建设用地指标 84.75 亩，卫辉市国土资源局通过新乡市土地矿业权交易中心将节余建设用地指标公开拍卖，收入 1245 万元。相对于"耕地占补平衡"的交易，新型农村社区节余的建设用地指标拍卖价格更高。以卫辉市焦庄社区为例，其每亩指标的拍卖价格达 15 万元。据统计，自 2012 年 6 月首次举行土地指标公开交易活动至 2013 年底，新乡市累计交易土地指标 2.69 万亩，实现收益 15.25 亿元。其中交易节余建设用地指标 3963 亩，实现收益 5.73 亿元；交易补充耕地指标 2.29 万亩，实现收益 9.52 亿元。2013 年 11 月，河南省首次全省节余建设用地指标挂牌交易在新乡市举行，交易节余建设用地指标 809 亩，成交金额 1.21 亿元。

从投入的对象看，政府财政资金不仅投向那些政府主导建设的村庄整治，而且对那些村社主导及企业主导的新型社区也投入了较多的资金。所调查的 23 个新型社区、25 个行政村，均不同程度地得到了政府财政投入。

（二）社会资本投入

村庄整治建设搭建了社会资本流向农村的平台。由于政府财力有限，各地均高度重视和鼓励社会资本的介入。投入村庄整治建设的社会资本主要有四种类型。

1. 企业或开发商投资

在所调查的 23 个新型社区、25 个行政村中，新郑市薛店镇的常刘社区、荥阳市贾峪镇洞林社区、睢县的龙王店社区是典型的由开发商投入建设的。开发商介入村庄整治的目的是得到节约出来的建设用地并用于开发。

常刘社区紧邻薛店镇区，计划集中常刘、薛集、草庙马 3 个行政村 6200 余人。据估算，常刘社区建成后，需要 5 亿元，包括安置房、拆迁、绿化、道路，这些资金均由开发商投入。这三个行政村占地面积 1910 亩，社区规划占地 410 亩，可以节约集约利用土地 1500 亩，这些节余出来的土地，一部分用于复耕，一部分则以招拍挂的形式归开发商，归开发商拥有土地数量的价值大体在 5 亿元左右。

洞林村庄整治共涉及 5 个村，分别是：洞林、郭岗、鹿村、邢村、周垌，需安置 1300 余户 5000 余人，建筑面积近 20 万平方米，共需投资约

2.2 亿元。五个村在未改造前，农村宅基地、宅荒、空闲地、空壳村共有土地 1100 余亩，通过改造后，能够节省土地近 700 余亩。作为回报，开发商得到了这些节余建设用地的使用权，可修建别墅和一般住房。而且，村庄整治后，这些村农民的土地使用权流转给了公司，公司将用这些土地来发展观光、旅游农业。

龙王店社区将合并 10 个行政村、26 个自然村。这 10 个行政村共有3370 户 13870 人。新社区规划占地面积 3301 亩。与村庄原有占地面积相比，可以节约建设用地 1079 亩。开发商在村庄整治中投入了较多的资金。同时，开发商在沿街修建了 312 套商住两用房，以 1200 元/平方米的价格向规划区内的 10 个村的农户以及规划区外的"能人"销售。

此外，还有煤矿开采企业按相关政策法规投入资金搬迁、安置煤矿塌陷区居民。

2. 村集体投入

新型社区的基础设施建设主要由政府承担，但在政府资金不到位或者需要配套的情况下，就需要村集体通过借债来保证工程的顺利实施。据统计，在实行村庄整治和集中居住过程中，14 个有效样本村集体平均花费575.87 万元，其中 78.6% 的村（11 个）有借债。而村集体的借债对象主要有村干部的垫资、拖欠的工程款、银行贷款等（见表 5-1）。

表 5-1 村集体借债对象

借债对象	N	占比（%）	均值（万元）
银行贷款	2	18.2	80.0
村干部垫资	5	45.5	498.6
拖欠工程款	5	45.5	401.0
私人借款	4	36.4	82.3
引资	1	9.1	254.0

村干部的垫资大体有两种类型。一种是为了完成社区建设进度而被迫垫资；另一种是村庄整治建成后可以从中得到一定的好处。兰考县董堂社区是后一种类型的典型个案。据调查，董堂村支书在对农民旧宅基地、旧房补偿、基础设施建设占地补偿、困难户房屋建设等方面大约花费了 2400万元。该支书愿意在村庄整治建设中投入的决定性因素是有可能在县城得

到一定数量的经营性建设用地。兰考县一份正在起草中的支持农村新型社区建设的文件中提出："城乡建设用地增减挂钩结余指标可有偿流转到城镇使用，要尽量安排经营性用地，以获得更多的土地增值收益。对在增减挂钩和综合整治过程中节约的建设用地指标，县财政每亩补助 20 万元（仅限于村庄整治建设），其中 5 万元用于农户旧房拆除补偿，15 万元用于土地补偿。对由投资商采取增减挂钩模式进行社会建设投资的，在严格按照规划设计和住房质量的要求建设安置房，且安置房以成本价交付给村委的基础上，投资商在县城规划区内可获得 50% 的挂钩周转指标，用于房地产开发。土地使用招拍挂方式进行，摘牌价与评估价的差价部分全部返还给投资商，用于村庄整治的基础设施和公共设施建设。"另外，在一定程度上由于在村庄整治中的贡献，该村支书所办的公司及澡堂得到了政府 200 多万元的项目投入。

3. 社会集资

一些地方在村庄整治中，动员村里在外务工经商人员捐资。光山县江湾村是较为典型的个案。在江湾村外出务工经商的人群中，不乏资产上百万、千万甚至过亿的"成功人士"。江湾村每年都要召开成功人士座谈会，开展大型建设项目时都会向各位成功人士"化缘"。江湾村村庄整治的第一笔近 200 万元启动资金就是通过这种方式得到的。

4. 农民投入

在村庄整治建设中，修建新房的费用主要由农户承担。根据农户调查中收集的 279 个农民拆旧建新总支出有效样本数据，参与拆旧建新农户的拆旧建新平均负担 14.03 万元/户，其中建新房支出占 78.82%，新房装修支出占 21.54%。

六　补偿及奖励政策

在 18 个样本村中，17 个村在村庄整治中给予了农民一定的补偿。其中，对于农民旧房屋，7 个村都给予了补偿，但只有 4 个村对旧宅基地给予了补偿，5 个村对农民建新房给予补偿，5 个村对先拆后建过渡期有补偿，6 个村有附属物补偿，5 个村有其他补偿（见表 5-2）。

11 个村在新社区建设中提供了老年房。老年房主要有三种类型，一是集体所有，老年人租住。调查中的龙王店社区、陈寨村社区、红晟社区、蔡河社区和丁营社区5个社区都属于这种类型。二是设计了面积较小的老年房，老年人可购买。例如，锦和新城就是如此操作的，但申请条件较为严苛，要求老年人所在家庭达到四世同堂。三是建立敬老院，如江湾村，但只有"五保"户和困难户才能申请入住。此外，祥和社区在社区户型设计中更多地考虑了不同类型家庭的住房需求，不仅设计有面积较小的老年房，还设计了子母房可以让老年人在与子女共同居住的同时有自己独立的生活空间。

表5-2 对农民补偿状况

村名	旧宅基地	旧房	新房	过渡期	附属物	其他补偿	困难户帮扶	老年房
焦庄	无	无	无	无	无	有	无	无
江湾	无	无	无	—	无	无	有	有
上官岗	有	有	无	—	无	无	无	无
马营	无	有	有	有	有	有	有	有
暴庄	有	有		有		有	无	
睢庄	有	有	无	—	无	无	无	无
陈寨	无	无	无	无	有	无	有	无
郏县睢庄	无	有	无		有	有	无	
董堂	有	有	有	有	有	有	无	无
余连	无	无	无	—		有	无	无
丁营	无	无	无	无	无	有	有	无
龙王店	无	无	无	—	无	有	无	无
枣林	无	无	有	无	无	有	无	无
张庄	无	有	无	—	无	无	无	无
方老庄		无	无	无	无	无	无	有
李楼	无	无	无	无	无	无	无	有
蔡河	无	无	无	无	无	无	无	有
三包祠	无	无	无	无	无	无		
有补偿合计	4	7	5	3	6	6	9	11

第六章　村庄整治面临的挑战

农民是村庄整治的主体，村庄整治需要农民的积极响应。从总的调查情况看，各地村庄整治及新型社区建设得到了农民的积极回应。但是，村庄整治仍面临着诸多挑战。

一　规划的科学性有待提高

规划是保障村庄整治健康有序推进、合理安排土地整治项目和资金的基本依据。调查发现，尽管被调查地方都制定了包括农村社区在内的土地综合整治规划，但规划本身存在着稳定性差、要求偏高等一系列的问题，从而影响了村庄整治的顺利推进。

（一）规划目标偏高、进度偏快

新型农村社区建设应是一个自然的循序渐进的过程。政府设立建设推进速度是应该的，但所确定的目标不宜过高。否则，就会造成基础设施的跟进困难等方面的问题，从而影响农民参与拆旧建新的积极性。

以豫东地区某县为例，全县共有727个行政村，2100多个自然村，按照该县的规划，新型农村社区至少要整合4个行政村，人口规模应不低于5000人。2012年底，全县计划完成3~4个新型农村社区建设，然后每年完成10个，2016年之前完成一半行政村的整合，到2020年完成对所有行政村的整合。据当地干群反映，在政府支持能力不足的情况下，完成这一目标是比较困难的。

（二）规划缺乏严肃性和可持续性

近年来，河南省的村庄布局规划经历了3次调整。2005年国家提出新农村建设后，村庄规划的基点是以行政村为单位，着力改善农民的居住和生活环境。2009 年，规划的基点是合并行政村建立中心村，中心村的人口规模在 5000 人左右。2011 年，河南省各地又按照城乡一体化的思路，以建立新型农村社区为基点来规划农村人口布局，新型农村社区的人口规模不低于 5000 人。

在开展新型农村社区建设中，仍然存在着规划稳定性差的问题。以滑县锦和新城为例，2004 年，最初的设计规模是 12 个村庄的集中居住；到 2009 年 4 月，新区规划村庄扩展到了 24 个，规模扩大一倍；后来又增加到了 33 个村。规划的变动对新型农村社区建设有直接的负面影响。例如，暴庄村属于第一批规划村庄，所以在 2009 年集中居住项目实施的前 5 年就已经严格控制在老村建新房。而睢庄村属于第二批规划村庄，并且按照规划实施进度，睢庄又是第二批村庄中最早的集中居住项目区，当年 12 月项目就已正式启动。整个安排令睢庄的干部和村民都措手不及，也给拆旧建新工作带来了很大困难。锦和新城规划的多变性在楼房改建一事上也有所体现。最初新区规划的统建楼房是 6 层，各排房的间距也是依据楼高测算的。后来考虑到 6 层以上楼房才允许安装电梯，新区政府又决定改建 7 层楼房。但此时新区整体规划都已做好，农民的联体别墅也已经动工，无法再另作规划。由于临时加高了楼高，与楼房区相邻的第一排联体别墅就完全无法采光，由此还引发了农民的上访。

（三）规划的设计缺乏灵活性

调查发现，多数社区的建筑格局、样式和房屋面积都是由在业内享有一定名气的专业设计单位所设计的。一些社区在新房的修建上，各户不论人口多少，其宅基地面积和建筑面积没有差异，建筑样式也完全统一。但是，由于各户之间的人口数量存在着差异性，在家庭人口数量相等的情况下，各家人口的内部结构及其就业和常住地呈现出较大的差异；在经济分化的背景下，各户之间的经济条件有各不相同。这种差异会形成农户之间对新房面积需求的差异。例如，家庭人口较少的家庭、常年在外打工人员较多的家庭、老年人口较多的家庭所期望的新房面积可能相对较小。针对这种情况，我国一些地方探索了多种多样的解决办法。例如，四川省成都市所辖的崇州市在统规自建型新型社区的规划中，明确规定了不同人口规模家庭的宅基地面积和建筑面积。而河南省被调查的一些地区在新型社区建设规划中缺乏针对家庭人口状况等方面差异性的考虑，势必会降低一些家庭拆旧建新的积极性。

（四）农民在规划中的参与程度较低

农民充分参与对于新型社区建设具有重要的推进作用。农民的"本土性"决定了其比任何外来者（如政府）都更加了解本地的资源状况，更加了解社区何时建、在什么地方建、如何建。凡是拆旧建新顺利的社区（如卫辉的焦庄社区、睢县的丁营社区、郏县的前王庄村等），农民都能够较为充分地表达意见；新宅的户型，社区的基础设施、建设方式、质量等往往符合农民现实需要，农民满意度较高。尽管这些社区在建设中也会出现各种类型的纠纷，但最终都能通过协商解决，基本未出现上访、强拆等不利于社会稳定的问题。相反，农民没有参与或者参与程度较低的社区，农民拆旧建新的意愿就低，而且潜藏着很多社会不稳定因素。农民的知情及参与具有促进村庄整治的功能。但在政府及村干部主导、自上而下决策和推动的村庄整治中，农民参与的权利在很大程度上被剥夺了，从而影响了农民村庄整治的顺利推进。

缺乏农民参与的村庄整治规划很可能得不到落实。例如，郏县冢头镇前王庄村的新型农村建设于 2008 年 5 月启动，2009 年开始大规模实施。按照规划，前王庄村应与其周边的 3 个村合并，形成前王庄新型农村社区。但在调查中了解到，由于历史的原因，这几个村相互之间的隔阂较深，其他 3 个村很难与前王庄村进行合并。

二　资金约束突出

村庄整治需要数额巨大的资金来支撑。据新乡市有关部门的测算，政府建成一个 5000 人的标准社区需投资 2000 万元，主要用于基础设施和公共服务设施建设。调查发现，尽管各地探索了多种多样的资金筹措方式，但资金约束依然突出。

（一）专项资金整合困难

河南省各地均出台了资金整合的指导意见，整合各类支农、惠农资金打捆使用，集中投向村庄整治，但资金整合的难度较大。中央和省下拨的涉农资金，大多与具体项目挂钩，采取专项转移支付的方式。在现行管理体制下，县（区）政府在利用现有财政性涉农项目资金整合投入新型农村社区建设方面，存在着一定的政策障碍及风险。

1. 资金的使用范围存在差异

目前很多涉农资金，如万村千乡工程、饮水安全工程、卫生室建设、文化大院、体育设施等，均是以行政村为扶持对象，与新型农村社区规划不衔接。在行政村整合为新型农村社区之后，原行政村享受的财政资金扶持政策，难以等量地用于整合后的住宅社区。以整合扶贫资金为例，扶贫资金针对贫困村，主要采取整体推进的方式，如果原来的贫困村搬迁到新区，只有在上级部门允许的情况下才能整合整村推进的资金。再以整合农村一事一议财政奖补资金为例，政策规定农民每人每年筹资 20 元，国家将补助（地、省、中央）60 元。但按照现有政策，一事一议的资金不允许用于跨村及村以外的公益事业建设，所以多村合并社区的公益事业项目不能列入一事一议奖补范围。

2. 资金的使用期限不一致

上级下达的多数专项资金均要求地方 1~2 年内完工，而新型农村社区相关项目建设完成可能要 3~5 年时间，与上级要求不同步。这样符合新型农村社区基础设施建设投向的资金项目就难以通过上级验收，得不到上级的资金支持。

3. 存在着违规风险

部分项目资金管理较严，有特定要求。尽管地方就整合资金出台了一些政策，但得不到上级部门的认可，地方整合资金的违规风险较高。例如，教育部门的资金要求学校布局与新农村建设规划相协调衔接，不在规划内就不建学校、不投资。林业资金不好整合到新型社区建设，因为林业资金主要用于大型项目绿化。

（二）节余建设用地指标流转与现有法律、政策有抵触

利用村庄整治后所节余的建设用地指标进行交易或有偿使用，是很多地方开展村庄整治的动因。交易费或有偿使用费也往往被视为村庄整治的重要资金来源。但是，在现有的政策框架下，土地整治后节余建设用地指标的有偿使用或交易存在着障碍。

国土部对如何开展增减挂钩试点有明确的要求。一是村庄整治要经国土部门批准并获得周转建设用地指标。二是增减挂钩的建设用地指标只能在县域范围内置换。三是置换进城使用的建设用地要纳入年度用地计划指标。试点工作初期，增减挂钩试点数量有限且试点项目区直接由国土资源部批准和指导、管理，自 2009 年起，国土资源部改变批准和管理方式，将挂钩周转指标纳入年度土地利用计划管理，国土资源部负责确定挂钩周转指标总规模及指标的分解下达，有关省、区、市负责试点项目区的批准和管理。四是指标置换进城后增值的土地收益必须全部返还农村。可以看出，如果按照国土部门的要求开展村庄整治，通过增减挂钩方式获取村庄整治资金的空间是极为有限的。

相对来说，在河南省开展的人地挂钩政策比城乡土地增减挂钩政策更灵活，土地增减及建设土地指标的转让可以突破县域范围的限制，且指标的数量相对较多。这意味着中心区城市能获得更多周边区域县市的建设指标。但是，人地挂钩的年度挂钩周转指标仍然有规模控制，由河南省国土厅每年下达。而且，河南省尚未建立省级土地指标交易平台，土地结余指标有偿流转的范围和价格都受到了限制。尤其重要的是，目前河南省一些地方开展的人地挂钩政策，并未得到国土资源部和中央层面的认可。下一步如何开展人地挂钩探索，值得关注。

（三）农村金融改革滞后

尽管拆旧建新的经济负担超过了很多农户的承受能力。但因为新社区优越的居住和生活条件，一些农户表示，即使贷款（借钱）也愿意拆旧建新。但是，农民缺乏有效担保物，获取农村信用社、农业银行等正式金融机构的贷款非常困难。据舞钢市八台镇农村信用社的信贷员介绍，信用社在向农民发放贷款时，需要有担保、抵押或质押。信用社对担保人的规定是"有经济实力的在职公职人员"，且每人最高只能担保 10 万元，信用社的利率是 12.57%。所谓质押主要是指定期银行存款的存折，可以用本人的，也可以用其他人的。显而易见的是，在一般情况下，如果农民有存折，就不用向信用社贷款；而借用他人存折作为质押，在实际操作中也难以行得通。据调查，类似舞钢市八台镇的规定在其他地方均普遍存在。

近年来，河南省一些地方在新农村社区住房抵押贷款方面进行了积极的探索。例如，新乡县农村信用联社通过与大块镇政府和村组织进行沟通，专门开辟了"房贷通"业务。房贷通贷款额度原则上不超过 10 万元，贷款利率按农村信用社现行一般利率下浮 20% 执行，申请房贷通的农户首付比例不低于 50%，贷款期限原则上不超过 3 年。同时，在新乡县范围内挑选 3～5 家资金实力强、经营前景好的企业针对房贷通业务提供兜底担保。截至 2014 年上半年，已对 800 户农户进行详细的贷前调查，并已签订征信授权查询书。同时，大块村已经在信用社开立了保证金专用存款账户，并存入了一定额度的保证金。截至 6 月末，已办理房贷通业务 50 笔，金额 625 万元。

但从总体情况看，农民获取金融资金的障碍因素很多。例如，新农村社区住房多为小产权房，在集体建设用地上建成，只属于农村集体所有者。土地、房产管理部门有关规章制度并不允许对集体土地上建设的新农村住宅进行抵押，即无法办理他项权证。在一些地方，例如舞钢市，主管部门给那些在新型社区建房和购房的农户颁发了农村集体土地使用权证，也颁发了房屋所有权证。但这种探索的效果是有限的。这是因为从时间序列看，农民建房或购房在前，事后的贷款不能解决建房或购房时的资金困难。尤其是，舞钢市的探索在操作中遇到了法律障碍。舞钢市的村庄整治大都属于多村合并。由于农村土地属于集体经济组织所有，只有集体组织（村集体或村民小组）的成员才有资格得到宅基地的使用权，给那些并入村的农户发放农村集体土地使用权证与现有法律相悖。为了解决这一困境，舞钢市采取的变通做法是，在本村农民自愿同意的情况下，给并入村的农民发放宅基地使用权证。但调查发现，得到全体农民的一致同意是很困难甚至是不可能的。舞钢市还曾与金融机构协商，希望由政府担保来解决农民贷款问题，但这种建议没有被金融机构接受。金融机构认为，政府没有担保资格。

三 农民拆旧建新意愿存在着差异性

我国同一村庄内部不同家庭拆旧建新的意愿具有显著的差异性。家庭的经济状况、人口数量与结构、从业性质和从业地点、旧房质量、面积及区位等方面的差异，都会影响农民拆旧建新的意愿。但是，村庄整治往往要求村庄内绝大多数家庭在规定的时限内完成拆旧建新。例如，土地增减挂钩周转用地的周期只有 3 年。农民拆旧建新的异质性与政策要求的统一性之间的矛盾，是开展村庄整治工作所面临的严峻挑战。现就农民的经济状况和旧房价值对其拆旧建新意愿的影响，进行探讨。

（一）家庭经济状况

在河南省各地开展的村庄整治工作中，基础设施建设主要由政府或企业投入，但农户也需要在建新房等方面投入较多的资金。根据农户调查，参与拆旧建新农户的拆旧建新平均负担为 14.03 万元/户，其中建新房支出占 78.64%，新房装修支出占 21.36%。

在这样的制度安排下，农户是否愿意拆旧建新与其家庭经济状况密切相关。在所调查的 365 户样本农户中，选择集中居住的 311 户，占样本总量的 85.2%；未选择集中居住的 54 户，占样本总量的 14.8%。在未集中居住户列举的未搬迁原因中（多选题，有效回答 85 个），经济负担重这一因素居第一位，占农户所列原因总数的 30.26%。其他的原因分别是：对搬迁补偿不满意，占 14.47%；穷家难舍的心理因素，占 7.86%；房子新盖不久，占 6.58%；对搬迁后宅基地面积不满意，占 6.58%；对集中居住的生活方式不适应，占 6.58%。

农民拆旧建新的能力与没有补偿或补偿标准低紧密相连。从某种程度上说，正是补偿方面的问题，才导致了农民拆旧建新能力不足。滑县锦和新城及郑州市几个由开发商主导的村庄整治之所以能够较为顺利推进，与对农民旧房及旧宅基地的补偿有直接联系，由于有了这些补偿，绝大多数农户不用掏钱就可以搬入新居。

（二）旧房价值

在所调查的 23 个新型社区、25 个行政村中，农民的旧房有的得不到补偿。旧宅的新旧程度及价值在很大程度上影响着农民参与集中居住的积极性，进而关系到集中居住工作推进的难易。

根据农户调查问卷的统计，在拆旧建新时，农民房屋平均重置价值为 60297 元/套。从结构上看，尽管价值在 1 万元以下的占 10%、1 万 ~5 万元的房屋占 52%，但房屋重置价值在 6 万 ~10 万元的占 16%；在 10 万 ~20 万元的也占 16%。从房屋建造年份看，68% 的农户的旧房屋在最近 30 年内建

造或翻新过。39% 的旧房屋建于 20 世纪 90 年代或在此期间翻新过；27% 的
农户在 2000～2009 年建造或翻新过房屋，其中，约 30% 的房屋建于或翻新
于 2005～2009 年（见图 6-1、图 6-2）。显而易见，在补偿水平较低甚至
没有补偿的前提下，那些房屋较新、房屋价值较高的农户就缺乏拆旧建新
意愿。一些村在村庄整治中所面对的困难，在很大程度上是因为村里有很
多新修建或翻新、价值较高的房屋。以并入滑县锦和新城的暴庄村、睢庄
村和五里铺村为例，这三个村在拆旧建新过程中享受的补偿及奖励政策完

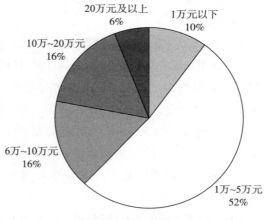

图 6-1　旧宅重置价值

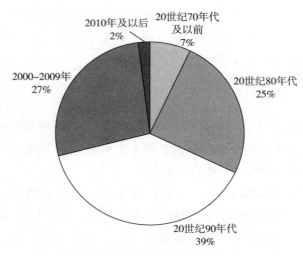

图 6-2　房屋建造及翻新时间

全一样。但是，暴庄村旧房的价值较低。该村是第一批被确定为整体搬迁的行政村。农户因为知道要搬迁，所以在近几年内就没有新建房屋。而睢庄村和五里铺村确定整体搬迁的时间较晚，一些农户在最近的几年内还在修建或翻新房屋。调查发现，在很大程度上基于这种差异，暴庄村拆旧建新相对容易，而睢庄村和五里铺村在拆旧建新中遇到的阻力较大、农民意见较多。

调查还发现，村社主导的单村整治较容易被农民接受，而政府主导的多村合并在推行中遇到的阻力较大。这种差异也与农民的房屋状况有关。表6-1列举了几个典型的村集体主导的单村整治社区和政府主导的多村合并社区的房屋状况。可以看出，集体主导的单村整治社区中农民旧房较多的村合并社区的旧房年限长、价值低。这既是诱发部分村庄自主开展村庄整治的动因之一，也是村庄整治能得到本村农民响应的原因之一。以卫辉市城郊乡焦庄社区为例，到2008年本村拆旧建新大力推进时，焦庄村最新的房屋也已有近10年房龄，受访农户旧宅平均重置价值仅为16154元/套，因而在没有任何补偿的情况下，焦庄村的新型农村社区建设仍可以较为顺利地完成。而政府主导的多村合并模式则较多地考虑了政府发展规划，缺乏对村庄房屋状况的考虑，从而影响了村庄整治的进度。

表6-1 分社区的旧房情况统计

整治模式	社区	村名	年份（中位）	年份（75%分位）	最旧（年份）	最新（年份）	重置价值（均值，元）
单村整治		上官岗	1994	2002	1970	2008	20571
		江湾	1989	1992	1974	2000	52500
		焦庄	1990	1995	1980	2000	16154
		前王庄	1989.5	1995.7	1960	2002	27933
		陈寨	1992	1999.5	1960	2003	14242
多村合并	倪湾社区	倪湾、余连等	1987	1994	1976	2006	34923
	祥和社区	后辛庄	1990	1994	1960	2004	50684
	锦和新城	暴庄	1992	1998	1981	2003	84285
		睢庄	2001	2008.5	1992	2011	108444
		五里铺	2003.5	2007.25	1989	2008	100000

四 农地确权尚未完成

农地确权是开展村庄整治的基础性条件。进行农地确权就是要把土地使用权和所有权明确到相应的农户和农村集体经济，即清晰界定农村土地、房屋、承包地、林地等财产权利，赋予农民有保障的转让权。农地确权可以降低农民对集中居住后农业生产便利性降低的担忧，降低农民对把土地流转给公司、家庭农场、大户、专业合作社等新型农业经营主体后与承包地相关利益得不到保障的担忧，从而提升农民主动参与拆旧建新的意愿。但河南省各地的农地确权正在进行中，村庄整治的顺利推进也就不可避免地受到影响。

除了上述几类因素外，部门之间的协调和配合也是目前村庄整治面临的挑战。村庄整治是一项系统复杂的工作，涉及农民、集体根本权益，也涉及土地性质、土地用途等关键性问题。目前，尽管政府制定了很多关于土地综合整治的政策，但在很多具体问题上没有定论。村庄整治缺乏系统的、具有可操作性的政策法规体系做支撑。基层干部介绍说，土地综合整治的文件下发通常是国土部门一出文件，各部门"补丁性"文件随之而来，但落实到具体标准方面，如具体补贴办法、补偿措施等，却迟迟没有定论。

第七章　村庄整治过程中的现代
农业建设问题

一　引言

　　村庄整治过程中用地结构转变与居住形态变化相伴发生，通过将土地整理与城乡建设用地增减挂钩试点政策相结合，达到优化城乡土地利用结构的目标，这一过程也不可避免地影响农业生产。通过盘活农村存量建设用地，村庄整治能够在解决工业化、城镇化的用地需求的同时，实现耕地的数量增加与质量提高，确保国家粮食安全，继而破解工业化、城镇化和农业现代化协调发展过程中的用地矛盾。提高农业综合生产能力、改善农业生产条件是村庄整治中对土地进行整治的内在要求和基本出发点，与此同时，通过加快农业生产的规模化、产业化，以及现代农艺技术与农业生产组织方式的引进和推广，也有助于推动农业现代化进程。

　　河南省在村庄整治过程中，因地制宜地做了很多探索，以充分调动农民、地方干部与社会资本等各类主体的积极性，在保护和增加耕地、提高耕地质量、转变农业生产方式、提升农业产业化水平等方面都取得了显著的成效，基本达到了不牺牲农业与粮食、推进"三化协调"发展的宗旨和要求。但是，村庄整治在促进农业发展方面的积极作用也受到很多因素的影响和制约，如拆旧复垦能否顺利到位、复垦地质量状况决定了整治前后的农业生产能力；社区建设后的用地结构的改变会影响粮食安全目标的实现；土地流转与资本进入农业的方式决定了农民在利益分配格局中的地位；规模经营后结余农业劳动力的出路，特别是弱势劳动力的就业问题，影响农村弱势人群的生存发展与农村社会稳定。这些因素与问题的存在，要求在继续推进村庄整治的同时，加快配套制度的建设与完善，确保其对农业生产的促进作用落到实处。

二 从农业生产角度看村庄整治的战略意义

国土资源部 2009 年印发的《关于促进农业稳定发展农民持续增收推动城乡统筹发展的若干意见》对农村土地综合整治工作做出了具体部署，并提出将农村土地整治与城乡建设用地增减挂钩相结合。《中共中央关于制定国民经济和社会发展第十二个五年规划的建议》中，把农村土地综合整治工作作为"十二五"期间推进农业现代化、加快社会主义新农村建设的一项重要内容。随着农村土地综合整治上升为国家层面的重大部署，村庄整治也成为统筹城乡建设、实现"四化同步"的关键举措。

（一）缓解争地矛盾，实现"四化同步"、"三化协调"发展的必然要求

河南省提出的"工业化、城镇化和农业现代化协调发展"与中共十七届五中全会提出的"在工业化、城镇化深入发展中同步推进农业现代化"、十八大提出的"四化同步"的重大发展战略都是一致的。目前，探索"不以牺牲农业和粮食、生态和环境为代价的三化协调发展"的路子，已成为国务院 2011 年批准设立的中原经济区（国发〔2011〕32 号）建设的核心任务，在全国具有重要的代表性和示范价值。但是，从改革开放 30 多年中国的发展情况看，工业化、城镇化与农业现代化并不协调，甚至与最基本的农业保护都是不协调的，对土地的竞争已成为"三化协调"发展中的最基本矛盾。

改革开放以来，全国耕地流失最快的是东部沿海发达省份，快速工业化、城镇化带来的巨大建设用地需求，伴随着粗放的土地利用方式，导致耕地的迅速减少。1996～2008 年，京津地区耕地减少 18.9%，粮食播种面积减少 40.8%；水稻主产区的东南地区耕地减少 8.9%，粮食播种面积减少 28.8%。耕地流失与播种面积剧减使得这些地区的粮食供求关系显著失衡。1990～2010 年，京津地区粮食产出占全国粮食总产出的比重与其人口所占比重之比从 0.59 降至 0.21，东南地区也从 0.91 降至 0.50[①]。

对于河南这样的中部粮食主产省份，如果经历类似的工业化、城镇化

---

① 遵循刘江、杜鹰（2010）中的区域划分方法，东南地区包括福建、广东、海南、江苏、上海、浙江，京津地区包括北京、天津。

过程，全国的粮食安全无疑将面临巨大的威胁。但是，继续推进工业化、城镇化是河南省进一步发展的客观要求和必然趋势。2010 年河南省人均 GDP 达到 24446 元，约合 3611 美元（2010 年美元），根据钱纳里提出的标准，河南仍处于工业化中期阶段。2010 年底，河南省城镇化率为 38.8%，低于全国 49.9% 的平均水平，并处于城镇化的加速推进时期。按照当前的土地利用集约程度，如果人均 GDP 再翻一番、城市化水平提高到 50% ~ 60%，将意味着有巨大的建设用地需求。在荒地、后备地资源基本没有的情况下，如果不通过其他途径解决用地需求，就只能占用耕地。1996 ~ 2008 年，河南省耕地面积由 811.03 万公顷减少到 792.64 万公顷，减少了 18.39 万公顷，年均减少 1.41 万公顷，人均耕地也从 1.33 亩减少到 1.10 亩。在快速的工业化、城镇化进程中，耕地持续面临巨大挑战。此外，河南省在国家粮食安全中承担着重要的任务，"十二五"期间要完成增产粮食 300 亿斤的任务。可以看出，工业化、城镇化与农业现代化之间在用地方面的竞争非常突出，而村庄整治过程中土地用途的转换和集约利用正是解决"争地"这一基本矛盾、实现"三化"由不协调向协调转变的突破口。

改革开放以来，河南也有了农村人口的大量流出问题，因为农村建设用地退出机制不健全，很大一部分流出人口虽然已经在城镇购房定居，但仍保留着农村住房，使得空心村问题非常突出，按人均计算的建设用地标准，超标、一户多宅等问题的存在使得农村建设用地闲置与浪费问题更加严重。村庄整治的核心是提高农村建设用地集约水平并将节约的建设用地复垦，再将相应的建设用地指标"漂移"到城市开发建设中。根据测算报告，河南省农村居民点整治的潜力达 242324.49 公顷，增加耕地系数为 17.34%，全省农村居民点减少规模与新农村建设挂钩规模之差（农村居民点可释放现实潜力）为 96577.00 公顷，至 2020 年可用于挂钩的面积达 53975.56 公顷，主要分布在商丘市、南阳市、驻马店市、信阳市、新乡市、周口市、平顶山市、许昌市等地市。

（二）通过土地整理提高耕地质量和利用效率，增加土地生产能力

家庭承包经营后的耕地碎片化导致耕地利用中存在严重浪费，现代农业技术应用受限，农业生产效率难以提升。根据 1999 年第一次全国土地利

用现状调查，全国田坎面积达 1266.7 万公顷，沟渠 486.7 万公顷，田间道路 666.7 万公顷，分别超过土地集约水平中等国家的 1 倍、1.5 倍和 2 倍以上。通过对田、水、路、林的综合整治，可以增加有效耕作面积，提高耕地利用效率。另外，根据统计，中、低产田在河南省现有耕地中约占一半以上。其中，中产田面积 426.58 万公顷，占总面积的 53.82%；低产田面积 38.29 万公顷，占总面积的 4.83%；高产田面积为 327.76 万公顷，占总面积的 41.35%。中低产田单产能力通常达不到高产田的 80%。在村庄整治过程中，同步实施土地整理，有望解决农业基础设施基础薄弱限制农业生产的困境，通过改善土壤质量、灌溉条件和耕作条件，发挥降低农业生产成本、提高粮食综合生产能力的作用。

（三）促进农业生产方式转变和农业产业化经营

在家庭承包经营制度下，户均耕地面积小，农业无法成为主要的经济来源，"农民兼业化、农业副业化"成为不可避免的结果，并制约了农民增加农业投入的积极性。因为缺乏健全的耕地流转机制，农业生产技术进步（机械化水平的提高等）往往会降低农户的农业最低劳动投入，从而导致更加普遍的兼业化。当前，这种一家一户分散经营的传统农业生产方式进一步面临农业投工机会成本快速提高的挑战。从调查了解的情况看，各地农业生产不同程度地面临土地闲置、抛荒、粗放经营等问题，农业生产的潜力未能充分发挥。通过发展现代农业生产方式，降低农业劳动投入、提高生产效率、降低生产成本，是农业进一步发展的客观需求。无论是通过土地流转、集中经营实现，还是通过代耕代种或通过市场化、社会化农业生产服务实现，发展现代农业都需要适宜的耕作条件和组织保障。村庄整治过程中对耕地的整理，可以实现耕地的"集中连片、田块平整、渠网配套、道路畅通"，为规模经营和农业产业化发展提供自然条件；各类专业合作社的同步发育，也可以为现代农业发展提供组织条件。

三　村庄整治在促进农业发展方面的实际效果

从调查中了解的情况看，河南省的村庄整治项目在保护与增加耕地、改善农业生产条件、提高农业综合生产能力等方面发挥了预期的积极作用。

（一）节地效果明显

村庄整治的一项核心内容是通过集中居住提高农村建设用地集约利用水平，再将节约出来的土地复垦为耕地。从调查情况来看，调查地区农村居民点居住分散，农民户均住房及庭院占地面积普遍超过标准，少的在半亩左右，多的则在 1 亩以上，而且一户多宅情况也很常见，最终使得村庄占地面积大大超过实际需要，通过村庄整治节地的潜力很大。调查农户中的46 户整治前在本村有 2 处或 2 处以上的宅院，占到农户总数的 12.6%。其中，在兰考县的董堂村，甚至一半的农户在整治前有 2 处及或 2 处以上的宅院。

调查农户的宅基地，按宅院（一户多宅就是多个样本）计算的平均面积达到 260.8 平方米。在各个县中，最高的是新乡县，达到 391.3 平方米；最低的是荥阳，也达到了 183.6 平方米。农户宅院的平均面积相对于城市居民和居住实际需求来说，是很大的。考虑到一户多宅的情况，按户计算的宅基地平均面积达到 294 平方米，最高的是兰考县和新乡县，分别达到457.7 平方米和 453.1 平方米，其他各县的平均面积也都在 200 平方米以上。

表 7－1 列举了 6 个调查村庄（社区）社区建设前后的（规划）占地情况。建设前村庄户均占地面积最大的是息县的李楼村，达到了 2.59 亩，其次是息县的大刘庄，也高达 2.40 亩。根据社区建设规划，建设后项目村庄户均占地通常在 1 亩以下，人均占地面积通常在 0.2 亩以下，息县的大刘庄村与夏寨村更是计划降至 0.09 亩/人。其中，夏邑县歧河乡蔡河村有 480户，1500 人，建设前村庄占地达到 742.35 亩，户均占地（包括公共用地）达到 1.55 亩，建设后户均占地将减少到 0.63 亩，新村庄占地也将减少到303.45 亩，可以节约出 438.9 亩地，节地率达到 59.1%。这个节地率在所调查的村庄中并不是最高的。

表 7－1　部分调查村庄新型社区建设前后节地情况

村庄	时期	总户数（户）	总人口（人）	村庄占地面积（亩）	户均占地（亩/户）	人均占地（亩/人）	节地（亩）
夏邑县蔡河村	建设前	480	1500	742.35	1.55	0.49	438.9
	建设后			303.45	0.63	0.20	

续表

村庄	时期	总户数（户）	总人口（人）	村庄占地面积（亩）	户均占地（亩/户）	人均占地（亩/人）	节地（亩）
息县大刘庄	建设前	750	3450	1800	2.40	0.52	1500
	建设后			300	0.40	0.09	
息县李楼村	建设前	463	2085	1200	2.59	0.58	800
	建设后			400	0.86	0.19	
息县夏寨村	建设前	780	3018	1600	2.05	0.53	1340
	建设后			260	0.33	0.09	
卫辉市焦庄社区	建设前	570	2300	880	1.54	0.38	444
	建设后			436	0.76	0.19	
卫辉市倪湾社区	建设前	1513	6319	2860	1.89	0.45	1360
	建设后			1500	0.99	0.24	

图7-1反映了部分调查村庄的新型社区建设前后的节地率，13个村庄中最高的枣林村达87.3%，另外还有4个村庄的节地率在60%以上。光山县的上官岗与江湾两个村节地率稍低，但也分别达到了23.1%和27.4%。

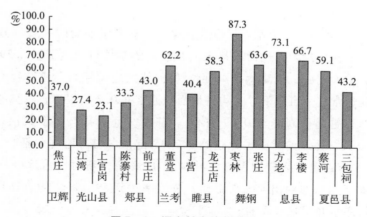

图7-1 调查村庄的节地率

结余出的耕地如果都能够实质性地成为增加的耕地，那么将显著提高粮食生产能力。就蔡河村来说，如果结余出来的438.9亩旧村占地全部复垦为耕地，按照当地小麦、玉米两季作物各1000斤/亩的单产水平算，意味着每年增加了87.8万斤的粮食生产能力。即使节约出的建设用地指标有一半用于增减挂钩或占补平衡，项目净增的耕地面积也能带来 40 多万斤粮食的生产能力。按照夏邑县对 23 个乡镇的社区整合规划，村庄建设占地面积将从 21441.77 公顷减少到 8722.5 公顷，节约出 12719.27 公顷的建设用地，假设其中一半成为净增的耕地面积，那么夏邑一个县因耕地面积增加就带来 1.87 亿斤粮食的生产能力。

（二）农业生产条件得到改善

在调查的地区，土地整理项目与新型社区建设项目配套实施是很普遍的，通过对项目区的农田实施连片整理，并完善灌溉、田间道路、用电等基础设施，将农业生产条件改善与生活环境改善相结合。以鹤壁浚县王庄镇为例，该镇推动新型社区建设，计划通过三期新型社区建设项目使全镇的 6 万人集中居住，建成中鹤新城社区。一期建设实施过程中，已获得政府基础设施配套建设投资 4360 万元，包括土地整理资金 1800 万元、农业投资 860 万元、水利投资 1200 万元和气象投资 500 万元。这些投资对于改善当地农业生产条件有重要作用。截至调查时，王庄镇新型社区建设完成土地综合整治面积 3 万亩，新打机井 600 多眼，铺设地埋管道 500 余公里，架设电力线路 50 公里，修建道路 60 公里，安装星陆双基设备 8 套。2010 年项目区分别首创全国 3 万亩以上连片小麦平均亩产超 600 公斤、连片玉米平均亩产超 750 公斤纪录，实现了小麦、夏玉米两季亩产 1394.4 公斤的高产纪录。

新型社区建设过程中同步实施农田整理和农业基础设施建设在其他一些项目村也同样存在。在息县大刘庄村，新型社区建设一期项目改造了 6 口坑塘，还实现了对 1200 亩基本农田的整理和 800 亩中低产田的改良；在息县夏寨村，一期项目包括对 3 口坑塘的改造、3500 亩基本农田的整理和 160 亩中低产田的改良；在睢县丁营村，土地整理项目建设内容包括新建田间道路、安装高压架空线、低压地埋线和变压器、铺设地埋管、新建和修复机井及配套设施等一系列内容。类似的以改善农业生产条件为内容的土地整理项目在光山县的江湾村和上官岗村、息县的方老村和李楼村、夏邑县的三包祠村等新型社区建设项目村也得到了实施。

实际上，村庄整治本身也有利于提高土地整理项目的效果。土地整理的一个关键目标是实现耕地的连片，以促进农业机械化和规模经营，降低农业生产成本，提高农业投资的积极性[1]。通过将分散的农户集中居住，缩小农村建设用地面积，可以有效改善农村建设用地对耕地的分割，确保耕地可以连片。正是由于这个原因，村庄整治对农村村庄的综合整治与对农田的整理往往是配套进行的。村庄整治过程中，通过土地整理，农田的灌溉保证率、生产能力及抵御自然灾害的能力都将得到提高，从而增强粮食生产能力。另外，也可以解决家庭承包经营带来的土地细碎化问题，为农机作业的推广及农业规模经营创造条件，降低农业生产成本。

（三）促进了农业规模经营和产业化经营

村庄整治过程中，县乡政府或村集体往往也着力推动土地流转，促进农业规模经营与产业化经营，耕地向公司、村集体、合作社、种植大户集中。在调查的项目村中，光山县的江湾村和上官岗、息县的方老村、滑县的睢庄、郏县的陈寨、兰考的董堂村、卫辉市的焦庄村等已经建成，并且入住农户较多的社区都统一组织了土地流转。在一些项目村，随着规模经营的发展，农业的结构也得到了调整提升。

在江湾村，村庄整治始于 2007 年 4 月，通过社区建设计划节约出近660 亩地并复垦。2009 年 3 月，由 62 户农民组成了土地信用合作社，这也是河南省第一家农村土地信用合作社。合作社按每亩 300 元的租金将土地从农民那里统一流转出来，截至 2012 年 5 月，全村共流转土地 3300 亩（含退耕还林 1000 余亩），94.7% 的土地流转后实现了规模经营。土地信用合作社又购买 10 余台大型农机设备，成立了"光山县江湾农业机械化专业合作社"，为农户提供大规模的机械化作业，对提高效率、降低成本和农技推广都发挥了很好的作用。得益于村庄整治与土地整理，全村耕地机械覆盖率已达到 100%。2009 年 10 月，由江湾土地信用合作社发起，又与周边的刘渡、蒋楼、周乡、金大湾四村的土地合作社共同成立了光山县江湾农村土地信用合作社联合社，联合社社员 200 余人，完成土地流转面积达 11000 余亩。在土地流转的基础上，江湾村进一步建立了优质水稻示范基地、油菜高产示范基地和小麦高产示范基地，2012 年江湾村引进种植了几百亩粳稻，亩产比一般优质杂交稻要高出 150～200 斤。

---

[1] 资本进入农业的一个主要障碍就是在与众多农户的谈判过程中，一旦与个别农户不能达成土地流转协议，就会导致耕地无法连片，使得农业生产无法有效进行。

在董堂社区，2010 年开始由 4 个村合并建设新型社区，村庄占地计划从原来的 964 亩减少到不足 400 亩，节约出近 600 亩地并得到复耕。村里有养殖和种植两个专业合作社，2004 年在这两个合作社的基础上又建立了循环农业生态公司，发展"猪、牛+沼+大棚蔬菜+电"模式的循环农业，而新社区建设节约并复垦的耕地也将由村里的合作社统一经营，用于循环农业项目。

在上官岗村，社区建设始于 2003 年，节约出的建设用地主要用于本村产业项目。但是，在此过程中，耕地流转与规模经营也得到了发展。2010年上官岗村引进投资 6 亿元，计划带动村民流转土地 3000 亩入股，建设包括现代农业种植园在内的上官岗综合产业园，截至调查时已流转集中土地1500 亩，已投入资金约 400 万元进行了土地平整、道路修建、水利维修、育秧工厂建设等，还在园区内引入了水稻高分子育种基地和种业（蔬菜）公司等的落户。

在浚县的中鹤新城建设过程中，中鹤集团依托鹤飞农机专业合作社，将整理后的土地从农民手中流转出来集中经营，作为自己的粮食基地。截至调查时，已流转耕地 1.5 万亩，并将继续流转镇内余下的耕地。

对农户调查数据的统计反映了村庄整治过程中耕地流转的加快。集中居住农户有耕地流转的有效样本有 200 户，其中，在集中居住前就将全部或部分耕地流转出去的农户有 41 户，占有效样本的 20.5%，最多的一户流转出土地 16 亩。集中居住前没有流转出耕地、集中居住后流转出耕地的有 36户，占了 18%，最多的一户流转出土地 25 亩。并且，集中居住前流转出耕地的农户在集中居住后都未收回耕地。有流转入耕地的有效样本有 164 户，其中，集中居住前流转入耕地的有 26 户，占有效样本的 15.9%，最大的一户流转入 50 亩，最小的一户不足 1 亩；集中居住后新流转入耕地的有 6 户，占了 3.7%，最大的一户流转入 400 亩。另外，在集中居住前流转入耕地的农户中，有两户在集中居住后放弃流转入的耕地，另有两户减少了流转入的耕地面积。表 7-2 反映了集中居住后，进入社区与未进入社区的农户的农业生产规模对比情况。集中居住后（即进入社区后）仍从事农业生产的199 户农户的平均经营规模为 8.6 亩，而未进入社区且仍从事农业生产的 20户农户的平均经营规模为 6 亩，比前者低了 30%。

表7-2 进入社区与未进入社区农户的农业经营规模比较

单位：户，亩

是否进入社区	户数	平均规模	最小规模	最大规模
是	199	8.6	0.3	400
否	20	6	0.4	11.1

耕地统一流转后，有的如王庄镇由企业统一经营，有的则如江湾村由合作社再统一发包，由多个农业大户经营。不管采取哪种形式，规模经营的效益都可以概括为以下几个方面的收益：①经营效益，即与联合采购、销售等相关的经济效益。②技术效益，与联合作业相关联的技术效率提升带来的经济效益，如更高效的机械的利用将促进单产水平与生产成本的降低。另外，规模经营过程中管理水平的提升，也将克服散户经营中普遍存在的粗放经营带来的效率损失，发挥提高单产水平的作用。③管理效益，即管理成本节约带来的经济效益，在产业化经营中更加明显①。

耕地流转加快一方面是农民根据自身情况的选择，另一方面也是地方政府着力推动的结果。村庄整治过程中，一些地方政府为了促进农民拆旧建新的积极性，制定了促进土地流转的激励和约束政策。例如，2010年舞钢市规定，对凡集中连片流转土地面积500亩以上，且流转期限在5年以上、符合新一轮土地利用总体规划和产业发展布局的流转项目，经市、乡验收合格后，第一年与第五年各奖补当年商定租金的30%，第二年至第四年各奖补15%；2011年又规定，从该年起对新增土地流转项目采取实物办法予以奖补，在符合若干条件的情况下，连补5年。舞钢市还把土地流转工作纳入乡镇和相关部门年终目标考核，年终对土地流转工作进行严格考核，对于完成任务好、经营环境好、成绩突出的前三名乡镇，分别给予5万元、3万元、2万元的奖励。

四 村庄整治在促进农业发展方面面临的主要问题

（一）耕地数量增加缺乏约束力

1. 政策方面"耕地数量有增加"缺乏约束力

以上分析表明村庄整治可以通过增加耕地数量来提升农业生产能力。

---

① 江湾村种植大户蒋强修的案例可以很好地反映规模经营中的经济效益与技术效益。

但是，从实际情况来看，在村庄整治过程中，节约出的指标与漂移的指标通常是等量的，使得中央一再强调的增加耕地数量的目标难以实现。客观来说，这是由于中央政策文件自身含糊其辞，使得耕地数量增加在村庄整治过程中缺乏约束力。国务院〔2010〕47号文要求"（增减挂钩）项目区内建设用地总量有减少、布局更合理，耕地面积有增加、质量有提高……整治腾出的农村建设用地，首先要复垦为耕地，在优先满足农村各种发展建设用地后，经批准将节约的指标少量调剂给城镇使用"。国土资源部〔2008〕138号文也有类似规定。但是，138号文同时规定，用于归还挂钩周转指标的复垦耕地面积"不得少于下达的挂钩周转指标"、"项目区内拆旧地块整理的耕地面积，大于建新占用的耕地的，可用于建设占用耕地占补平衡"。这些规定的存在使得"耕地数量有增加"在实践中难以得到保证。在调查的各市县，村庄整治节约出的建设用地指标或者通过增减挂钩，或者进入储备库通过占补平衡，等面积地置换为城市建设用地指标，使"耕地数量有增加"成为一句空话。

2. 拆旧复垦不到位使得耕地数量保持面临严峻挑战

实行等量挂钩或占补，耕地数量保持不变，或者说不减少这一计划目标能否达成，则取决于村庄整治中的拆旧复垦情况，这是影响村庄整治效果的关键问题。村庄整治的过程伴随农民住房拆旧和建新的过程，建新基本上是所有农户都愿意的，只是一些农户受能力限制而放弃建新。拆旧复垦却是大多数农户所不愿意的。从表7-3可以看出，在进入社区的农户中，48.8%的农户认为旧宅基地应当全部复垦，另有3.4%的认为应该部分复垦，还有44.7%的农户认为不需要复垦。

表7-3　旧宅基地是否应当复垦

单位：户,%

	农 户 数	比 重
应当全部复垦	144	48.8
应当部分复垦	10	3.4
不需要复垦	132	44.7
不知道	9	3.1
有效样本	295	

在认为应该全部复垦的农户中，已经全部复垦的仅占 43.1%，完全未复垦的占了 53.5%（见表 7-4）。

表 7-4 旧宅基地实际复垦情况

单位：户,%

		已经全部复垦		已经复垦一部分		未复垦		全部
		农户数	比重	农户数	比重	农户数	比重	农户数
旧宅基地是否应当复垦	应当全部复垦	62	43.1	5	3.5	77	53.5	144
	应当部分复垦	2	28.6	1	14.3	4	57.1	7
	不需要复垦	0	0	0	0	23	100	23
	不知道	0	0	0	0	4	100	4
	有效样本	64	36	6	3.4	108	60.7	178

在调查的 J 村，自 2008 年开展新型社区建设以来，计划将旧村 800 亩宅基地复垦，截至 2012 年 4 月仅完成 120 亩宅地的复垦；在 F 村，新型社区建设中复垦的是 1980 年第一轮村庄外迁时荒弃的老庄子，新一轮集中居住过程中腾出的旧庄子保存仍然完好，建新中与子女只能分配一套住房（或宅地）的中老年人通常表示，待年龄大了仍将回到这些应拆除的旧房中生活。F 村老人的这种心态在多个调查村庄都有出现，由此可见拆旧复垦面临着不确定性。

图 7-2 显示了 18 个调查村庄的旧村复垦情况。从图 7-2（a）可以看出，18 个村都没有完成复垦目标，其中有 8 个村部分进行了复垦，另外 10 个村则完全没有复垦。从图 7-2（b）可以看出，5 个部分进行了复垦的村庄中，除了 E 村已复垦面积占计划复垦面积的比重超过 50%，A、B、D 三个村的复垦完成率都在 20% 左右，C 村则不到 10%。

从调查情况来看，制约拆旧复垦顺利推进的因素很多，首要的是补偿问题。除了对拆旧房本身的补偿外，建新房、附属物、先拆后建过渡期等是否有补偿，对于农民是否能够接受集中居住、拆旧复垦能否顺利进行、新型社区建设目标能否达成都有十分重要的影响。补偿是最重要的影响因素，也是各地方在实践中差别最大的因素。总体来看，大多数地方没有补偿，在有补偿的少数地方（如信阳光山县上官岗村、安阳滑县锦和新城、兰考县董堂村等），通常是按住房的结构划分为有限的几个标准，如对砖瓦

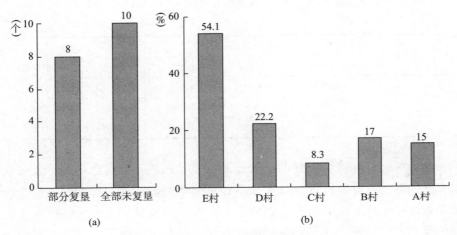

图 7 - 2　旧村复垦完成情况

房、砖混一层、砖混两层或多层等，进行差别化的补偿，但补偿标准一般都不高，达不到住房重置的水平，有的地方只是象征性的补偿（在光山县江湾村，农民每处旧宅补偿 1000 多元）。对于原本住房条件较差的农户来说，拆旧的成本不大，而且本来就面临建房需求，拆旧的补偿标准即使不高，也会接受新社区集中居住的计划。但是，对于近年才建房的农户来说，很多是花一二十年的积蓄才建起的房子，拆旧的损失很大，可以说多年劳动的积累都失去了。按农民自己的说法："拆旧房子，参加集中居住，等于倒退 20 年。"在没有足够补偿的情况下，这部分农户对项目的接受程度很低，在自愿原则下，用 5 ~ 10 年的时间（按照基层干部的估计）难以完成针对他们的拆迁并居工作。

总之，在没有补偿的情况下，对于那些经济基础较差的困难农户（如低保户）或者刚投入大量资金在老村修建新房的农户来说，在新社区建房（购房）既超出其负担能力，也不符合其经济利益。从表 7 - 5 可以看出，进入社区的农户年总收入均值为 7.36 万元，比未进入社区的农户高 12.5%，中位数为 5 万元，比未进入社区的农户高了 36.2%。按纯收入比较，进入社区的农户的纯收入平均为 5.73 万元，比未进入社区的农户仅高 7.4%，但是中位数却比后者高了 64.5%。

表7-5　进入与未进入社区农户的收入比较

单位：户，元

是否进入社区	总户数	总收入		纯收入	
		均值	中位数	均值	中位数
是	298	73595	50000	57286	44425
否	59	65416	36700	53336	27000
全部	357	72243	49920	56634	41510

制约拆旧复垦目标实现的因素还有很多，包括：①观念问题。农民在宅基地问题上，对集体所有与家庭所有缺乏清楚的认识。很多农民认为旧宅基地是祖上传下来的祖产，心理上总是舍不得放弃。②旧宅基地对老人来说是养老的退路。在多数调查地区，老人没有与已婚子女住在一起的习惯（文化），但是新社区建设过程中老人通常是不能单独获得新宅地的。即使是集中居住前与子女分开居住的老人，也可能因为拆旧建新需要与子女住到一起，这是老人不愿意的。另外，一些农户在新社区建设过程中会发生分户的情况，进入新社区后的新房分别归到不同子女的名下，而老人的去处将成为问题。③一户多宅现象的普遍存在。一户多宅虽然不符合法律规定，但实际中却广泛存在，依法收回多出的宅院虽然合法却不合情理，实践中无法操作。集中居住过程中，一户一宅是基本的分配原则。那么，对农民来说，与建新房相对应需要拆除的只能是其中一处旧宅，剩下宅院的拆除如何推动就变得无从下手。按照地方官员的说法，只能通过适当的奖励与补偿来促进多出来的宅院的拆除和复垦。④未来建房需求能否得到满足的不确定性。不进入新社区，农户庭院前后占地面积都很大，未来将出现新的住房需求，如当前的未成年子女长成后需要单独的房屋，可以通过自建房来得到满足。但是如果集中居住，这方面的需求能否得到满足对农民来说是很不确定的。⑤无能力建新房的困难户仍大量存在，包括低保户、"五保"户与其他困难户，对这些农户来说，没有足够的补偿或援助，拆旧就意味着流离失所。

众多原因的存在使得农民在拆旧建新的接受程度、接受时间上不可能一致，或者因为经济困难，或者因为旧房建设不久，缺乏建新的意愿或能力，结果是，遵循规律的新型社区建设集中居住过程必然不是短期完成的，是一个渐进的过程。拆旧复垦虽然最终也将完成，但是一些基层国土部门的工作人员直言按时归还指标是不可能的，甚至对归还指标以获得更多的指标不寄希望，这意味着国土 138 号文规定的 3 年内归还增减挂钩周转指标难以实现，增减挂钩周转指标的分配随之变成了一次性的指标让渡。对于增减挂钩项目来说，在完成拆旧复垦前，项目区的耕地数量不但没有增加，反而会有减少，出现新的土地浪费。新型社区建设项目的持续开展，将使这种与项目周期相联系的暂时性的耕地减少现象持续下去，如果新型社区建设项目在所有地区全面开展，短期耕地减少的冲击也是很大的。

（二）复垦耕地质量提升有过程，短期内对粮食生产能力保持有不利影响

即使拆旧复垦顺利到位，新型社区建设前后项目区耕地总量没有变化或有少量增加，耕地质量的降低也会引起粮食生产能力的下降。根据国土资源部《严格规范城乡建设用地增减挂钩试点》规定，增减挂钩拆旧腾出的农村建设用地首先要复垦为耕地，并尽可能与周边耕地集中连片，实施水、路、林配套建设，确保复垦的耕地不低于建新占用的耕地数量、质量，有条件的还应积极建设高标准基本农田。但是，在项目执行中，拆旧通常不能一次性完成，验收的复垦耕地不乏呈小块散落在原来村庄中间的情况，更多的则是未验收的农户零散的、简单的复垦，复垦出的耕地质量较低，也缺乏配套基础设施。即使将来村庄全部完成拆旧复垦，也面临二次整理的问题，否则不能发挥很好的生产作用，更达不到高标准基本农田的要求。但是，目前没有资金和机制保证二次整理工作的开展。根据在河南的调查，有限的复垦耕地基本都达不到 50 亩连片的验收要求。从单产来看，复垦出的新耕地的肥沃程度，通常低于新社区建设所占用的耕地，幅度能达到20% ~ 30%，需要经过至少 3 年的时间才能提高到正常水平。以息县方老庄为例，复垦老庄子得到的 35 亩地，第一季黄豆单产低了 50% 多，第二季麦子仍要低 20% 左右。就复垦地单产变动情况这一问题，调查农户中就有52.1% 认为单产变低了（见表 7 - 6），平均认为低了 40%，需要 2 ~ 3 年才能恢复到正常水平。

表 7 - 6　复垦地单产变动方向

单位：户，%

单产水平变动方向	户　数	比　重
低	25	52.1
差不多	16	33.3
说不清楚	7	14.6
全部	48	100

（三）伴随土地规模的流转一些地方出现了非粮化、非农化倾向

土地规模经营与种植结构的非粮化乃至土地利用的非农化之间有密切的关联。据统计，2011 年，河南省土地流转规模经营中，种粮比例占 63%。全省 18 个地市种植粮食面积占流转面积 70% 的仅有 4 个；比例在 35% 以下的有 4 个。2011 年，郑州市土地流转面积为 19.5 万亩，耕地流转后多数用于种植蔬菜、瓜果、花卉等，以发展高效农业和观光休闲农业，其中种植粮食作物的仅占 10.3%，其余为经济作物 68.5%、观光休闲农业 10.8%、养殖 1.7%。在调查的村庄整治中，规模流转与土地利用的非粮化、非农化也呈现出很大关联。在舞钢市八台镇，该镇的土地流转率大约为 20%，低于全市的平均水平。全镇约有 5000 亩规模化经营的土地，均不种植粮食，而是用于蔬菜和苗木生产，其中，晚秋黄梨基地 1000 亩，主要从事树苗繁育，由舞钢市的一个公司经营；露天蔬菜 2000 亩，由大户经营；大棚黄瓜 400 亩及日本毛豆 1500 亩，由平顶山市的一个公司经营。在信阳市的上官岗村，村里对流转过来统一经营的耕地进行平整，并改善灌溉等生产条件，但是这些耕地除了小部分用于建设蔬菜大棚和种子基地外，其他大部分土地都种上了苗木。根据对农户调查数据的统计，在 126 个有效样本户中，表示耕地流转后用途没有变化的有 49 户，占 38.9%；表示从种植粮食转向非粮农业生产的有 28 户，占 22.2%；从种植粮食转向非农业生产的有 38 户，占 30.2%；另外，还有不知道耕地流转以后的用途（见表 7 - 7）。可见，流转过程中耕地的"非粮化"、"非农化"还是客观存在的。

表 7 - 7　流转耕地的利用情况

单位：户，%

土地利用情况	农户数	比重
没有变化	49	38.9
从种植粮食转非粮农业生产	28	22.2
从种植粮食转非农业	38	30.2
从非粮农业生产转粮食生产	1	0.8
从非粮农业生产转为非农业生产	2	1.6
粮食和树	2	1.6
不知道现在种什么	5	4
闲置	1	0.8
全部	126	100

　　非粮化、非农化的出现与地方政府的逆向干预有一定的关系。仍以舞钢市为例，该市的 2011 年土地流转实施意见指出："2011 年起新增流转项目种植普通粮食作物（小麦、玉米、大豆）和从事良种繁育的，不予奖补。"规模经营土地（山区、丘陵地区以 400 亩为起点，平原地区以 700 亩为起点）得到补偿的范围主要是："全年种植蔬菜（含水生蔬菜）、烟草、牧草、红薯（深加工）、果树、花卉、中药材等作物。"而且，"优先重点扶持特色优势项目，对于发展融观光、采摘、种养、餐饮等为一体、规模在 2000 亩以上的高效农业观光示范园，市'两集中'领导小组采取'一事一议'的办法给予特殊奖励"。

（四）农业生产便利性受到影响

　　目前，新型社区建设过程中居住形态的变化与农民的就业转变是分离的。居住作为社会形态的一个表现方面，属于上层建筑，居住形态服从于经济基础，即经济活动的需要。农户如果还没有完全脱离农业，那么对于农具的堆放、粮食的收储都还会有基本的需求，集中居住的农户，特别是上楼的农户，在这些方面将面临困难。与田地距离的远近对农业生产管理会产生影响。正是出于这些原因，缺乏就业转变支撑的新型社区建设项目，农民会存在一定的抵触，而入住新社区、继续从事农业生产的农民，会因为生产便利性的下降，对农业生产采取更加粗放的方式。

从表 7 – 8 可以看出，进入新社区集中居住后，一些农民从事农业生产的便利性降低了。在集中居住的调查农户中，填写调查前后与最远地块距离的有效样本共 172 户，其中距离变远的达到 81 户，占了近 50%；最大的增加了 7 公里，平均增加了 1.4 公里。距离变近的只有 13 户，所占比重不到 15%，最大的缩小了 2 公里。

表 7 – 8   集中居住前后农户与耕地距离的变动

变化情况	农户		变动距离（公里）		
	数量（户）	比重（%）	平均	最小	最大
增加	81	47.1	1.4	0.2	7
不变	78	45.3	0	0	0
减少	13	7.6	– 1	0.3	2

在集中居住对农业生产条件的影响方面，也有 19.4% 的农户认为农业生产更不方便。此外，根据对农户生产情况的调查，生产便利性的降低会导致农户对耕地的粗放经营。

五   思考与建议

发挥村庄整治在促进农业生产方面的积极作用，需要解决以下几个关键问题：第一，拆旧复垦的顺利到位，并确保部分节约出来的指标真正转换为增加的耕地；第二，确保在土地流转与规模经营的过程中，耕地用途的保持，特别是粮食生产的稳定；第三，农业生产条件的同步改善。为此，需要从以下几个方面着手。

（一）健全推动机制，尊重群众意愿

拆旧复垦是决定村庄整治目标实现、"三化"真正协调的关键环节，也是阻力最大的环节。为将耕地数量有增加落到实处，首先要健全村庄整治的推动机制，确立农民的主体地位，充分尊重群众的意愿与需求。推动居住形态转变的主导力量是市场，虽然政府可以加快这一进程，但是运动式地推进集中居住也不能违背农民居住形态转变的内在规律。村庄整治既是土地资源的优化配置，也是对传统城镇化道路的发展，同样要遵循城镇化的规律。遵循城镇化的规律，就是在强调行政力量推动的同时，更加坚持

以农民内在需求为基本动力，同时也要有创新的管理体制来保障，这一过程必须与经济结构、农业生产方式、社会关系和社会管理等的转变相协调。第一，生活方式依赖于经济基础，需要将集中居住过程与非农就业机会的增长、现代农业生产方式的建立结合，只有这样农村人口才可以脱离农业、脱离对传统分散村落生活的依赖。第二，经济增长与收入提高才能促进农村人口对现代社会生活、高品质公共服务的需求，这种需求将成为农民自发进入新型农村社区的内在动力，因为新型社区建设是当前环境下满足这种需求的有效途径。第三，社区建设并不必然能够满足农民对城镇化生活的需求，只有将集中居住形式与现代的社区管理方式相结合，才能提升新型社区建设的质量，也才能激发农民的进一步需求。在此过程中，还应充分尊重农民群众意愿，要探索建立更加健全的民主推进机制。

（二）多举措推动拆旧复垦，节约指标差额漂移

探索建立更加公平合理的利益分配格局，是村庄整治过程中充分调动市、县、乡政府与村集体、社会资本、农民的积极性的基础，也是推动拆旧复垦的主要手段。村庄整治节约出来的建设用地指标，通过漂移实现增值是客观存在的，对增值收益的分配要尊重群众的知情权、参与权和受益权。就农民来说，可能的补偿范围包括拆旧房补偿、建新房补偿、附属物补偿、先拆后建农户的过渡期住房补贴、节约的建设用地补偿等。从村庄整治的实际开展情况来看，各地、各社区的利益分配方式都不尽相同，甚至可以说存在很大差距。在拆旧方面，个别社区做到了一户一评估，分别确定补偿标准，部分社区能够按照砖瓦房、砖混平房、砖混楼房等类别给予农户统一标准的补偿，而更多的社区则完全没有补偿。在节约的建设用地方面，因为实现转移和增值的是这部分指标，所以正是这部分补偿体现了让农民分享土地增值收益，是贯彻统筹城乡发展精神的关键。在个别社区，对节约的建设用地的补偿可以高达30万元/亩，但在其他大多数社区农民没有享有这部分补偿，对增值也毫不知情。因为补偿方案的差异，个别地方的农民几乎可以零成本入住新社区，而在大多数地方农民则得不到任何补偿，村庄整治的成本完全由农民负担。从政府角度看，村庄整治是土地资源优化配置的途径，实现的是公共利益，成本显然不能由农民负担。构建更加合理、更加规范的利益分配格局，用利益去引导农民参与新型社

区建设，而不是依赖行政强力去推动，将有利于避免村庄整治过程中出现的政府与农民、村集体与农民之间的矛盾，以及其他矛盾与困难，真正体现以人为本的本质。

在补偿方面，还要探索将当期补偿与远期补偿相结合的多元补偿形式，允许农民以节约的建设用地指标入股等方式，获得土地开发收益的持续回报。尤其是对于经济相对落后的地区，在当期补偿能力有限的情况下，应发挥远期补偿的激励作用。另外，需要通过解决老年人安置问题、为困难户提供资金融通等多种举措，推动集中居住与拆旧复垦的开展。

（三）节约指标差额漂移，对放宽增减挂钩的范围应该审慎

考虑到拆旧复垦及复垦地生产能力恢复到正常水平都需要一个过程，为将耕地数量有增加落到实处，并确保农业生产能力在短期内也不会下降，对节约指标的漂移应限制比例，实行差额的漂移政策。当前，允许跨区域（县）占补平衡和增减挂钩的呼声不绝于耳，如果放开限制，不仅仅是耕地数量可能面临损失，耕地质量也一定会下降。影响经济发展速度的区位条件不外乎有交通、地形地貌、水及其他自然资源等，在其他条件相似的情况下，地势平坦、农业发展条件好的地区经济增长也快，建设用地需求也大，如果允许异地占补平衡或增减挂钩，结果可想而知。对于粮食主产地区在粮食生产方面承担的责任与做出的贡献，应通过转移支付的形式予以肯定和补偿。在国家宏观政策既定的情况下，可以在河南省内探索与粮食生产相挂钩的跨区域补偿政策。

（四）正确认识农业平均收益，强化耕地用途管制

土地综合整治过程中个别地方出现的非粮化、非农化趋势，通常被归咎于农业（粮食）生产的比较效益低，并认为，随着耕地减少，农业比较效益会提高，当农业得到平均回报时就可以保证其稳定发展。实际上，用部门平均收益看待农业是不准确的。农业的弱势地位不在于资本，而在于土地。从调查情况看，只要达到一定的规模，农业投资的回报率并不低。只是用于粮食生产的土地的单位产出价值及获得的要素报酬（租金）相对于用于非粮或非农经济活动而言较低，而且这种差距几乎不可能消除。正是由于这个原因，在大量资本愿意进入农业（粮食）生产或很多专业农户

希望扩大规模的情况下，出现了耕地的快速非粮化、非农化趋势。如果耕地保护与耕地用途管制制度不能得到强化，这个趋势是不会减缓的。归根结底，耕地的非粮化、非农化只能通过对土地的保护与土地用途的限制来缓解。现实中，土地用于粮食生产不能给地方政府带来财税收入，使得地方政府在保证耕地面积增加或不减少方面缺乏积极性，往往以"遵循利益引导"为由回避其在耕地用途管制方面的职责，这也是农业弱势的原因。避免非粮化、非农化的举措不能是限制土地流转，这是因噎废食，关键是要加强对土地流转前后土地用途的管制与监督，确保有意愿从事农业生产（规模经营）的大户或投资者能够获得土地，而那些掌握一定行政资源、有能力获得土地的资本即使获得土地也不能将其转为他用。

（五）健全土地流转机制，减少行政干预

连片经营是获得规模经营收益的重要基础，但是在土地流转中，因为涉及农户众多，往往因为个别农户拒绝流转，就会出现无法连片情况，进而影响农业规模化、产业化经营。这种情况的普遍出现，甚至导致了大家对家庭承包经营制度与发展现代农业关系的广泛质疑。也是因此，土地规模流转中行政力量的干预普遍存在，这种干预侵犯了农民在土地流转方面的自主选择权，也可能对部分农户的生存发展带来不利影响。

正确看待和解决这个问题，首先要准确认识问题出现的根本原因。流转或不流转对农户来说是一种经济利益权衡的结果。符合农户经济利益的最低租金水平是其自己耕作土地与弃耕相比的净增收益，可称为经济租金，当租金低于这个水平时，农户选择自营是符合利益最大化原则的。除了必要的物质投入和机械作业投入外，劳动投入的机会成本是影响经济租金的最重要因素，不同农户因为投工的机会成本不同，经济租金也是不同的。例如，人口为青壮年劳动力的家庭，因为投入的农业劳动具有市场价值（机会成本），所以其经济租金是农业总收入扣除物质投入与自己投工机会成本后的净收益，而对人口为老年人的家庭来说，劳动投入没有机会成本（或较低），经济租金则是总收入扣除物质投入后的净收益。按亩均4个工人计算，在当前劳动力价格下，两类家庭的经济租金就要相差四五百元，即老年农户经营耕地每亩的净增收益相对于青壮年农户来说要高出四五百元。在此情况下，对经济租金较高的老年农户支付更高的实际租金将其土

地流转过来才符合其经济利益。但是，当前的情况是，规模流转中往往参照机会成本较高、经济租金较低的青壮年农户的净增收入，并且认为所设定租金已经很好地得到满足，甚至提高了农户的利益，而忽视了农户间的差异。对于那些老年农户来说，所得租金低于其经济租金，即自营耕地的净增收益。如果强行流转，对这些农户的生存与发展客观上就可能造成一定的不利影响。如果按照经济租金最高的农户的需要确立规模流转租金，规模化、产业化经营又可能受阻。因此，在推进规模流转过程中，要减少行政干预及相应的负面效应，关键在于降低这部分对更高租金有内在需要的农户的经济租金。具体来说，有两个途径：一是通过就业安排提高其农业投工的机会成本，二是针对流转土地的老年农户提供专项补贴。

（六）加大投入力度，同步推进农田水利基础设施建设

前述复垦不到位问题的另一个重要原因是投入不足，这一问题在农田水利基础设施建设方面亦有体现。当前应加大投入力度，与村庄整治相衔接，同步推进农田整治及农业基础设施建设，以充分发挥两方面项目在推进农业规模化、产业化经营方面的潜力。同时，要瞄准粮食主产区域，以灌溉等基础设施建设为重点，推进水、电、路、林等田间生产设施建设，结合落实国家千亿斤粮食战略工程和河南省粮食生产核心区规划，建设一批百亩方、千亩方和万亩方高标准永久性粮田。新增建设用地有偿使用费的分配也应向粮食主产区倾斜，体现土地整理的基本目标，综合考虑储备、潜力、能力与农业布局等因素，要避免简单地以增加建设用地指标为导向或以跨区域占补平衡为导向安排土地整理资金和分配新增费。

第八章　村庄整治对农民福利的影响

一　引言

与社会主义新农村相比，新型农村社区的目标和指向更具体。新型农村社区的出发点是改善农民生产生活环境，增进农民福利，从根本上推动农民享受更多的公共资源，实现城乡公共服务均等化。因此从农民福利视角对村庄整治的必要性、现实操作性、成效等进行判断，并提出方向上和操作上的修正建议具有合理性和可行性。

从字面来看，福利是幸福和利益，是个体的主观满足感和资源占有状况。学术界对福利的界定大体如此，庇古及其以后的福利经济学家对福利的理解、度量和评价不断进步，从个人感觉到效用指标，再到阿玛蒂亚·森的功用—商品—能力（权力）概念框架，使福利从一个纯粹主观感受转变为可以观察、比较和测量的指标。福利的测量基于福利的概念，即个人的收入（资源占有）和偏好（主观满足），以此表明福利是寓于个体的满足之中，这种满足可以由于对财物的占有而产生，也可以由于其他的原因而产生。因此，福利是建立在个人财富积累和享受公共生活基础上的价值判断，体现了人的动物性和社会性。

国外对福利测量的研究开展较早，目前在一些国家形成了反映各种福利向量水平和结构的福利指数。据不完全统计，西方国家和国际组织建立了38套福利测量指标体系。但是这些福利测量和评价是基于发达国家的经济基础和社会文化特点而产生的，指标体系架构及指标选择都具有鲜明的地区发展烙印。国内的研究在最近十多年发展较快，学者对收入分配、贫困问题、社会保障等客观福利的研究较为充分，近几年对幸福感等主观福利也有较多关注。社会主义新农村建设以来，对农民增收、扶贫、社会保障、权益维护等问题的关注，推动了对农民福利问题的研究。

保障和提高农民福利水平是村庄整治的主要目标，从为城镇化目标而发展产业和加大农村公共产品供给，到以城镇化为引领、推进"三化"协调科学发展的中原经济区战略，河南省一直在探寻要素科学配置的切入点。在"不以牺牲农业和粮食"为代价的发展路子面前，城镇化和工业化所需的土地资源成为最为稀缺的生产要素，破解建设用地难题是摆在中原经济区发展战略面前的首要任务。与此同时，坚持以人为本的科学发展主题，是中原经济区建设的出发点和落脚点，破除城乡二元结构、增进农民福利是加快河南发展、与全国同步实现全面建设小康社会目标的需要。村庄整治因能够在短期内满足上述两大需求而成为河南省推动中原经济区建设的切入点。应该说，相对于江苏省、浙江省、山东省、四川省而言，河南省的村庄整治起步较晚，但力度空前。截至 2012 年 7 月底，河南已经启动新型农村社区试点 2300 个，初步建成 350 个，累计完成投资达 631.5 亿元。

尽管村庄整治对于集约利用公共资源、为农民提供更好的公共服务是有益的，但采取行政力量推动式的村庄整治对农民福利是否有促进作用则尚未达成共识。中央农村工作领导小组办公室主任陈锡文曾在不同场合指出，在客观条件不具备的情况下，推行集中居住以后，尽管农民的居住条件改善了，但身份和职业没有改变，生产方式也没有改变，农民将无法维持这种生活。学者郑风田从 2007 年开始关注这一问题，多次撰文提出，以行政手段推动村庄整治存在严重损害农民土地财产权、侵犯农民知情权和参与权、严重阻碍农民发展庭院经济、导致"上楼致贫"的不良后果等问题。对于河南省新型农村社区的探索和实践，时任河南省委书记卢展工多次提出，新型农村社区建设是城镇公共服务体系向下延伸的平台和载体，不仅能为工业化和农业现代化创造条件，还能让更多的农村劳动力向第二、三产业转移，同时是提升农村房屋财产价值的重要手段。近两年，包括全国人大在内的高级别官员和诸多著名学者多次到河南调研，部分新型农村社区试点对提升农民福利的贡献得到了肯定。总体来说，无论是质疑的声音还是肯定的呼声，大多是以农民福利是否增进来评价新型农村社区的建设意义，这一评价标准具有理论基础和实践价值。但是如前所述，农民福利包括主观感受和客观福利两个层面，单纯从主观判断或客观资源获取的角度评价，都有可能产生偏差。因此，有必要通过较为客观全面的调查给予回答，对于村庄整治及农民福利的影响按照一定的标准和维度做出客观评估。本研究以福利理论和测量方法为基础，结合中国城市化和工业化进程中的发展阶段特点与特定的社会文化条件，将从主观福利和客观福利两大方面切入，测量和评价村庄整治对农民主观幸福感、收入和消费、教育、卫生、政治参与和社会交往、安全性和不确定性等维度的影响，针对村庄整治过程中阻碍农民福利改善的政策和手段提出修正建议。

通过 365 份农户问卷、25 个行政村案例以及对数十个农户的访谈案例，本报告将回答如下三个问题：

①与原有居住方式相比，村庄整治使农民福利在哪些方面实现了增进？是否带来农民福利损失？主要表现在哪些方面？程度如何？

②村庄整治导致农民福利变化的影响因素有哪些？

③为促进农民福利提升，需要在哪些方面修正村庄整治过程中的政策偏差？

二　新型农村社区的农民福利基本状况

（一）农村公共服务水平显著提升，基础设施环境显著改善

新型农村社区按照一定人口规模进行村庄整治，以公共财政为主、辅以多元化投入，为居住点提供包括规划设计、基础设施、公共事业设施等较为全面的公共产品，将公共资源向农村倾斜，这不仅符合以工补农、以城带乡的发展策略，更是城乡公共服务均等化供给、全面建设小康社会的基本要求。调查显示，河南省已建成的新型农村社区中，农民享受的基本公共服务和基础设施水平大幅提升，农民生活方式和居住环境显著改善。

在基础设施和生活环境的改善方面，相对于旧村普遍无规划、基础设施滞后的情况，新型农村社区实现了翻天覆地的变化，在道路、给排水、清洁能源等方面设施完善。对已经进入新型社区的农户调查显示，集中居住前后，门前通硬化道路的农户所占比重从 20.7% 上升为 98%，用自来水的农户从 18.3% 上升到 87.9%，使用水冲式厕所和卫生厕所的农户从 2.7% 上升为 94%，使用煤气、电和沼气等清洁能源为主要做饭燃料的农户从 20.4% 上升为 85.5%，随意丢弃生活垃圾的农户从 86% 下降为 12.4%，随意排放生活污水的农户从 80.9% 下降为 6%。大多数新型社区都通过各种手段对社区进行绿化。这些举措从根本上改变了传统农村脏、乱、差的环境。

在公共服务方面，新型农村社区居民委员会（或村委会）有专门的办

公场所，部分为村民提供"一站式服务"。如舞钢市枣园社区，设置"五室、三站、二栏、一校、一场、一厅"①，社区居民可以不出社区就办理各项事务。被调查新型农村社区大多数配套（或规划）了幼儿园、小学、卫生所等公共事业设施，同时，新社区往往投入大量资金用于清洁卫生和安保，相对于传统农村，农民在新社区能够享受到更加完善的公共服务。例如龙王店社区有行政服务中心 1 个（负责办理农民日常事务、社会保障手续等），警务区 1 个，幼儿园 1 所，初中学校和小学校各 1 所，卫生所 1 个，文化休闲广场 2 个。

在社会保障方面，相对于传统村庄较为松散的社会保障管理模式，新型农村社区的社会保障水平有所提升。一是有些新型农村社区可以选择进入城市参保，例如舞钢市张庄社区，搬进新区的农户可以在保留耕地的基础上，自由选择城市户口还是农业户口，选择城市户口的村民可以按城市社会保障标准参保。二是部分新型农村社区为居民购买社会保障，如滑县锦和新城社区，为集中区居民按照 100 元/（人·年）的标准缴纳新型农村养老保险，实现了人人参保。

（二）农民居住条件及生活环境显著改善

住房条件是衡量农民居住水平的基本指标。通过村庄整治，农民搬入现代化的集中居住区，房屋外观和质量标准化，住房面积明显扩大，结构更加合理，房屋舒适度显著提升。

通过村庄整治，农户住房情况有较大改善，多数农民享受的人均住房面积增加②。如表 8-1 所示，旧村庄农户人均建筑面积为 43.56 平方米，新社区农户人均建筑面积为 54.87 平方米，增幅为 25.96%。新型农村社区和老村住宅面积相比较，在 277 个有效回答中，人均建筑面积增加的户数 170 户，占 61.4%；没变化的户数有 21 户，占 7.6%；减少的户数为 86 户，占 31%。

---

① 五室：社区办公室、会议室、老年活动室、图书阅览室、警务室；三站：救助保障站、农业综合服务站、计生服务站；二栏：宣传栏、社区事务公开栏；一校：社区居民学校；一场所：室内文体活动场所；一厅：一站式社会管理综合服务大厅。
② 人均建筑面积＝每户住房的建筑面积/户籍人口数，如有多处住房，将建筑面积加总计算。

表 8 - 1　农户在旧村和新社区住房的人均建筑面积比较（按户计算）

单位：户，平方米

	有效样本	极小值	极大值	均值	标准差
旧村庄农户人均建筑面积	292	1.50	300.00	43.56	35.41
新社区农户人均建筑面积	291	11.67	220.00	54.87	34.78

房屋风貌及住房结构得到了改善。25 个行政村在新型社区建设中均进行了较为规范的规划，对于房屋风格、布局等通过专业设计队伍进行了设计，房屋外观往往统一，即便是一个社区内同时有高层、多层和独栋多种建筑类型，也在色彩运用和建筑风貌上力求协调。新房均经过科学合理的设计，功能齐全、结构合理，使太阳能、水冲式卫生间、液化气灶台等方便、清洁的现代生活有了合适载体。

（三）农民对新型农村社区满意度较高

——总体满意度。289 个有效回答中，93% 的受访者表示满意，7% 的受访者表示不满意。

——社区选址。299 个有效回答中，79.9% 的受访者表示"很满意"，13% 表示"一般"，3% 表示"不满意"，4% 表示"说不清"。

——建设方式（统规统建、统规自建、统规联建等）。297 个有效回答中，77.8% 的受访者表示"很满意"，15.5% 表示"一般"，4.4% 表示"不满意"，2.4% 表示"说不清"。

——房屋类型。298 个有效回答中，72.5% 的受访者"很满意"，18.5% 表示"一般"，7.4% 表示"不满意"，1.7% 表示"说不清"。

——宅地面积。297 个有效回答中，75.4% 的受访者对宅基地面积"很满意"，16.8% 觉得"一般"，5.1% 表示"不满意"，2.7% 表示"说不清"。

（四）农民可持续生计面临压力

村庄整治改变了农民的生产、生活方式，由此带来的农民的可持续性生计问题值得关注。

首先，村庄整治对农民收入的影响是多样化的。在 244 个有效回答中，71.3% 的受访者认为村庄整治未对自己的收入产生影响，20.9% 的受访者认为收入有增加，7.8% 的受访者认为收入因新型社区建设减少。51 名收入增加的农户中，有28名工资性收入增加，18名为经营性收入增加，5名为土地流转收入增加。年收入增加最小值为1000元，最大值为15万元，均值为1.94万元。搬入新型社区后收入减少的19名农户中，除1名未作答外，有8名表示畜牧业的收入减少，5名表示土地经营收入减少，5名表示房租、务工等其他收入减少。年收入减少最少的为500元，最多的为15万元，均值为1.26万元。

其次，农户支付新型农村社区的成本大大高于其支付能力。293个有效回答统计表明，入住新型农村社区户均支出13.93万元，人均3.54万元，最少的一户支付了2000元，最多的支付了41万元[①]，这一支付水平远远超过受访农户的家庭纯收入[②]。183个有效回答中，2011年受访者的纯收入，户均为5.49万元，人均为1.58万元，即便不考虑生活开支，也至少需要两年半的时间才能完成积累；如果以河南省2011年农民人均纯收入6604元测算，则需要5年多才能完成积累（见图8-1）。从调查情况看，部分农户虽然表面上看家庭年收入不处于最低水平，但因家庭人口多或负担重等原因，支付能力极为有限。例如C村的吕某68岁，虽然儿子和媳妇全部外出打工，但由于2003年为儿子结婚建房欠款尚未还清，拆旧建新时又新增了10万元借款，不知道什么时候才能还清所有欠款，家庭负担十分沉重。

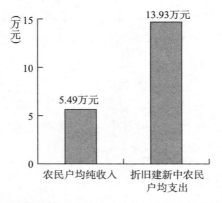

图8-1 拆旧建新中农民户均支出与2011年农民户均纯收入对比

---

① 支付2000元的农户0元获得新房，2000元为装修支出；支付41万元的农户购买了2套房子，其中一套为已经结婚、尚未分家的儿子支付。
② 农户家庭纯收入 = 农户全部家庭收入 - 家庭经营支出

由于支付压力大，农民因集中居住而负债的比例很高且借贷压力大。67.23%的受访者（197位）因为入住新社区而借款，其中181个为民间借款，户均借款5.75万元，借款最少的为3000元，最多的高达21万元；16个向银行、信用社等正规金融机构贷款，户均贷款5.06万元，最少的为2万元，最多的为13万元。

再次，农户生活成本显著提高。搬入新社区后，农户生活完全商品化，生活成本出现了不同程度上升的300位有效回答中，53.67%的受访者表示开支增加，46.33%的受访者表示开支没有变化。在开支增加的受访者中，排名第一位的原因是水电气和物业管理等费用增加，排名第二位的是食品开支增加，其他原因包括人情开支和生产经营性开支的增加。其中有134位农户表示家庭生活开支增加，增加最少的为100元，增加最多的达30000元，年均增加金额为3888.51元。也就是说，农户家庭年收入的增长部分被抵消了大半。

最后，农户非农就业面临困难。在1708位受访者家庭成员中，年龄55岁以下、非在校成年人为1001人，占58.61%。其中，659人在2011年进行过非农就业，占65.83%。如图8-2所示，受访者中有54.48%有着较为稳定的就业，虽然有45.52%为"打零工"，但从平均年赋闲时间为60.17天、2011年从事非农业时间为250.86天这两个数据看，这部分受访者就业方式不稳定，虽然当前有较高的获取非农就业收入的机会，但对未来的预期是不确定的。

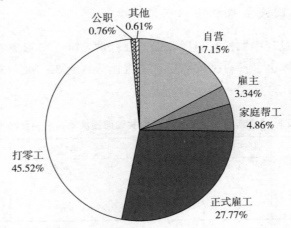

图8-2 2011年家庭成员非农就业方式

尽管集中居住之后农民的可持续性生计面临问题，但从主观上看，进入新型社区居住的农户对未来生活的信心指数仍然较高。在 288 个有效回答中，78% 的受访者表示对未来有信心，有 6% 的受访者表示没有信心，16% 的受访者表示"不好说"。就入住新型农村社区这一事件而言，在 265 个有效回答中，89.1% 的农户表示"不后悔"，4.2% 的农户表示"后悔"，另有 6.8% 的农户对于入住新型社区的感觉"说不清楚"。

（五）农民合法财产权利受损

调查发现，农民在节约建设用地利用、宅基地及附属物等方面的权利缺乏保障。

除少数几个较早开展村庄整理的村社外，农村集体经济组织及其成员对于村内建设用地的使用、收益和处分基本没有发言权。所调查的 25 个村社干部均无法准确描述"土地增减挂"的含义，集体经济组织成员对于集体建设用地的收益权基本无从谈起。

入住新型农村社区高层或多层住宅的农户有 54 户，这部分农户没有宅基地，他们中仅有 9 户得到宅基地补偿。总体来说，农民所获得的补偿远不能弥补财产损失。199 个有效回答中，农户旧房平均估值 5.95 万元，户均获得补偿或奖励金额为 1.58 万元，仅为旧房估价的 26.6%。其中，79 户没有得到补偿或奖励；120 户获得补偿或奖励的受访者，户均补偿或奖励金额为 2.62 万元，仅为拆旧房估价的 44%。

（六）农民民主权利难以保障

村庄整治过程中农民参与度较低。在社区选址、房屋类型、建设类型、宅地面积等问题上，参与决策的受访者占比分别为 33.7%、36%、39.7%、28%（见表 8-2）。

表 8-2 新型社区建设过程中关键问题决策的农户参与率

参与情况	社区选址	房屋类型	建设类型	宅地面积
参与了（%）	33.7	36.0	39.7	28.0
没参与（%）	66.3	64.0	60.3	72.0
有效样本数（个）	300	300	300	300

农民难以参与新型农村社区管理。多村合并形成的新型农村社区建立（或准备建立）社区管理委员会等机构，管理社区公共事务。在这种情况下，社区管委会主要领导往往是乡镇委派，管委会的党委书记或主任有明确的行政级别。一方面，村委会与社区管委会变成了上下级之间协助与被协助的关系，村委会承担更多的行政职能，其自治功能存在弱化甚至消失的风险，农村自我治理成为空谈；另一方面，在动辄5000人甚至上万人规模的新型农村社区，传统"熟人社会"网络被打破，农民缺乏表达意愿、自我管理的渠道。

（七）弱势群体生计堪忧

农村中的弱势群体主要有两类，一类是"五保"户，另一类是低收入群体（含低保户）。由于新型农村社区中往往都建有老年房或敬老院，前者入住社区难度不大，但由于进入社区后无法在庭院内种植蔬菜或饲养牲畜，这部分群体的生活质量会受到较大影响。例如丁营村的刘某入住了本村的老人房，过去在自家院子可以养猪和鸡，还能种些菜，老人很少在食物方面有现金开支，现在除了一些必需的食品（如油盐酱醋）外，两位老人几乎不食用肉和蔬菜。

低收入群体（特别是低保户）的情况更不乐观。按照入住新社区农户的家庭收入情况将农户分成5组，298个有效回答中，收入最低的20%的农户（60户）平均家庭年收入仅为1.33万元，户均拆旧建新总支出高达12.08万元（见图8-3）。62%（37户）的受访者有借款，其中36户有数额不等的民间借款，民间借款的均值达6.48万元，是其家庭年收入的近5倍。

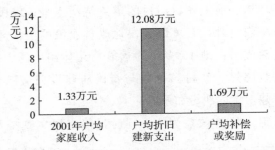

图8-3　20%低收入农户的收入、拆旧建新支出及补偿或奖励获得情况

三 村庄整治中农民福利的影响因素

（一）制度性因素

1. 以保障和改善农民福利为出发点的指导思想是农民福利变化方向的决定性因素

村庄整治是一项系统工程，打破了农村固有的运行逻辑，人为地对农村、农业、农民的生产生活进行组织和再造，覆盖广度和深度前所未有，需要统一思想和认识。河南省在推动村庄整治过程中，虽然在不同场合以不同形式，数次强调保障和改善民生对新型农村建设的重要意义，指出新型农村社区作为"促进城乡一体化的切入点、统筹城乡发展的结合点、加快新农村建设的增长点，城市基础设施加快向农村延伸、公共服务加快向农村拓展"①，但是河南省并未从省级层面以正式文件形式出台整体设计，也没有形成新型农村社区必须以保障和改善民生为出发点和落脚点的统一认识。这是实践中各地村庄整治出现不同效果的直接诱因。

总体上看，河南省村庄整治的指导思想大致可以分为三类。

第一类，以农民客观福利增进为主要目标的社区建设，郏县前王庄村是典型代表。前王庄村的村庄整治由村干部发起，动因主要基于三个方面的考虑：一是节约村庄占地。在村庄整治工作启动之前，有一些农民在耕地上及村中的闲散土地上修建房屋，全村每户的宅基地面积超过了1亩。全村一家有两处以上宅院且至少有一处闲置的高达180多户，约占全村总户数的47%。村内有住房但常年不住的约有120户，约占全村总户数的32%。按照规划，前王庄村的新型社区建成后，可以腾出160亩的建设用地。二是改善农民的生活环境。前王庄村旧村的道路坑洼不平，农民交通和生活很不便利。建设新型农村社区，可以较快地改善农民的生活环境。在村庄整治中，前王庄村建成了占地10多亩的远航文化休闲广场、拓宽硬化村道、铺设下水道、安装路灯，使村容村貌与新民居建设完美结合，同步推进。三是减少邻里在建房中的纠纷和矛盾。

第二类，以追求经济效益为主，同时保障农民客观福利的社区建设，

---

① 2010年11月17日，河南省委书记卢展工在河南省委八届十一次全会上的工作报告。

河南省大多数由政府或企业推动的村庄整治都属于此类。典型的如浚县中鹤新城社区,在政府支持下,由河南中鹤现代农业产业集团(简称中鹤集团)推动。中鹤新城社区发起的动因有三个:一是推动土地综合整治项目是中鹤集团自身发展的需要,村庄整治、集中居住为全镇带来1.2万亩地的结余,通过增减挂钩与占补平衡,这些地可以转化为中鹤集团的建设用地指标,为企业扩张增加空间。二是解决了地区农业发展与中鹤集团粮食基地建设问题,通过土地综合整治,王庄镇完成整治面积3万亩,新打机井600多眼,铺设地埋管道500余公里,架设电力线路50公里,修建道路60公里,安装星陆双基设备8套。2010年项目区分别首创全国3万亩以上连片小麦平均亩产超600公斤、连片玉米平均亩产超750公斤记录,实现了小麦、夏玉米两季亩产1394.4公斤的高产纪录。中鹤集团依托鹤飞农机专业合作社,将整理后的土地从农民手中流转出来集中经营,作为自己的粮食基地。2011年底已流转农田1.5万亩,余下部分也将全部流转。三是农民客观福利的保障与增进,主要体现在农民获取拆旧建新补偿、建新区占地补偿、农业生产与农地流转收益、公共服务延伸、转移就业增收等。

第三类,其他目标的社区建设,包括追求政绩、形象工程、追求个人利益等,其中政府官员追求政绩的动因最为突出。

2. 投入机制是农民福利变化方向的关键性因素

公共财政增量投入增加了农民享受的公共资源,这是农民满意度和生活信心指数较高的直接原因。

2009年开始的村庄整治主要由政府发起,社区基础设施和公共服务设施几乎全部由财政投入,投资力度和覆盖广度前所未有。例如,滑县锦和新城社区一期(暴庄等18个行政村)建设的公共投入将达到44.6亿元,其中:道路建设145公里,总投资44000万元;基础教育、文体设施建设78000平方米,总投资15600万元;医疗设施建设18000平方米,总投资2200万元;商业服务及社区服务建设62000平方米,总投资7400万元;基础设施建设14000平方米,总投资1400万元;金融设施建设6000平方米,总投资600万元;公共绿地建设50000平方米,总投资5000万元;建设污水处理厂2座,总投资8000万元。

调查显示,显著影响受访者对新型社区满意度的指标为对社区基础设施和公共服务能力的评价。83%的受访者对居住区生活环境"很满意",

14%的受访者觉得"一般",只有1%的受访者"不满意"。对居住区生活环境评价越高的受访者对社区建设的总体满意度越高(见图8-4),这一指标同样对受访者的未来信心指数产生显著影响。对居住环境很满意的受访者中,有91.6%的受访者表示对生活状态很满意;对居住环境不满意的农户中,仅有25%的受访者对生活状态满意。

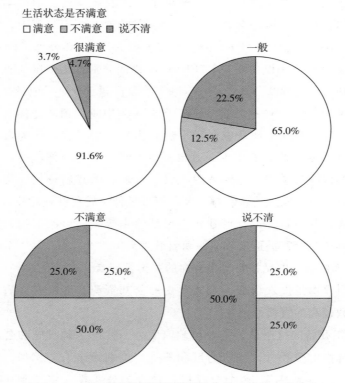

图8-4 对居住环境不同评价受访者的生活状态满意度

正规金融机构借贷困难,导致农民拆旧建新面临较大经济压力。调查显示,六成以上的受访者有不同额度的借款,其中超过九成的借款来源于亲朋好友。由于调查时点是在村庄整治的初级阶段,从亲朋好友处借款相对容易。但是可以预见,随着村庄整治的规模扩大和进程加速,民间借款会更加困难,在农户经济收入短期内难以有大幅增长的现实面前,新型农村社区会逐渐成为农民家庭的"不可承受之重"。受访者普遍表示希望从正规金融机构贷款,但非常困难。贷款手续烦琐及不容易获取是农户难以向银行贷款的主要原因，缺乏担保和抵押是影响农民得到银行贷款的重要因素。据舞钢市八台信用社信贷员介绍，信用社在向农民发放贷款时，需要有担保、抵押或质押。信用社对担保人的规定是"有经济实力的在职公职人员"。每人最高只能担保 10 万元，利率是 12.57%。所谓质押主要是指定期银行存款的存折，可以用本人的，也可以用其他人的。显而易见的是，在一般情况下，如果农民有存折，就不用向信用社贷款；而借用他人存折作为质押，在实际操作中也难以行得通。

投入机制存在重要缺陷，是补偿不足的根本原因。

从河南省村庄整治的整体状况看，河南省村庄整治并未形成稳定、科学的资金投入来源和标准。当前新型农村社区筹资渠道主要有三种：一是土地综合整治专项资金，即新增费；二是整合财政资金，引导项目资金向新型农村社区投入；三是多渠道吸引社会资金，如融资贷款、企业投入等。

从资金来源看，新型农村社区没有专门针对农户补偿或奖励方面的投入。新增费用为土地综合整治的专项投入，资金安排重点在于新增耕地的整理；财政专项资金为各部门的项目资金，重点用于新型农村社区的基础设施建设，如交通、水利设施、电力、绿化等；对农户补偿大多依赖社会资金，如董堂社区，但社会资金的目的是赢利，对农户的补偿款往往取决于回报规模而非农户真实财产状况。

从资金本身来看，三种筹资方式存在先天不足，难以肩负河南省村庄整治的重任。第一，新增费投资规模过小，难以满足实际需要。2011 年下半年，河南省的土地综合整治项目资金和试点项目资金共安排 25.2 亿元，相对于全省推进的村庄整治需要来说，这笔资金无异于杯水车薪。第二，财政资金整合困难，农业、交通、水利、科技、电力、林业、建设、扶贫等十几个部门都有各自的经费和任务，资金分散、多头管理、部门利益倾向严重，而且每个部门的标准和使用方式各自为主，在一定程度上造成项目区建设的脱节，增大了组织运行成本，造成了一定的体制性流失，财政资金的整合和引导作用被削弱。第三，社会资金投入缺乏有效的、满足农民福利需要的激励机制。土地综合整治资金需求巨大，专项资金和整合财政资金仅能满足约 1/3 的需求，其他 2/3 的资金缺口则需各种途径的社会资金满足。调查发现，社会资本对土地综合整治两个主要方面的内容表现出截然不同的态度。一方面，土地整理具有显著的公共品性质，而农业比较效益低下，农民投资积极性较低。同时，与"拆旧建新"中建设用地的增值收益不同，农用地整理几乎没有增值空间，加上缺乏有效的激励机制，企业和金融机构进入动力不足，导致土地整理项目的资金来源以专项资金和整合财政资金为主。另一方面，"拆旧建新"项目可通过"增减挂钩"为城镇建设用地提供指标，存在巨大利益空间，各利益主体对此抱有极大的投入热情，然而由于政策限制，企业和金融机构存在进入渠道有限、获利空间偏小的问题。

3. 现行土地制度不利于保护农民财产权利

（1）农村建设用地管理

村庄整治中存在损害农民合法财产权的现象，其中最为突出的是农民宅基地权属受损。我国《土地法》明确规定，宅基地等集体建设用地属于农民集体所有，符合"一户一宅"和面积不超过省规定标准的宅基地受国家法律保护。根据《河南省〈土地管理法〉实施办法》，符合条件的农民申请宅基地须经村民代表会议或村民会议讨论通过，集体土地收回土地使用权的，须由农村集体经济组织提出申请，批准后收回。可以看出，农村集体组织及成员拥有符合规定的宅基地等集体建设用地的合法权属，包括依法享有的占有、使用、收益和处分等权利。但在实践中，农村建设用地未完成确权，村集体和农民在保护土地财产权时缺乏可靠的依据。

（2）城乡土地收益分配

通过村庄整治所节约的建设用地指标通过增减挂钩进入土地交易市场后，会产生巨大的收益增幅，但增值部分的投向是不明确的。庞大的财富和农民肩负的沉重的建房负担形成了鲜明对比。如果从这个角度观察，城乡居民获取公共资源的差异并未改善，反而有恶化的趋势。

4. 村庄整治方式直接影响农民福利变化方向

（1）社区类型。入住新型农村社区后，农户收入增加主要有三种类型：第一，有产业基础的新型农村社区能够显著增加农民工资性收入。如滑县锦和新城社区建立在滑县产业集聚区周边，社区居民只要有就业意愿就能够进入园区就业。第二，承载特殊功能的新型农村社区能够增加农民经营性收入。例如，龙王店社区地处睢县、民权、杞县三县四乡交界，新型社区建成后将成为区域商贸中心，除容纳合并的 26 个自然村的 13870 人外，对周边三县居民还会形成较强的吸引力，增加了农户开展经营的机会。又如平顶山市张庄社区位于当地著名旅游景区石漫滩龙凤湖南岸，社区定位为休闲度假新型社区，搬入新型社区的农户大多能够从事农家乐、小卖部、餐馆等经营，农户家庭经营性收入显著增加，张庄社区中有 10 名受访者表示收入有增加，占有效回答的 71.4%。第三，土地流转能够增加农民财产性收入。如焦庄社区和前王庄社区在进行村庄整治的同时推动土地流转，一般农户都可获得 600～1000 元不等的土地流转收入。光山县江湾村在村庄整治的同时，成立土地股份合作社，农民自愿将土地存入合作社，合作社每年支付农民 300 元/亩的租金。

（2）房屋类型。图 8-5 显示了不同房屋类型农户的评价状况，可以看出独栋和联排房屋的农户满意度普遍高于多层和高层的农户。调查中，部分农户对多层和高层房屋存在较大的抵触，原因包括不方便农业生产、不符合老年人和体弱多病者的现实需求、不习惯等，甚至在一些地方出现了

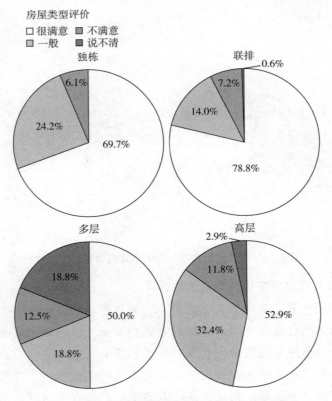

图 8-5　不同房屋类型农户的评价情况比较

住多层和高层的农户搬回旧宅的"回流"现象。尽管一些社区建了7层以上的电梯公寓用以解决农民的现实困难，但因购房成本和维护成本较高，仍然难以得到农民的普遍支持。

（3）宅地面积。如图8-6所示，宅地面积在200平方米以上的农户满意度最高，达到84.1%，而无宅地农户的满意度最低，很满意的占66.7%。

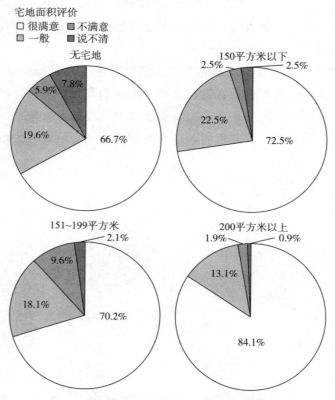

图8-6 不同宅地面积组别受访者的满意情况比较

5. 就业制度缺乏整体性和系统性设计

（1）就业保障。在所调查的新型农村社区中，仅有为数不多的几个超大型社区周边配套有产业园区，如滑县锦和新城社区，集中居住区安置农民可以在同等条件下优先在产业园中就业。其余社区几乎没有这方面的考虑，农民非农就业主要依赖外出务工。受访者中年龄偏大、受教育程度偏低的农户就业更加困难。调查中385名健康的、具有非农就业能力的受访者，2011 年从事非农就业的时间少于 180 天，其平均年龄为 37.42 岁，平均受教育年数为 7.22 年。

（2）就业培训。经过培训的农民能够获得更多就业机会和更高收入，如张庄社区葛天玉在集中居住前接受了农家乐经营方面的培训，现在家庭经营的农家乐每日能接待游客 20 多名，每张床每天收费 30~40 元，在旅游旺季（每年 5 月到 10 月）每月毛收入超过 1 万元，淡季也能有 3000 余元，大大高于集中居住前的收入水平。然而，大多数村庄整治中并没有对农户提供有效的培训。调查表明，有效回答中 13.7%（49 名）的受访者接受过各种类型的技能培训，其中仅有 11 名因集中居住获得培训。

6. 社区治理方式对农民福利变化的影响

治理方式对农民建新社区的意愿产生重要影响，农民的充分参与会显著提高建新积极性，反之，忽视农民的民主权利会带来一系列弊端，最直接的后果是农民对社区建设的不满意。

一个典型的例子是新房的建设方式问题。农户希望通过一切方法降低成本，调查发现，不少农户对于采取统规统建的建房方式颇有微词，因为他们觉得自建房的成本更低。但是针对被调查的 23 个新型农村社区情况来看，独栋或联排房屋在不同建设方式下，农户入住成本差别不大。如表8－3所示，统规统建方式下，房屋每平方米的购置均价为 627.75 元，仅比统规自建方式高出 76.32 元。但是，如果将统规自建中农户的投工和误工成本计算在内，统规统建方式的入住成本甚至会低于统规自建。诸如此类问题在调查中屡见不鲜，说明农民在新社区建设中的参与权和知情权很重要，应尊重农民的知情权和选择权、强调农民的充分参与，这是村庄整治能否顺利推进的关键要素，更是新型农村社区保持长久生命力的重要保证。

表 8－3　不同建设方式的独栋或联排房屋的购置单价比较

单位：元

建设方式	N	极小值	极大值	均值	标准差
统规统建	71	0.00	2322.50	627.75	377.75
统规自建	108	87.50	1925.77	551.43	301.09

在所调查的村庄中，郏县前王庄村整治过程中农民的参与程度最高，81.25% 的受访农民在不同程度上参与了整治方案的制订。据介绍，新房的

建筑风格就是采纳多数农民意见而形成的。当时，郏县的某领导去山东胶州参观，带回了各种建筑风格的图集，并把图集给了前王庄村的干部，村干部召开村组干部、党员、群众代表开会讨论，从中选择了一个欧式别墅风格。后来，村干部曾试图改变建筑风格，但遭到了农民的反对。前王庄村"统规自建"的建设方式，也是农民参与选择的结果。前王庄村曾设想采用统规统建、由农民购买的建设方式，这种方式有一定的优势，诸如可以更好地控制房屋的质量、统一建房周期等，但农民更愿意采用统规自建。其原因，一是旧房拆除后的一些砖，可以在修建新房中继续使用，从而节省建房成本。二是担心村干部从中牟利。结果，该村决定采纳农民的意见，实行统一规划、农民自行建房。在建筑面积上，农民也有一定程度的参与。据介绍，现在每户209平方米的建筑面积也是征求群众意见的结果，召开了多次会议，大家的意见大体统一后，再往下执行。农民的参与在很大程度上会形成、提高农民自觉拆旧建新的意愿。

（二）非制度性因素

1. 经济、社会、文化等阶段的发展水平显著影响农民福利变化方向

河南省面积广阔，区域经济发展极不平衡，社会结构和文化传承各具特点。调查显示，适应当地经济社会发展水平的村庄整治，农民客观福利和主观福利水平都得到大幅提升，而出现农民福利受损的地方，大多是超出了区域经济发展水平或农民个体的承受力。

（1）经济发展程度对农民福利的影响十分显著。经济发展程度首先表现在产业支撑和农民收入水平上，有产业支撑的社区如锦和新城、中鹤社区等非农就业情况较好，农民支付拆旧建新以及生活保障能力较强，与此同时土地流转及农业经营收入也相对较高；反之，在缺乏产业支撑的社区，农民非农就业不稳定，经济压力较大，农民拆旧建新意愿不强烈。图8-7表明，河南各地区域经济发展极不平衡，2011年人均生产总值最高的郑州市是最低的周口市的3.6倍，农民人均纯收入最高的是最低的2倍多。这种情况下，同步实施村庄整治将面临巨大挑战。

2. 个体差异是受访者入住新型社区的信心指数和满意度产生差异的重要原因

（1）年龄。年龄在16岁到30岁之间的受访者，对未来的信心指数最

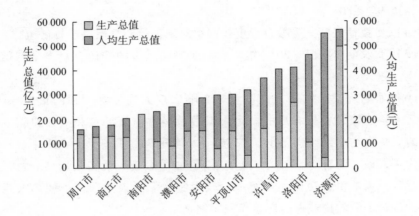

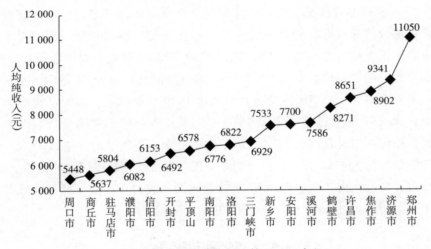

图 8-7　各市经济指标比较（2011 年）

高，91.3% 的受访者对未来有信心；随着年龄的增长，对未来"说不清"的受访者递增，年龄在 46 岁到 60 岁之间的受访者对未来"有信心"、"没信心"和"说不清"的分别为 76.7%、7.5% 和 15.8%；年龄在 61 岁以上的分别为 72.1%、7% 和 20.9%。

（2）婚姻状况。94.7% 的受访者为已婚，少数为未婚、离异、丧偶等情况。虽然少数情况样本量不足，但仍可以看出一定趋势，即稳定的婚姻状况有助于受访者对未来的信心。

（3）健康状况。健康状况对受访者的信心指数影响是显著的。完全健康、患慢性病等疾病、残疾这三类受访者中，对未来有信心的占比分别为

83%、76.9% 和 0。

（4）受教育程度。受教育程度较高组对未来信心显然高于较低组。

（5）非农就业状况。2011 年非农就业时间越多的受访者对未来有信心的可能性越大。

（6）家庭规模。户籍人口数量是影响农户人均住宅面积的重要原因。新社区人均建筑面积与农户的户籍人口数量呈现显著的负相关，户籍人口越多的农户人均建筑面积越少。在 86 个人均建筑面积减少的农户中，户籍人口为 4 人以上的有 68 户，占 79.1%。调查中发现，大多数新型农村社区建房时以户为单位，房屋面积统一，较少考虑家庭人口因素，使多人户与家庭人口较少的农户获得的房屋面积无差别。

（7）农户旧房状况。调查中部分农户自身有建房需求，拆旧建新符合农户意愿。但部分房屋较新的农户并不存在主动的拆旧意愿，拆旧对于这部分农户来说损失更明显。针对旧宅为 2000 年以后建造的农户进行的分析，能够充分说明拆旧建新中农户家庭财产的损失情况。表 8 - 4 显示了受访者的旧宅建造情况，23.4% 的受访者旧宅建于 2000 年以后，其中仅有 65.1% 的受访者（41 位）得到补偿或奖励，平均获得的补偿或奖励的金额为 5.32 万元，比起拆旧时均 9.22 万元的旧宅估价少了 3.9 万元。有 22 户农户户均旧宅估价约为 6.52 万元，但他们却未能因拆旧建新获得任何补偿或奖励，如果将其考虑在内，旧宅为 2000 年以后建设的农户户均获得的补偿或奖励仅为 3.46 万元，比旧宅估价少 5.12 万元（见图 8 - 8）。

表 8 - 4　农户旧宅建造年代

单位：户，%

时间		频数	百分比	有效百分比	累计百分比
	20 世纪 80 年代以前	23	7.5	8.6	8.6
	20 世纪 80 年代	96	31.5	35.7	44.2
	20 世纪 90 年代	87	28.5	32.3	76.6
	2000 年以后	63	20.7	23.4	100.0
	小　计	269	88.2	100.0	
缺失		36	11.8		
合　　计		305	100.0		

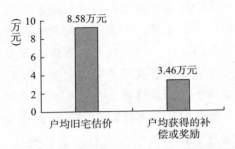

图 8 - 8　2000 年以后建房农户的旧宅估价与获得的补偿或奖励对比情况

四　基本判断和政策建议

(一) 基本判断

从调查的情况看，在较短时间内，河南省已经形成了一批具有典型代表意义和积极示范效应的新型农村社区，绝大多数已经入住的农民通过自身感受，对新型农村社区建设的总体情况表示肯定。在这一过程中，各地通过实践和探索，形成了一些有益的经验和模式，取得了一定的成绩。但是，作为一种组织再造形式，新型农村社区人为地割裂了社会发展的逻辑路线，从根本上再造了农村秩序基础，在既缺乏前人经验借鉴，又无完善理论体系支撑的现实背景下，河南省村庄整治过程中出现了诸多问题，使村庄整治的操作成本和可持续性面临严峻挑战。

1. 村庄整治使农民福利实现整体性增进，符合多数农民的发展取向

新型农村社区的出发点和落脚点都是保障和改善民生，农民的满意度是衡量村庄整治成功与否的关键性指标。从这个层面考察，89.1% 的受访农户的肯定足以说明新型农村社区是民心所向。

如果说 20 世纪 80 年代初农民的经济基础普遍薄弱，其理想是"生存"的话，随着经济基础条件的改善，越来越多的农民有了"生活"的理想，即不仅延续生活，还要从物质和精神两方面享受生活。改革开放以来，城市建设成果有目共睹，便捷的基础设施、优美整洁的环境、完善的配套服务、丰富的就业机会、干净舒适的房屋等，使大量的农民心向往之。由于存在诸多障碍，如户籍、社会保障等制度性障碍和农民受教育水平、各种歧视等非制度性障碍，能够进入并稳定于城市生活的农民所占比重并不高。从心理满足来说，"熟人社会"和习惯居住地显然对农民有更为积极的作用。河南省村庄整治通过加大公共资源向农村地区的投入，完善基础设施和公共服务设施，提高供给质量，强调科学规划和合理布局，使农民在更广的范围内享受了更多的现代文明，在一定程度上改善了农民生产居住环境，在一定范围内推动了农民增收以及非农就业；同时尽可能地保留农村旧有的社会资本和格局，新型农村社区往往采取就地建设方式，即便是多村合并，也并不远离村庄旧址，具体到房屋选址和聚居方式上则充分尊重农民意愿，不少新型社区都保留了自然村的聚居格局。从这个角度来说，新型农村社区一方面使农民像城市人一样享受公共产品，另一方面又满足了农民习惯上的心理需求。

2. 新型农村社区从根本上动摇了传统农民福利制度的基础

调查显示，村庄整治是有条件的，政府目标、投入状况、土地制度、就业等配套政策、产业结构、乡村治理、农户个体差异等因素均会对村庄整治内容及成效产生重要影响。而且，村庄整治使传统农村发生了如居住空间压缩和人口规模急速扩张、生产要素和生活资料商品化、阶层分化以及人际关系更多地架构在利益纽带上而非宗族网络上等深刻变革，部分农民福利严重受损，长远发展面临不可持续风险。更为重要的是，村庄整治改变了农村传统治理方式所赖以生存的土壤，传统农村治理方式难以延续。究竟采取哪种方式维持新型社区秩序，推动新型农村社区持续健康发展，是村庄整治面临的严峻挑战。这些问题的根源在于，新型农村社区从根本上动摇了传统农村福利制度的基础，却未同时提供可替代的社会福利制度。

土地制度贯穿于中国农村福利制度始终，即便改革开放至今农民工资性收入不断提高、农村社会保障体系持续健全的情况下，土地依然是农民福利的主要来源，特别是对低收入、老年人（以及逐步退出农民工队伍的"40"、"50"人员）等农村弱势群体来说，低成本的宅地自建房、庭院经济、土地经营收入等是保障其生产生活的不可替代的来源。30多年前，政府向村社集体和农民在土地和其他农业生产资料所有权上的让步，换得的是农村集体自我管理和农民必须自我承担福利保障[①]。现在政府重新从村社集体和农民手中拿回部分土地，是用公共资源在一定程度上向农村倾斜来换取，但是城乡公共服务均等化难道不是应有之义吗？从这个角度考察，

---

① 温铁军：《中国农村基本经济制度研究》，中国经济出版社，2000。

河南省应加快构建和完善农村福利制度，以弥补农村土地制度变化所引起的负面效应，切实保障农民福利。

（二）政策建议

1. 以科学发展观为指导思想发挥政府宏观调控能力

将城乡居民公共服务均等化作为村庄整治目标，始终将农民福利状况的改进作为衡量村庄整治的标准，将社区建设作为一个系统整体看待，从战略高度加强对新型农村建设的方向控制。

一是出台整体方略，从经济、社会、政治、文化等不同层面出发，对村庄整治的原则、目标阶段、关键环节和主要任务、资金支持和政策配套等进行总体把握。强调新型社区建设要与产业发展相协调、要与农民收入水平和心理承受能力相协调、要与历史延续相协调。

二是从新型农村社区执行层面出发，完善配套政策，研究农村集体土地确权、指标交易、社区治理等政策建设。

2. 拓宽农户融资贷款渠道

从农民为入住新社区的借款情况可以发现，户均 5 万元的借款可以大大缓解农户的资金问题。随着村庄整治的进一步深入，民间借款势必更加困难，依靠信用社、银行等市场化金融机构难以解决担保、抵押等问题。应成立省级融资平台，为农户购置新型社区房屋提供融资信贷和贴息补助。

3. 充分尊重并发挥农民主动参与性

村庄整治直接影响农民的命运，农民最有资格决定是否应该拆旧建新以及如何拆旧建新。政府及村干部应逐渐从"为民做主"向"让民做主"转变，由"干部权力本位"向"公民权利本位"转变。以制度或法律形式规定新型社区建设的农民参与程序，强制实施。关键环节在于：①告知及需求表达阶段，通过多种形式使农户完全了解新型社区建设的规划方案、时间安排、补偿措施等，"一户一票"让每个农户就已有方案提出建议，表达真实意愿；②决策阶段，通过使一定数量的村民到场参与村民会议投票，对重要事项（如社区选址、建设方式等）进行表决；③项目实施阶段，完善管理监督组织和程序，采取监督小组为主、全民监督为辅的方式，对项目实施过程进行管理监督；④项目竣工阶段，采取"受益农户满意度＋第三方（政府或独立机构）评估"的方式对项目进行评估。

4. 完善集体建设用地确权颁证及产权交易政策

为保护农民合法的财产权利，应出台相关政策对集体建设用地及农民房屋和附属物进行确权颁证，以此作为农民获得补偿或补助的依据。同时建立产权交易平台，允许农村宅基地及房屋进行有条件交易。

5. 确定村庄整治的优先序

当前快速推进村庄整治的过程中，出现了盲目推进新区建设而使农民福利受损的现象，应借鉴成功地区的经验，将产业发展和小城镇建设作为村庄整治项目的主要立项标准，以农民就业状况（增收）、城乡一体化程度作为新型农村社区项目考核的关键指标，优先支持具有产业配套或综合发展潜力的地区建成新型社区。

6. 将新型农村社区居民纳入城市社会保障体系

与传统农户不同，进入新型农村社区的农户生活已经完全商品化，仅靠农村社会保障政策难以保障农民的基本生活。应将新型农村社区居民纳入城市社会保障体系，使其与城市人享受相同的医疗、养老、低保等待遇。

第九章　村庄整治与农村弱势群体权益保护

一　问题的提出

村庄整治是一项复杂的工程，它不仅仅是农民居住方式、生产方式由分散向集中转变的过程，也是对传统农村社会的一次更新和重塑。在这个过程中，农民福利改善在群体内存在一种不均衡——农村内部不同群体因其自身资源禀赋的差异而面临不同程度的获益或损失，而在农民总体福利或平均福利改善的情况下，少数弱势群体却处于权利被侵犯、福利被忽视的状况。本章并不试图去全景式地扫描各个群体的利益变动情况，而是聚焦于农村弱势群体，从一个微观侧面考察村庄整治的政策效果。本章的逻辑思路是：哪些人是村庄整治中的弱势群体？村庄整治对弱势群体的负面影响是什么？而更为关键的问题是要审问这些现象和困境的根源是什么。关注村庄整治中的弱势群体，其主要意义有三：一是从法律角度看，村庄整治中弱势群体的合法权益理应得到充分保障；二是从社会稳定的角度看，关注弱势群体，通过村庄整治平衡农村内部不同群体间的资源分配，将提高农村社会结构的稳定性；三是从以人为本的社会发展理念看，关注弱势群体的利益需求，村庄整治的制度设计应该有利于全体农民包括弱势群体发展能力的提高。

二　研究综述

弱势群体，在官方文献中常被称为困难群体，又称劣势群体、脆弱群体、底层群体等。王思斌（2006）对这几个本质含义一致的概念做了辨析，认为"弱势"更偏重于反映在利益竞争中被排斥和处于不利地位的含义。而在欧美社会政策文献中已经形成的学术传统是：弱势群体的概念可以包含劣势群体的含义，但是劣势群体的概念通常不包含弱势群体（刘继同，

2002）。

不同学科对弱势群体有不同的认识。许多学者从贫困的角度认识弱势群体，认为弱势群体是一个在社会性资源分配上具有经济利益的贫困性、生活质量的低层次性和承受力的脆弱性的特殊社会群体（陈成文，2000；沈立人，2005）。进一步地，由于弱势群体依靠自身的力量或能力无法保持个人及其家庭成员最基本的生活标准，需要国家、社会给予一定的支持和帮助（郑杭生，2002；孙莹，2004）。同时，"弱势"是个相对概念，这种相对性在法律相关语境下显得尤为突出。在具有可比性的前提下，一部分人群（通常是少数）比另一部分人群（通常是多数）在经济、文化、体能、智能、处境等方面处于一种相对不利的地位（李林，2001）。弱势群体应根据人的社会地位、生存状况而非生理特征和体能状态来界定，它在形式上是一个虚拟群体，是社会中一些生活困难、能力不足或被边缘化、受到社会排斥的散落的人的概称（余少祥，2009）。在更宽泛的概念下，"弱势"并不完全表现在经济上的困难，也表现在利益表达与实现上的边缘性。比较流行的是国际社会和社会政策界的定义，即认为弱势群体是"由于某些障碍及缺乏经济、政治和社会机会，而在社会上处于不利地位的社会成员的集合，是在社会性资源分配上具有经济利益的贫困性、生活质量的低层次性和承受力的脆弱性的特殊社会群体"（万闻华，2004）。一些学者将弱势群体的特征概括为：利益表达与实现上的边缘性、经济上的低收入性、生活上的贫困性、心理承受能力上的脆弱性（梁铁中，2006）。

从成因上看，社会弱势群体是根据他们在社会中较差的社会地位和社会境遇来定义的，其直接原因是他们的个人能力不足，深层原因则是社会结构的缺陷，即社会制度安排存在问题（王思斌，2002）。弱势群体形成的社会排斥是制度性排斥和弱势群体自身特殊因素所共同造成的（许小玲、魏荣，2012）。不同类型弱势群体的成因也不尽相同，学术界一般是将社会弱势群体分为生理性弱势群体与社会性弱势群体（朱力，1995；冯招容，2002；孙莹，2004）。前者因明显的生理原因，如年幼、年老、残疾等原因引起，有一些学者把妇女划分为社会弱势群体，也主要是从生理性原因而言的。后者的形成则基本是由社会制度安排和社会结构变迁导致的。针对弱势群体的成因，学者们从社会保险、社会救济、法律救助、制度安排等方面提出改善弱势群体权利贫困和能力贫困状况的相关建议。

在中国二元结构社会中，农民被长期视作弱势群体（刘祖云，2005）。而在农村内部，弱势群体则主要是指目前在我国农村社会结构中，参与社会生产和分配的能力较弱、经济收入较少的社会阶层（胡武贤，2006）。从研究对象上看，针对农村弱势群体的研究主要是关注老年人（颜宪源、东波，2010；王晓峰，2010）、妇女（项丽萍，2006；王仰光，2012）、留守儿童、农民工、失地农民等群体。从研究内容上看，现有研究主要关注农村弱势群体的社会保障（孙莹，2004）、利益表达与政治参与（周春霞，2005；潘秦保，2010；宋颖，2010）、受教育机会（许立英，2007；高昌明，2006）等。近年来，中央出台了一系列支农惠农政策，农民整体的福利状况有了极大的改观。但也有研究认为，部分公共政策也使得农村弱势群体的相对利益受到了损失。例如，张娟、樊文星（2006）发现，农村税费改革取得巨大成就，但农村弱势群体受到影响，主要表现在弱势群体收入、社会减免、社会保障等福利水平下降，受教育水平下降。

目前在村庄整理和集中居住的研究中尚未具体地关注农村某一特定人群的福利变化，因而也缺乏对这一过程中弱势群体的研究。但是，在城市拆迁改造过程中，同样存在大量弱势群体，梳理相关文献，对研究村庄整治中弱势群体保护问题有很强的借鉴意义。在众多研究中，弱势群体迁居到安置地之后的生活水平下降问题引起了较普遍的关注，这些变化包括失业增加、社会网络断裂、公共空间消失等（何深静、于涛方、方澜，2001；邱建华，2002；黄亚平、王敏，2004；张伊娜、王桂新，2007）。这些研究表明：城市拆迁改造实际上是一个利益重新分配的过程，在这当中，弱势群体的权利、利益很有可能受到侵害。

通过梳理现有研究发现，较之对城市弱势群体的研究，对农村弱势群体的研究还略显薄弱。更多的研究是将农民整体作为改革发展中的弱势群体进行相关探讨，缺乏对农村内部弱势群体的深入研究。已有研究多是对农村弱势群体现有状况的静态研究，而较少从动态变化的角度分析某一特定政策对农村弱势群体的影响。特别是在村庄整治这项直接关系农民生产、生活方式转变的重要农村社会变迁活动中，目前尚无研究具体关注其对农村弱势群体的冲击和影响。正是基于现有研究的成果和不足，本文将研究视角聚焦于在村庄整治和集中居住过程中处于弱势地位的群体，通过考察村庄整治前后农民福利状况、生活状况的变化，探究村庄整治中农村弱势群体的现状以及成因。

三 村庄整治中的弱势群体

村庄整治有效改善了农民的居住生活环境，提高了农村公共服务可及性，促进了土地的节约、高效利用，农民整体福利状况有了较明显改善。但是，村庄整治涉及对农民宅基地及地上房屋、承包地等资源的调整与再分配，对农村社会关系和家庭伦理关系会产生微妙的影响。在总体福利或平均福利改善的情况下，农村弱势群体的状况却出现了不同程度的降低，分析发现，老年群体、低收入群体和"40"、"50"人员在村庄整治中处于相对被剥夺的地位，是村庄整治中的弱势群体。

（一）老年群体

老年人的住房安排是其晚年生活的一项重要内容，直接影响老人晚年的生活质量。从整体看，村庄整治中的许多制度安排对老年群体较为不利，其福利状况在村庄整治过程中出现普遍性下降。

1. 独立生活空间受挤压

在集中居住新社区的房屋分配中，老年人往往被排斥在分配范围之外，无法获得独立的住宅：一类社区明确限制老年人的购房（或建房）资格，新社区住户数量按照"一儿一房"的不成文规定加以控制，使得老年人必须与子女（主要是儿子）同住；另一类社区虽未限制老年人购房，但由于经济原因，老年人根本无力独立负担一套房屋的成本，因而只能与儿子们共同生活。尽管部分社区在规划时也考虑到老年群体的安置问题，在社区中规划一些面积较小的老年房，供老年人租住或购买，但这类老年房的数量极为有限，只能尽可能地照顾孤寡老人和经济极度困难的老人，无法顾及普通老人一般性的住房需求。

2. 在家庭中的从属地位被强化

长期以来，农村老人在生活上保持了较高的独立性。在住房上，当儿子成家后，老年人一般会与其分院而居，或是迁离到村中条件相对较差的闲置宅院中。在经济上，老年人更保持着相当的独立性，只要依靠自己的劳动尚能维持基本生活，他们就不会过多地依附子女。即使生活在同一宅院，父子两代也是分灶吃饭，经济上各自分属于两个较为独立的核心家庭。

多数情况下，只有在老人因年迈或疾病确实丧失独立生活能力时，两个核心家庭才会融合成一个主干家庭。然而集中居住后，老年人群丧失了对房产的控制权，提早进入了这种附属性较强的生活模式中：他们或是依附于某个儿子的家庭，或是在几个儿子家轮流居住（因各村风俗而异）。但是，这种以外力推动的两个核心家庭的合并显然与传统的自然融入不同，极易造成两代人生活上的摩擦和碰撞，因而一些老年人在社区新房建好后仍会回迁到原村庄的旧房子里，这也导致了村庄整治中建新不拆旧、老村复垦困难。此外，村庄整治中往往又伴随着承包地的统一流转，过去子女在外务工，老年人通过种地对家庭收入的贡献也被每年固定的租金替代，他们愈发成为家中的"闲人"和"负担"，家庭从属地位被进一步强化。

3. 活动空间因"上楼"居住而缩小

对于因集中居住进入多层或高层楼房居住的老年群体，由于上下楼不便，老年人不得不减少外出活动的频率。甚至有些老年人因上楼困难，只能选择在没有窗户、缺乏用水等设施的车库中勉强度日。许多老人预见到进入集中居住社区后的种种不便，因而选择留在老村居住。在所调查的未搬迁人群中，60 岁以上老年人的比例竟占到 41.0%。

（二）低收入群体

随着经济社会的发展，农村中居民间的经济分化已经较为明显。华中师范大学中国农村研究院发布的《中国农民经济状况报告》显示，中国农村居民基尼系数在 2011 年已达到 0.3949，正在逼近 0.4 的国际警戒线。比较所调查的 6000 多户农村居民过去三年的现金收入发现，收入最高的 20% 样本农户的人均收入是收入最低的 20% 样本农户人均收入的 10 倍之多。人们对贫富差距"恶性扩大"的担忧已从城乡收入分配向农村内部拓展①。在收入分化和缺乏补偿的背景下，整村推进式的村庄整治和集中居住必然对村庄中低收入群体的生活产生巨大影响。

1. 贫困程度进一步深化

超出其经济支撑能力的住房消费，使低收入群体的贫困程度进一步深化。在河南省各地开展的村庄整治中，基础设施建设主要由政府或企业投

---

① 华中师范大学中国农村研究院课题组：《中国农民经济状况报告》，2012。

资，但农户也需要在建新房等方面投入较多的资金。而在本调查中，按五等分法测算的农户家庭收入，收入最低的20%的农户（60户）户均家庭年收入仅为1.33万元，户均拆旧建新总支出却高达12.08万元，获得的补偿或奖励的均值仅为1.69万元，户均拆旧建新总支出是户均家庭年收入的十余倍，集中居住给低收入家庭造成的巨大资金压力可见一斑。

2. 生活风险进一步加剧

失去庭院经济的最后保障，低收入群体难以应对生活完全商品化的挑战。据统计，半数以上农户家庭开支因集中居住而增加，平均每户每年开支增加2108元。对于低收入群体来说，生活开支的增加与生活完全商品化有直接关系。在集中居住之前，农民的生活消费存在着一定程度的自给性特征。特别是低收入群体，在宅院内种菜、养鸡以及承包地里的粮食就可以保障其基本的生活，生活自给程度较高。入住新社区后，由于上楼居住没有院子或是社区禁止农民在院内种菜、养殖，农民的生活几乎完全商品化，从而导致低收入群体生活成本上升的同时生活水平下降。

3. 相对贫困程度加大

经济困难群体由于搬迁批次靠后，不仅享受不到先搬迁奖励，其住房区位也相对较差，由此带来的一系列问题也不容忽视。通常先搬迁群众可以选择经营门市或将房屋出租获取租金收入，后搬迁群众都是别无选择地上楼居住，有些社区在位置较差的地方规划几处小房子安置困难群体，但容易出现房屋质量较差、配套设施不完备等问题，而且这种低收入群体聚居方式，也会加大低收入群体与一般群众的疏远程度，造成众多社会心理问题，并导致进一步分化。

此外，由于经济负担重而无力搬迁，不少低收入群体成了旧村庄的"钉子户"。从总体来看，未进入集中居住区的农民平均家庭年收入47475.6元，比已进入集中居住社区农民的户均家庭收入低19670.0元/年。在未集中居住户列举的未搬迁原因中（多选题，有效回答85个），经济负担重是首要原因，占农户所列原因总数的30.26%。即使未参与集中居住，这部分人群的生活状况也因村庄整治的开展而变得更加艰难。一方面，为了保证村庄整治的顺利进行，许多村在若干年前就停止审批新宅基地，严禁在旧村庄建造新房，停止对旧村庄进行公共设施改造等，由此创造了农民对新区房屋的刚性需求。此等做法虽然极大地降低了集中居住的推动阻力，但却是对未搬迁群体享受公共服务权利的侵害。另一方面，为了追求村庄整治进度，一些地方政府和村干部对"钉子户"的耐心和容忍度也较为有限，用取消低保资格或挖墙挖路、断水断电等软暴力方式胁迫低收入群体搬迁的案例屡见不鲜，甚至用暴力手段胁迫搬迁的事例也偶有发生。

（三）"40"、"50"群体

"40"、"50"群体指劳动力中处于 40 岁、50 岁年龄段的人群。这一概念最初主要指城市中四五十岁的下岗职工等就业困难群体，将其引申到农村劳动力市场也同样恰当。一般来说，"40"、"50"群体通常肩负着"上有老、下有小"的家庭重担，因而就业需求较为强烈，但同时，他们又因年龄偏大、受教育程度较低、技能单一等，在劳动力市场竞争中处于弱势地位。表 9－1 和图 9－1 反映了调查样本中"40"、"50"群体与青年劳动力[①]人力资本状况的差异："40"、"50"群体受教育年限均值为 6.56 年，比青年劳动力短 2.33 年，并且"40"、"50"群体内部受教育程度的差异也更为明显；"40"、"50"群体中身体完全健康者占该人群的 88.8%，较青年劳动力的这一比重低 9 个百分点，而患慢性病者所占比重则比后者高出 6.3 个百分点；"40"、"50"群体中有赖以谋生的特殊技能者占该群体的 19.0%，比青年劳动力低 3.8 个百分点。

表 9－1　"40"、"50"群体与青年劳动力比较

单位：人

	样本数 N	健康状况			特殊技能	
		健康	慢性病	残疾	有	无
"40"、"50"群体	474	421（88.8%）	39（8.2%）	14（3.0%）	79（19.0%）	336（81.0%）
青年劳动力	640	626（97.8%）	12（1.9%）	2（0.3%）	123（22.8%）	416（77.0%）

在村庄整治中，造成"40"、"50"群体利益受损的原因在于村庄整治后的土地流转。村庄整治与土地流转之间存在明显的互动。首先，促进人口集中居住、土地规模经营和产业集聚发展是村庄整治的重要目标，而土地流转是实现上述目标的保障。其次，通过村庄整治将原本零散的农地连

---

① 本文将青年劳动力界定为 18 岁以上 40 岁以下的劳动人口（不含在校生）。

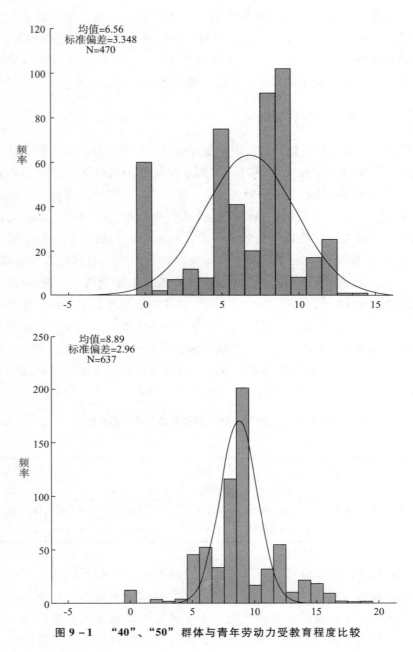

图 9－1　"40"、"50" 群体与青年劳动力受教育程度比较

块成片，方便产业化运作，更容易吸引种田大户或专业公司接手经营，为土地流转提供平台。再次，将土地集中流转也是对农民迁入新社区"上楼"

后的新生活方式的适应。在调查中我们看到，半数以上的村庄在整治后都将农民手中的承包地统一流转给合作社、公司等，按年支付农民土地流转的租金，即使暂时未进行承包地统一流转的村庄，也已有这方面的计划和打算。土地流转改变了传统农民自雇性较强的就业方式，脱离土地的农民将被推入外部劳动力市场参与竞争。而在这个过程中，农村"40"、"50"群体的就业安全性受到极大挑战，其就业前景值得关注。

城市中"40"、"50"群体的就业问题已引起各级政府和社会各界的关注，中央和地方政府出台了一系列优惠政策，对其就业和创业给予特殊扶持。而在农村地区，由于承包地的存在对农民就业起到了一定的保障和缓冲作用，"40"、"50"群体的就业困境在很长一段时期内并没有特别凸显。但是，在土地流转之后，作为劳动力市场上的弱势群体，"40"、"50"人群就业竞争力不足造成了其家庭收入的不确定性风险提升。实地调研数据显示，24名农户因土地流转而失业，其中女性占75%，"40"、"50"人员占50%。调查中，不少"40"、"50"农民都流露出对日后就业的担忧，"我也没什么文化，进城干活怕被人骗"。他们意识到自己在就业市场上已不太占优势，更期望能在家门口实现就业，增加家庭收入。

四　结论与建议

本章基于对村庄整治的实践观察和数据分析，考察了在村庄整治过程中利益受损最为明显的三类弱势群体——老年群体、低收入群体和"40"、"50"群体的生存状况。分析表明，在村庄整治改善农民整体福利的情况下，弱势群体的福利状况反而有所倒退，呈现进一步弱化的趋势。虽然各群体利益受损的表现形式不同，但根源都在于村庄整治中的制度安排忽视了弱势群体的利益要求，甚至在一些时候刻意牺牲弱势群体的利益。

对弱势群体的保护，既要讲求合法权益的保障，也要讲求道义层面的关怀。首先，村庄整治各项工作都应以法律为准绳，包括政府的行政过程和手段应该是符合法律规范的；农民的财产权、用益物权，以及村集体经济组织的财产权在整治过程中都不应遭受侵犯；而在实际操作中常被忽视的知情权、参与权、迁徙自由权等权利应该得到充分尊重。

其次，建立和完善弱势群体的决策参与和利益表达机制。公平的利益表达机制是社会公正的体现，它不仅是公民的宪法权利，也是政治权力得以有效运作的重要条件。给予弱势群体充分表达自身意愿和诉求的渠道，有针对性地解决弱势群体的具体问题；尊重弱势群体的意见和意愿，不以任何强制性或软暴力手段强迫其服从村庄整治规划。

最后，对弱势群体的保护，仅仅强调保障其合法权益和基本生存是远远不够的，还需要借助村庄整治这一农村社会变迁的机会，提高弱势群体的发展能力。在新村庄建设的规划时，就应重视村庄的可持续发展能力，特别是在村庄整治后进入大型村庄整治社区的整治类型，更不能忽视社区发展的产业支撑。由于弱势群体获取社会资源和发展机会的能力较为有限，在村庄整治的制度设计、具体实施以及后续的公共服务提供中，都应该给予弱势群体更多的关注。

第十章 村庄整治中值得重视的若干问题

一 农民补偿的问题

(一) 各地的补偿办法

对于农民来说,其在村庄整治中失去的财产可能包括旧宅基地、旧房、旧宅基地的附属物等。农村中各个家庭的宅基地面积大小不等,形成这种差异性的重要原因是历史因素。对于拆旧建新后腾出的宅基地,被调查社区中存在两种处置方式:一种是承认旧宅基地的权利,那些宅基地面积较大的家庭可以得到相应的利益补偿或保障;另一种是不承认旧宅基地的权利,旧宅基地在抵扣新建住房占地后的多余面积,得不到补偿。对于承认旧宅基地权利的那些村,又有三种补偿方式:第一种是现金补偿。滑县的锦和新城及兰考县的董堂社区及郑州市所调查的几个社区采取了这种办法,其中锦和新城的补偿办法是:宅基地补偿与所选新居类型挂钩,选择楼房居住的农户,原宅基地按 6000 元/户的标准补偿;自建别墅者宅基地补差价,0.3 亩以内无补偿,超出部分按每亩 3 万元的标准补偿。董堂社区的补偿办法是以 0.35 亩为基准线,对于旧宅基地的超出部分以每亩 5 万元的标准进行补偿。第二种是宅基地复垦后收归集体统一经营,收益在农户间重新分配。第三种是抵扣新建住房占地后,剩余部分归原来的农户。但在所调查的 23 个新型社区中,也有一定数量的社区不对农户的旧宅基地进行补偿。

对于旧房,郑州市所辖的几个县(市)及滑县锦和新城、兰考县的董堂社区、光山县上官岗社区制定了对旧房的补偿办法。例如,上官岗社区的补偿办法是:被拆迁房屋建筑面积在 90 ~ 147 平方米的置换 147 平方米的楼房,147 平方米以上的砖混房屋、砖瓦房屋每平方米补偿 600 元、400 元。其他调查地区(舞钢市、郏县、息县、卫辉市、获嘉县等)均不对旧房进行补偿。

对于旧宅基地的附属物，多数社区采取的办法是由农民自行处置，政府及村集体不进行补偿。有的社区对于旧宅中的幼树，按照每棵几元钱的价格进行补偿。农户家中养的猪、鸡等，也都像附属物般自行处理。特别是对养殖大户来说，这种紧急处理损失还是比较大的，而且对他们的养殖设备、场所的补偿都很少。

由于补偿的差异，个别地方的农民几乎可以零成本入住新社区。但大多数地方农民则得不到任何补偿，集中居住的成本完全由农民负担。

（二）农民的认识及潜在的问题

从现实情况看，很多村在没有给予农民补偿或者补偿水平较低的情况下，也较为顺利地完成了新型社区建设。但是，存在的并不都是合理的，没有补偿也能推动与是否应该补偿是两件事。调查中发现，不少农民的权利意识还相对淡薄，对宅基地、旧房、附属物等是否应该补偿、补偿标准、补偿范围并无十分明确的概念。不仅普通农民在认识上存在模糊，一些地方干部对相关问题的理解也存在偏差。就不对旧宅基地进行补偿的原因，一些地方领导及村干部认为，国家的宅基地政策是一户一宅，住进新社区后就理应无偿把旧宅基地退还给集体。还有的干部把这种做法说成是"农村的第三次土地革命"。对于旧房不补偿的原因，一些地方领导及村干部说："建房是农民自己的事，在没有开展新型社区建设之前，拆旧房、建新房的费用还不都是由农民自行承担？现在开展村庄整治，政府把新社区的基础设施和环境都搞好了，农民已经从中受益了，就不应该再要求对旧房补偿了。"

当然，有些时候农民之所以没有要求补偿，只是因为"大家都是这样"，但在内心里认为，村集体或者政府应"或多或少"地给予一些补偿。也有一些地方的农户对得到补偿存在着较强的预期。据息县李楼村的干部介绍，他们在拆迁中将农户的旧房屋用相机拍下来，并将拆旧面积、房屋结构、其他地上附着物等信息登记下来，作为一旦政府有补偿的补偿依据。对于给予农民补偿的社区，农民对补偿标准不认可，认为补偿标准低。郑州市各区县在村庄整治中对于旧房的补偿采用郑州市 2009 年颁发的 147 号文件，根据房屋质量分为 400 元、600 元和 900 元三个档次，但农民认为补偿标准太低。入住滑县锦和新城的睢庄村唐莲云介绍说，她家的旧房是两层楼房，2001 年修建，当时花费 10 多万元，共有 12 间房屋，建筑面积 260 平方米，宅院是统一规划的，面积为 0.3 亩，她说现在如果再修那样的房子，30 万元也修建不起来，但按照补偿标准只补偿了 6 万元。

从国家法律和政策的角度看，农民的宅基地属于用益物权，理应得到一定的补偿；宅基地上的附属物品是农民的私产，更应该得到补偿。正如温家宝总理所说：土地承包经营权、宅基地使用权、集体收益分配权等，是法律赋予农民的合法财产权利，无论他们是否还需要以此来做基本保障，也无论他们是留在农村还是进入城镇，任何人都无权剥夺。

从顺利推进村庄整治的角度看，对补偿政策不满意已经成为影响农民选择拆旧建新的重要因素。前文已述，没有补偿或补偿标准低，严重影响那些房屋价值较高农户拆旧建新的意愿。在一个行政村中，有 15% ~ 20% 的农户都是因为这一原因而不愿意拆旧建新。在所调查的 54 户未选择集中居住的家庭中，经济负担重这一因素居第一位，占农户所列原因总数的 30.26%；对搬迁补偿不满意的居第二位，占 14.47%。

二　政府、村集体、农民之间的分配关系

（一）政府与集体之间的分配关系

村庄整治可以腾出数量可观的土地。调查发现，在新增土地如何使用方面存在着政府和农村集体组织之间的矛盾。政府往往希望运用土地增减挂钩政策将腾出的土地复耕，然后通过增减挂钩、置换后把城镇建新区的农用地再变性为城市经营性用地。而较多的村干部则希望自主开发这些土地，发展集体经济。那些土地挂钩收益较小、土地交通和区位更优越地区的村干部的这种动机尤其明显。例如，信阳市光山县江湾村经过土地整治，整理出了 1000 亩建设用地，村干部意识到了建设用地指标的宝贵，因而坚持将节余指标留在本村使用。

国家和河南省的有关政策均要求村庄整治腾出土地首先应复垦为耕地，其次给今后的农村发展留下足够的非农建设用地空间，最后节约下的指标才可以转为城市建设用地。但在实际操作中，"足够的非农建设用地空间"没有明确的衡量标准。实地调查表明，县、乡基层政府在用地指标约束和土地财政的刺激下，往往做出重城镇、轻农村的决策，农村未来发展的空

间被挤压了。很多县（市）都建立了产业聚集区，要求第二、三产业发展应集中在产业聚集区，但是毫无疑问，这种做法会导致从事这些非农产业企业的成本上升，而且一些小型的、初级的非农产业（比如手工业和服务业）并不适合放在产业聚集区[①]。另外，新居民点大都以城镇人均用地标准来规划，但实际上，农村新居民点应以什么样的标准来规划也是一个需要探讨的问题。

（二）集体与农民之间的分配关系

如果缺乏健全的利益分配机制，村集体对农村建设土地的开发及收益，并不必然会带来农民福利的提高，即使农民福利有所提高，分配格局也可能是不合理的。不合理的利益分配机制、分配格局与经济增长相伴，就会引起社区内部的矛盾。例如，S 村自 2003 年以来，通过对垃圾堆放场、葬坟岗等的整治和村庄整治等手段实现建设用地集约利用，将节约出来的建设用地用于建设商贸物流园区、鞋帽专业市场、宾馆等村办企业和开发商业住房等，集体收入相当可观，但农民从中得到的好处仅限于用原来的旧宅基地和房屋置换集中居住区的新房；村民对于集体收益的使用、管理和分配也缺乏话语权和监督权。S 村集体和农民之间不对称的分配关系和权利关系，使得不少村民心存怨言。调查发现，类似 S 村的情况并非个案。调查还发现，在那些正在开展村民集中居住工作的村，相当比例的农民担心一旦村里有了可以开发的土地，村干部会借机采用各种手段谋取私利，担心一些开发商借机到农村圈地、拿地。

（三）开发商与集体及农民之间的分配关系

村庄整治提供了社会资本进入农业、农村的渠道，对社会资本的积极表现应予以充分肯定，但企业与农村、农民之间共享的利益分配机制尚未健全。

从调查的情况看，那些由政府及村集体主导实施的村庄整治，政府在社区环境和公共设施方面有较大程度的投入，但农民的物质利益没有得到

---

① 还应该注意到，一些产业集聚区的建设用地是采用反租倒包的形式得到的，再用于产业开发和房地产建设，名义上却仍是耕地，这一方面违背了国家土地管理制度，使耕地受到侵蚀；另一方面为未来发展埋下矛盾的种子。

应有的保障，一些地方仅仅象征性地给予农民一些现金或实物补偿。相比之下，那些由开发商介入的村庄整治，大都制定了相对更好的补偿方案，相对来说，农民的物质利益能够得到较大程度的保障，比如对于旧房、附属物都通过不同形式给予了一定程度的补偿。

在所调查的几个由开发商主导的村庄整治中，企业与村集体和农民之间共享的利益分配机制大都能够建立起来，但利益分配格局不利于村集体和农民。在通过土地增减挂钩的村庄整治中，腾出的建设用地需要复耕，有的还要被划为永久性的基本农田，集体和农民失去了发展非农产业的空间。在不通过土地增减挂钩的村庄整治中，村庄整治所腾出的建设用地大都被企业用于开发，开发的形式包括建房出售、使用节余的建设用地指标发展非农产业等，集体和农民仍然没有发展非农产业的空间。所调查的郑州市几个由开发商主导的村庄整治中，都没有为集体和农民预留非农产业发展用地。在开发商主导的村庄整治中，农民的承包地也大都流转给了公司，据调查，多数地方采用给农民固定租金的形式。例如，荥阳市洞林社区由新田公司投资建设，洞林村庄整治后，该村所有的农民承包地以及荒山、荒坡都流转给了新田公司，租金为每人每年 400 斤小麦、400 斤玉米，新田公司用这些土地发展观光农业。应该说，如果按照农民种粮标准，这一租金标准并不低。但是，集体和农民也同样会调整种植结构，甚至发展观光、休闲农业，农民把土地流转给公司后，也意味着失去了进一步调整土地使用方向的机会和收益。

三　农业生产和粮食安全

不以牺牲农业和粮食生产为代价，是村庄整治的前提和应有之义。但调查发现，村庄整治后，农业尤其是粮食生产受到了较大冲击，主要的原因有以下几方面。

（一）农民从事农业生产的便利程度有所降低

村庄整治后，农民从事农业生产的便利性降低了。在集中居住的调查农户中，填写与最远地块距离的有效样本共 172 户，其中距离变远的达到 81 户，占了近 50%，最多的增加了 7 公里；距离变近的只有 13 户，所占比重不到 10%，最多的缩小了 2 公里。对集中居住对农业生产条件的评价方面，也有 19.4% 的农户认为农业生产更不方便。而且，较多的新型社区没有安排置放农具以及粮食晾晒的场所，更大地降低了进社区农民从事农业生产的便利性，导致农业生产的粗放经营。

（二）农村土地流转后的"非粮化"现象突出

1. 村庄整治加速土地流转

村庄整治往往伴随着农户的承包地向公司、村集体、合作社、种植大户的流转。在所调查的已经建成并且入住农户较多的社区，都发生了这种土地流转。从某种程度上说，这是一种"强迫性的自愿流转"。一方面，由于村庄整治后从事农业生产的便利性下降，农民有把土地流转出去的内在动力；另一方面，政府为了促进农民拆旧建新的积极性，制定了促进土地流转的激励和约束政策。例如，2010 年舞钢市规定，对凡集中连片流转土地面积 500 亩以上，且流转期限 5 年以上、符合新一轮土地利用总体规划和产业发展布局的流转项目，经市、乡验收合格后，第一年与第五年各奖补当年商定租金的 30%，第二年至第四年各奖补 15%；2011 年又规定，从该年起新增土地流转项目采取实物办法予以奖补，在符合若干条件的情况下，连补 5 年。舞钢市市委、市政府把土地流转工作纳入乡镇和相关部门年终目标考核，年终对土地流转工作进行严格考核，对于完成任务好、经营环境好、成绩突出的前三名乡镇，分别给予 5 万元、3 万元、2 万元的奖励。还有必要指出的是，开发商等社会资本之所以愿意在村庄整治中投资，在很大程度上就是为了获取开发土地，由于政府和开发商等社会资本的强势，一些农户也只能在不情愿的情况下交回承包地。

2. 流转耕地的种植结构普遍存在非粮化乃至非农化现象

土地规模经营与种植结构的非粮化乃至非农化之间有密切的关联。据统计，2011 年，河南省土地流转规模经营中，种粮比例为 63%。全省 18 个地市种植粮食面积占流转面积 70% 的仅有 4 个；比例在 35% 以下的有 4 个。2011 年，郑州市土地流转面积为 19.5 万亩，耕地流转后多数用于种植蔬菜、瓜果、花卉等，以发展高效农业和观光休闲农业，其中种植粮食作物的仅占 10.3%，其余为经济作物 68.5%、观光休闲农业 10.8%、养殖 1.7%。

在我们所调查的新型农村社区中，流转耕地种植结构的非粮化现象非常明显。以舞钢市八台镇为例，该镇的土地流转率大约为 20%，低于全市的平均水平。全镇约有 5000 亩规模化经营的土地，均不种植粮食，而是用于蔬菜和苗木生产，其中晚秋黄梨基地 1000 亩，主要从事树苗繁育，由舞钢市的一个公司经营；露天蔬菜 2000 亩，由大户经营；大棚黄瓜 400 亩及日本毛豆 1500 亩，由平顶山市的一个公司经营。

从调查数据来看，在 126 个有效样本中，表示耕地用途没有变化的有 49 户，占 38.9%；表示从种植粮食转向非粮农业生产的有 28 户，占 22.2%；从种植粮食转向非农业生产的有 38 户，占 30.2%；另外还有一部分农户不知道耕地流转以后的用途。可见，流转过程中的"非粮化"、"非农化"还是非常明显的。

规模经营土地的"非粮化"是粮食生产比较效益低的反映，是市场经济条件下必然出现的现象。但这种现象与地方政府的逆向干预有一定的关系。仍以舞钢市为例，该市"2011 年土地流转实施意见"指出，"2011 年起新增流转项目种植普通粮食作物（小麦、玉米、大豆）和从事良种繁育的，不予奖补"。规模经营土地（山区、丘陵地区以 400 亩为起点，平原地区以 700 亩为起点）得到补偿的范围主要是，"全年种植蔬菜（含水生蔬菜）、烟草、牧草、红薯（深加工）、果树、花卉、中药材等作物"。而且，"优先重点扶持特色优势项目，对于发展融观光、采摘、种养、餐饮等为一体、规模在 2000 亩以上的高效农业观光示范园，市'两集中'领导小组采取'一事一议'的办法给予特殊奖励"。

应该说，土地规模经营主体（大户、公司、合作社、集体等）及地方政府的行为都是理性的，也是合理的。但不可回避的问题是，这种做法会影响国家的粮食安全，是中央政府所不希望看到的。如何化解中央的要求与地方政府及规模经营主体的非粮化行为之间的矛盾，将是农村新型社区建设中亟待解决的课题。

（三）旧村复垦难

拆旧复垦是决定"三化"能否协调，特别是确保"不以牺牲农业和粮食生产为代价"的关键环节。但是，旧村复垦难正是集中居住过程中普遍面临的问题。

复垦难的第一个原因是有的农民缺乏拆旧建新意愿。只有绝大多数农户入住新社区后，才可能对旧村庄进行复垦。因为在大多数社区的建设中农民不能从拆旧建新中得到补偿，所以对于那些经济基础较差的困难农户（如低保户）或者刚投入大量资金在老村修建新房的农户来说，在新社区建房（购房）既超出其负担能力，也不符合其经济利益。如果没有必要的补偿和资金融通支持或强制拆迁的举措，这部分农户短期内不可能自发入住新社区。如果不采取任何措施，按照村干部的说法，通常需要十年才能让一个村庄完成整体搬迁，复垦随之变得遥遥无期，这必然引起耕地的减少和粮食安全问题。如果采取不利于旧村居民生活的"拖"的举措，甚至是暴力拆迁的办法，只会导致民怨累积、干群矛盾尖锐，甚至群体上访等影响社会稳定的重大问题。

复垦难的第二个原因是基层政府的重视程度不够。在村庄整治中，政府的着力点不是拆旧，而是建新。在新型社区建成之后，是否能够拆旧及复垦并不是政府所考虑的核心问题。把工作的重点放在有拆旧意向的1/3的农户，先引导这些人到新型社区居住，把村庄整治当作形象工程。

复垦难的第三个原因是缺乏资金。据估算，平整一亩土地的复垦成本平均需要1000~2000元。但是，一些村庄因为缺乏资金，在拆旧建新后，旧村庄难以复垦。光山县江湾村就是这种情况。该村2009年就实施了村庄整治，待复垦土地约为580亩，但因为资金的问题而一直搁置。一些村庄因资金有限只能做简单的复垦，如在光山县下辖的另一个村庄上官岗村我们了解到，将土地平整成高标准农田的成本是8000元/亩，只做简单平整的成本约1000元/亩。由于资金不足，村集体暂时只将旧宅基地复垦的土地做简单平整，种植大叶女贞树，待政府奖励资金下拨后再作进一步处理。还有一些村，在新型社区建成之后，对旧村进行了复垦，但因为涉及复垦后土地的所有权或使用权的归属问题，复垦后的土地处于闲置状态，例如卫辉市大焦庄村。

（四）复垦耕地质量较低

调查地区能够见到的主要是农户零散的、简单的复垦，复垦的耕地质量较低，也缺乏配套基础设施。即使一些经过统一平整和配套设施建设的复垦地，质量仍低于新村建设所占用的耕地。其原因在于，"拆旧建新"的目标在于节余建设用地，因此更多地考虑区位、基础设施配套的难易程度等因素，却往往忽略了置换出的耕地质量。据调查地区干部和群众反映，在综合整治后土地的肥沃程度不如熟地。生地变为熟地需要 3~5 年的时间，如果采取施加有机肥等措施，可以缩短这个过程。由于拆旧的初衷不是为了提高土地质量以及由土地质量所影响的粮食生产水平，因此大多被调查的地区并没有提高生地质量的措施。例如，就复垦地单产变动情况这一问题，调查农户中就有 52.1% 认为单产降低，平均认为低了约 40%，需要 2~3 年才能恢复到正常水平。

四　农民的可持续性生计

调查发现，村庄整治后的总体福利或平均福利有所改善。但是，村庄整治后农民的可持续生计面临着新的挑战。如何应对这一挑战是村庄整治面临的重要问题。

（一）农民扩大再生产及应对生活风险的能力被削弱了

村庄整治对于拉动内需、促进经济增长具有功能性作用。但不容忽视的是，农民的收入和储蓄偏低，大多参与拆旧建新的农户已经花光了家庭的所有积蓄，其扩大再生产的能力及应对各种生活风险的能力削弱了。

根据农户调查中收集的 279 个农民拆旧建新总支出有效样本数据，参与拆旧建新农户拆旧建新平均负担 14.03 万元/户。从整体上看，68.57% 的总支出来源于农户自有资金，27% 来源于民间借贷，2.03% 来源于银行贷款。

62.3% 的家庭（182 户）因拆旧建新而发生民间借贷，特别是在那些搬迁补偿较低甚至几乎没有什么补偿的村庄，正如农民所说"盖房谁家没有几个窟窿"，借款是极为普遍的现象。但农民借款主要对象是亲戚朋友，因而 94.44% 的民间借贷都没有利息，5.48% 的家庭（16 户）向银行贷款，其中 78.57% 的贷款需要抵押。

（二）农民生活成本普遍上升

据统计，半数以上农户家庭开支因集中居住而增加，平均每户每年开支增加 2108 元。家庭开支的增加主要由水电气、物业管理费用等的增加（56.49%）和食品开支增加（35.56%）两大因素造成。一些农民反映：

"以前吃的蔬菜、粮食、禽、蛋等多数靠自己种养，现在什么都要到市场去买。"集中居住后农民水电、物业管理费用的增加具有必然性。在集中居住前，农民不用缴纳物业管理费，集中居住后，一些社区规定农民应缴纳一定数额的物业管理费。集中居住后，一些农户的用水从过去的免费变成现今的计价收费，由于农户搬入新居后新添了不少家用电器，用电量增加因而电费开支也较过去更高。此外，住在新社区后，农民的消费环境有了改善，从而也会在一定程度上带动消费支出增加。

农民食品开支增加与蔬菜、鸡蛋等日常消费品的完全商品化有直接关系。在集中居住之前，农民的生活消费存在着一定程度的自给性特征。多数农民在宅院内种菜、喂鸡。农民入住新社区后，种菜不方便了，有的不允许农民在院内种菜，即使允许，院内面积也较小。农民的生活用品市场化，就不可避免地导致家庭生活成本上升。据典型调查，一般的 3 口之家，每月买菜的费用在 200 ~ 250 元。

此外，许多社区都还是刚入住不久，水费、物业管理费等费用都还未开始征收。有的新社区管理者也还暂时允许农民在院门前种些蔬菜（一些社区已经明确告知将禁止这种行为）。如果把这两个因素考虑在内，集中居住对农民家庭开支特别是生活成本的冲击，将比问卷调查所显示的数据严重得多。

（三）弱势群体的福利状况进一步恶化

村庄整治是一个复杂的过程和政策体系，它不仅仅是农民居住方式、生产方式由分散向集中转变的过程，也是对传统农村社会的一次更新和重塑。在这个过程中，农民福利改善在群体内存在一种不均衡，农村内部不同群体因其自身资源禀赋的差异而面临不同程度的获益或利益损失。调查发现，在农民总体福利或平均福利改善的情况下，老年群体、低收入群体和"40"、"50"群体这三类弱势群体的生存状况处于权利被侵犯、福利被忽视的状况。

（四）养殖户的收入受到了严重冲击

如果农户的收入在集中居住后有了相应增加，就可以缓解生活成本上升所带来的问题。但调查发现，集中居住后农民的收入水平变化不大。与集中居住之前相比，76.6% 的农户家庭收入没有发生变化，仅有 23.4% 的农户（70 户）的家庭收入发生了变化。在收入有所变化的 70 户中，超过 2/3 的家庭（48 户）的收入有所增加，增加额约合 17602 元/户；其余近 1/3 的家庭收入减少，减少额约合 12637 元/户。

　　集中居住对养殖户的影响较大。农民收入减少的最重要原因是养殖收入的减少（60.71%）。由于集中居住后新社区暂未规划养殖小区，致使养殖大户无法继续从事养殖经营，养殖收入因而锐减。事实上，集中居住对农户养殖收入的影响波及的远不止这些大户。从调查了解的情况看，集中居住对以家庭为单位的小规模养殖模式的冲击是巨大的，甚至是毁灭性的。过去很多家庭都有在院中喂养一两头猪、十几只鸡的习惯，既可以满足自己家对肉、蛋的基本需求，富余部分还可以出售，作为家庭收入的部分来源，而现在不仅这部分庭院收入没有了，吃肉吃蛋都需要到市场上购买，反而增加了开支。

　　很多村庄个案也充分显示了集中居住对养殖户收入的冲击。荥阳市洞林村大约有 500 户近 1900 人，约有 600 个劳动力，辖 7 个村民小组。该村属于山区村，耕地比较贫瘠，但畜牧业较为发达，洞林村有常年存栏 50 头以上养猪大户 3 户，有饲养规模超过 5000 只的养鸡大户 2 户，饲养规模 20 多只的养羊专业户 2 户，养牛专业户 4 户（其中 1 户的饲养规模超过了 50 头），饲养规模达到数千只的养鸭户 1 户。在入住新型社区之后，这些饲养户都不得不放弃养殖业。登封市唐西村共有 987 户 3386 人。在集中居住前，该村有 10 多户养猪大户，每户常年存栏量 200～300 头，最多的达到了 500～600 头；有 6 户养鸡专业户，每户饲养规模大约 2000 只；有 3 户养牛专业户，每户的饲养规模 40～50 头。集中居住后，这些养殖户就只能被迫放弃专业养殖。睢县周堂乡丁营村共有 420 户 1579 人，2011 年该村农民人均收入约 5340 元。该村的村庄整治工程开始于 2009 年 12 月，由政府发起，截至 2012 年 4 月在该村调查时，已经拆旧建新的有 267 户。据该村支书李聚红介绍，在村庄整治前，全村 80% 以上的农户养鸡；大约 30% 的农户养猪，每户的饲养规模为 3～5 头。在村庄整治后，农户分散地养鸡、养猪将不再可能。而且，新型社区中没有规划养殖小区，农民也没有条件开展规模化的养猪、养鸡。

第十一章　稳步推进村庄整治的路径分析

村庄整治对全国各个地方都是一个崭新课题。在村庄整治过程中，如何建、谁来建、怎么建、建设什么样的社区，都需要摸着石头过河。河南省的村庄整治经过了几年的探索和试验，积累了一定的经验，也暴露了很多问题。为了让社区建设的群众基础更扎实，尽量减少失误和少走弯路，特别是在避免运动式地社区建设方面，有必要在社区建设伊始，从负担不增加、就业有保障、收入有增长、公共服务有提高、耕地能流转以及节地率和群众支持率等方面制定必要的建设准入标准，防止盲目和不顾条件要求进行社区建设，使村庄整治有序、稳步推进，真正体现新型城镇化在引领"三化"协调发展方面的作用。

一　在科学发展观指导下有序推进村庄整治

村庄整治的出发点和落脚点是为了提高农民的福祉。开展村庄整治的核心问题是坚持以人为本的科学发展观，把了解、适应和满足农民需求作为基本导向，让农民从村庄整治中得到实惠。

（一）科学规划引领

在制定规划时应吸收农民及农民代表参与。规划须有可行性、科学性和前瞻性；须考虑产业依托、人口变动、交通和基础设施等多方面的内容。应加强各种规划之间的衔接，国土部门应全程和深度参与村镇规划和城镇规划的制定。

（二）合理界定村庄整治范围，不宜简单实行多村合并的全覆盖

本项研究所调查的新型农村社区都是比较成形的。历史证明，任何事

情搞几个点或一些点都是容易的，但大规模推广就会出现很多的问题，更何况在这些比较成形的社区，也存在着影响农民福利向下变化等各种各样的问题。因此，在规划时，应合理界定村庄合并的范围，不宜简单实行多村合并型新社区全覆盖。应该看到，农民的居住方式是由其生产方式所决定的，分散居住在一定时期一定地域内符合农民的生产方式。

为避免重复建设和来回折腾，有些原来条件较好村庄搞的社区建设，不一定要整体拆迁、另起炉灶，只需在原有基础上改造、扩张、升级和完善；某些原有的特别是建成不久的村民住宅和基础设施，应尽量保留和充分利用。

（三）循序渐进，把好事做好

在推进速度上，不宜提过于超前的目标。作为生活方式的变迁，村庄整治是一个长期的过程，不可能在短时间内一蹴而就。应避免单纯以增减挂钩为目标的村庄合并，更要避免各种形式的"面子工程"。

（四）明确政府的职责及支持的优先序列

在农村新型社区建设上，既要鼓励有能力的村庄自主进行社区建设，但更多的是应采取政府、村级行政组织、企业、专业生产合作组织和村民各司其职、功能互补的多主体建设形式。多主体进行社区建设，可以较好地解决政府想建但不能大包大揽地建设；村庄想建但基础设施建设和公共服务供给能力较弱；企业想建又不想承担某些应当由政府和村庄承担的职能；村民想建但个人或个人联合体能力有限等问题。多主体进行社区建设，不仅可以实现建设主体的能力互补，还可以较好地将政府行为与市场经济手段结合起来，提高建设效率。

社区基础设施建设和公共服务供给是社区建设的重要内容，是社区居民生产、生活条件改善的前提，政府应承担起这方面的建设职责。即使经济实力雄厚，基础设施建设和公共服务供给自主性很强的社区，政府也应当给予支持，这不仅是因为基础设施建设和公共服务供给没有办法通过市场化的途径解决，更重要的是它还关系到打破基础设施建设和公共服务供给的城乡二元结构，实现基础设施建设的城乡一体化，以及城乡公共服务均等化。

在选择开展村庄整治的行政村时，应优先考虑那些房屋较差、人口流动性大，从而有较强内在需求而且实施成本也相对较低的村庄；优先考虑农村治理状况较好的村庄。在新型社区的类型上，应优先支持那些以新型城镇化为导向，把集中居住区选择在位于县城或中心乡镇政府所在地的大型社区（例如滑县的锦和新城）。其原因是，农民在这类地方集中居住后，更容易到非农领域就业，而且也能够利用已经相对完善的基础设施和公共服务。对于这些大型社区，应把农民身份转变为市民，享受与市民相同的社会保障和公共服务。原有地方财政支付的各种针对"三农"的补贴，凡按身份或农地经营面积发放的，继续按照原来的发放办法和标准发放。为了保障社会稳定，一些附着在农民身份上的利益（例如生育二胎指标）以不取消为宜。

二 深化改革，奠定有利于村庄整治的政策和制度环境

村庄整治是实现城乡统筹发展和"三化"协调发展的重要手段，但农民居住和生活方式的转变是一个渐进的长期的过程。这一过程的长短与相关的制度和政策环境密切相关。

从我们对四川省成都市所辖的崇州市的调查看，该市农民的集中居住率已经超过了30%。这一成效在一定程度上得益于该市近年来所实施的农村土地确权及产权制度改革、农村土地流转及经营方式改革、农村公共服务制度改革等多项改革措施。

在农村产权制度改革中，崇州市对集体土地所有权、集体建设用地（宅基地）使用权、土地承包经营权、林权、房屋所有权进行了确权，农民拿到了"四证"。这种改革对新型社区建设的促进作用表现在，"四证"可以作为得到银行贷款的抵押品，从而可以或多或少地缓解在拆旧建新中的经济压力；有助于以土地流转的形式来弱化农民与土地的关联，从而为村庄整治奠定基础；可以降低农民对宅基地复垦后利益受损的担心。

崇州市通过建立健全农业规模经营服务配套体系（包括农产品公共服务品牌、农业科技推广服务机制、农业社会化服务机制、农村金融服务机制等），为农村土地流转及农业经营方式奠定了基础，有相当比例的土地流转给了土地承包经营权股份合作社、大户、公司等新型农业生产主体。

在村级公共服务和管理体制的改革方面，从2009年开始，由成都市的

市、县两级财政安排每个村（涉农社区）每年不低于 20 万元的专项资金，对近郊区（县）按照市、县两级财政 5∶5 的比例，远郊县（市）按照7∶3 的比例分级负担。2011 年调增为最低 25 万元。而且为了解决专项资金不足的问题，成都市规定村（涉农社区）可以按照核定的专项资金数额向市小城投公司最多放大 7 倍进行融资，投向交通、水利等村民民主决策所产生的公共服务和公共管理设施建设项目，村（社区）只需承担 2% 的年利率。这些改革举措，在一定程度上解决了村庄整治后的生活和服务设施配套问题。

在农村治理方面，崇州市的所有行政村都成立了村民议事会。与其他地区相比，在崇州市（及成都市的其他农村地区），村民议事会是一个常设机构。在村民议事会的人员组成上，每组不少于 2 人，一般不少于 21 人，村组干部不能超过 5%。据调查，崇州市这种规范的村民议事会制度在促进村庄整治中发挥了较好的作用。

从某种程度上说，河南省在村庄整治中所面对的困难正是其农村相关政策和制度改革滞后的反映。因此，河南省应结合自身的实际情况，把着力点放在营造有利于村庄整治的制度和政策环境上，进一步深化各项改革。

三　创新体制机制，破解资金瓶颈

（一）搭建结余建设用地指标的流转平台

2011 年国务院 47 号文件对于土地综合整治增减挂指标的交易范围做了限制，但是应该看到，目前国家实施城乡建设用地增减挂钩的办法尚不完善。而且，从调查的情况看，河南省经济发达地区和欠发达地区都有进行指标交易的愿望。如果复垦"补"出来的建设用地指标，通过市场招标方式来落实，就可提升土地效益，合理分配这些增值收益将能够促进农村发展与城乡统筹协调。在今后的改革中，应尝试以省级行政区为单位，建立统一的指标流转平台，允许农村基层集体组织可以自主将本村或村民小组整理节余用地指标进入市场交易。应积极稳妥地推进农村建设用地流转，探索"人地挂钩"政策，探索农村集体建设用地腾退收益全部返还农民主要用于社区建设的新机制，确保农民土地收益。

（二）探索实行宅基地有偿使用、流转和退出机制

为了加快推进土地综合整治工作，应探索实行宅基地有偿使用、流转

和退出机制，并在领导得力、干群关系较好的地区先行试点。一是探索宅基地有偿使用办法。对于超过规定面积的宅基地，向宅基地的拥有者收取超占土地有偿使用费。这一改革措施具有法律基础。我国《土地管理法》规定，"农村村民一户只能拥有一处宅基地，其宅基地的面积不得超过省、自治区、直辖市规定的标准"，"多占的土地以非法占用论处"。考虑到查处、拆除难度大，可以采取对已形成的一户多宅和超标占地的农户收取有偿使用费的做法，从而促使其自愿退还宅基地。二是从新增费等土地专项资金中划出一部分作为村庄改造基金。基金主要用于回购户口迁出者、长期外出打工者等的住宅和宅基地。三是制定宅基地流转办法和退出机制。定居城镇的农民若自愿退宅还耕或将符合规划条件的宅基地有偿转让给本村村民，且以后不再申请新宅基地，政府和集体可以给予一定数额的经济奖励。实施鼓励村民将宅基地出让给农村集体经济组织的政策。可以给出让宅基地的农民按照原来的占地面积发放"地票"，允许在城镇购买商品房时以"地票"顶抵购房款中的出让金。对已经在城市购房的农民，也可允许他们将退出宅基地换取的"地票"转让他人，或由土地储备中心收购。

（三）以土地综合整治为平台，探索整合涉农资金的新机制

在自上而下下达的专项资金中，土地综合整治的资金量最大。尤其是，包含田、水、路、林、村等多项内容的土地综合整治涉及农村最根本的问题，有必要也有可能把其他部门的资金整合进去。

鉴于现有的项目专项资金的管理制度在近期内尚难以有根本改变，可以先从整合项目入手。河南省一些地方在这方面已经积累了一定的经验。例如，邓州市整合了13个部门的项目，在一定程度上克服了财政资金分散的弊端。为了使得项目整合更加容易，各部门在做项目申请时，应考虑把项目安排在同一个区域，由县（市、区）政府对各部门的项目申请把关、"审批"。

除了项目资金，近年来中央实施了很多针对农民的直接补贴项目。由于这些补贴项目针对全国，从而就出现了在不同区域的适应性问题，而且有些补贴项目的数额小、执行成本高。因此，应探索集中使用这些补贴资金的可行性。

(四) 创新资金筹措新机制

村庄整治投资巨大，单纯依靠政府力量远远不够，有必要借鉴国内外较为成熟的经验，积极探索借助市场化、金融化手段的新机制。通过优化金融环境、引入竞争机制，允许和吸引各类社会资金、外国资本采取独资、合资、合作、BT、BOT、项目捆绑等多种形式，参与村庄整治。通过土地、存量资产、国有资产收益等注资的方式，加快发行村庄整治债券，同时灵活运用土地抵押贷款、信托投资计划融资等方式，多渠道地筹措资金。

(五) 分层分类解决农民拆旧建新意愿及能力不足的问题

村庄整治能否顺利进行，关键看农民是否愿意拆旧建新。调查发现，农民拆旧建新的意愿受多种原因的影响。那些不愿意拆旧建新的农户主要有四类。一类是农村低保家庭及低保边缘家庭。他们有一定的拆旧建新意愿，但缺乏拆旧建新的能力。这类农户占行政村家庭总数的 10% ~ 15%。第二类是有拆旧建新意愿并有一定的支付能力，但支付能力不足。这类农户大约占行政村家庭总数的 20%。第三类是那些因为原有住房较新、造价较高或者位置较好等因素而缺乏拆旧建新意愿的农户。这类农户大约占行政村家庭总数的 10%。另外，每个行政村中有 3 ~ 7 户"五保"户，他们既没有拆旧建新的意愿，也没有拆旧建新的能力。

为了推动村庄整治的顺利进行，我们建议，采用分层分类的政策干预手段，解决农民拆旧建新意愿及能力不足的问题。

对于第一类农户，一是借鉴城市保障性住房建设的做法，由政府或集体出资，修建廉租房。二是在规划中专门设计一些小户型房或限价房。实地调查发现，一些新型农村社区在这方面已经进行了有益的探索。例如，夏邑县顺河社区专门设计了针对老年人口居住的"老年房"。又如，光山县上官岗社区专门建设了一些房子供贫困户居住，这些房子一般是两室，房屋面积小，价格也相对低。

对于第二类农户，宜通过改善现有的信贷政策，解决他们拆旧建新中所面临的资金约束问题。一些村庄个案（如卫辉市城郊镇倪湾社区）显示，如果这类农户能够得到 5 万元左右的无息或低息贷款，他们中的 90% 就会同意拆旧建新，但受制于现有的金融信贷环境，农民很难得到贷款。政府应顺势而为，采取多种措施来解决这一问题。一是由政府与农业银行、农村信用社等金融机构协调，促使这些金融机构对村庄整治进行信贷倾斜。包括预留信贷投放规模；实行较生产、经营性贷款更加优惠的利率，延长贷款的还贷期限；简化手续，实行上门服务；等等。二是探索建立财政担保基金和风险补偿机制，解决农民缺乏担保及抵（质）押的问题。探索农民住房、宅基地、土地承包权、经营权、林权作为贷款抵押，政府设立抵押贷款风险补偿基金，存入经办银行，由经办银行按照一定比例（比如1∶10）进行信贷投放。三是有条件的地方可以探索实行建设用地复垦指标和占补平衡指标收益的抵押贷款。四是与金融机构协商，促使其探索开办新型农村社区居民住宅按揭贷款。对符合条件，各种证件、手续齐全，申请按揭贷款的，由金融机构给予一定数额的贷款支持，并给予一定的利率优惠。

对于第三类农户，核心是完善补偿方案，如按照房屋结构、面积、层数、建造年份、附属物等标准，制定补偿政策并严格实施，使得农民受到损失的各项财产有相应的替换或补偿。如果基层政府或村集体缺乏相应的经济能力，可以在农民同意的情况下，延期支付补偿。

对于农村"五保"户，比较适宜的办法是把他们全部纳入集中供养体系。各县（市）应建好一所县（市、区）级敬老院，改善敬老院的生活环境和提高服务质量，较大幅度地提高"五保"供养标准。这种做法不仅能够解决"五保"户原有住房的拆除问题，也可以避免单个新型农村社区修建敬老院所造成的规模不经济及服务能力不足的问题。

四 社区、产业、公共服务设施配套建设

社区、产业和公共服务配套建设，可以满足农村居民上述三个方面的发展要求，因而是农村居民愿意向社区集中的根本性动因。鲜亮的楼房虽然改善了村民的居住条件和环境，但是如果没有产业发展，没有就业保障和公共服务全覆盖，这样的社区也就失去了建设基础与建设意义。坚持社区、产业、公共服务配套建设，是农村新型社区建设和发展取得成功的重要保障，也是"三化协调"发展的要求。

（一）村庄整治与产业发展并重，着力夯实产业支撑

在新型社区建设过程中，能否有稳定而持久的企业，充分吸纳以农业

剩余劳动力为主的社区居民就业，是关系社区能否持续稳定发展的重要问题。

在新型社区建设中，应同步建设产业发展园区，通过发展产业实现农民就地就近就业。应给予这些园区政策倾斜，如在土地使用、财政奖补、税收减免、信贷资金支持方面给予必要的优惠，做大、做强一些运作规范，科技支撑较强的园区，充分发挥它们吸纳农民就业、带动农民致富方面的示范带动作用。位于新型社区附近的企业，不求高、不求深，要和满足农民充分就业相适应，特别重视对环境友好且具有一定科技含量、具有一定规模的劳动密集型企业的引进和发展。

大力推动农业产业化经营，依托龙头企业，提高农业组织化、规模化水平，带动畜牧养殖、花卉园艺等现代农业和劳动密集型农副产品加工业发展，为新型农村社区居民提供现代农业和农业企业就业岗位；积极推进产业聚集区和特色工业园区建设，发展产业集群，为周边地区新型社区居民提供工业企业就业岗位；结合各地资源条件，积极发展商贸、文化、旅游等特色产业，为新型农村社区居民提供服务业就业岗位。

（二）创新农地流转形式

集中居住后农民的承包地大都流转给了公司。所调查地区均采取固定租金形式。应探索新的土地流转方式，利用旧村拆迁腾退的集体建设用地，采取农民以地入股等方式，直接与工商资本结合，从而使农民的土地变资产、资产变财产、财产变股份，确保农民长期受益。入股土地的股份作价要合理，要坚持按照股份公司的规章制度办事，尤其要根据制度的安排，进行正常的股份分红和保护股东的权益。否则，农民土地入股的流转就会因缺少基础而不具有可持续性。

（三）改革和完善公共服务

培训是改变农村劳动力人力资本水平低、难以在市场上找到就业机会的有效途径。在新型社区建设中，应同步实施农村劳动力技能培训工程。第一，加大农村劳动力就业创业培训力度。对新生劳动力和长年务工者实行区别化培训，促使部分农民工转向中高端就业，加速向新型产业工人转化。第二，支持职业培训社会化、市场化，鼓励用人单位加大对农民工在岗培训和技能培训的投入，完善政府购买劳务培训的办法。第三，优化职业教育资源配置，逐步把农村新生劳动力纳入系统化职业教育培训体系。第四，完善农村劳动力资源调查和信息共享制度，形成市、区县、镇乡、村互联互通的劳务信息体系。

应探索实行城乡一体化的社会保障制度。社会保障在保障民生中具有兜底作用，我国农村社会保障的改革方向是：完善制度，提高水平，最终目标是城乡一体化。可以在已经建成的新型农村社区，率先探索城乡一体化的社会保障制度。由于集中居住后，农民大都失去了与土地的联系，集中居住伴随土地和相应的生活保障的丧失，农民的生活方式与市民已经趋同，这种城乡社会保障制度一体化的探索具有合理性。

（四）制定新型社区基础设施和公共事业设施建设标准化方案

居住区环境的优劣是农民对社区建设满意度的决定性因素。尽管多数农民对新型社区基础设施的满意度较高，但是不少社区基础设施建设相对滞后，其建设进度跟不上住宅建设速度。

应把新型农村社区作为城镇基础设施向下延伸和城乡基本公共服务均等化的重要载体，统筹城乡基础设施建设规划，加快实现城市供电、供水、供暖管网和公共交通线路等设施与某些农村社区对接。

以社区聚集人口数量、社区区位为基本要素，分类制定新型农村社区基础设施和公共事业设施的配置标准。在中心社区（如乡镇所在地）应包括规划体系、社区管理队伍等社会管理体系，便民服务中心、农业服务中心、文化娱乐场所、标准化的学校和卫生所、社会福利院（敬老院和孤儿院等）等社会服务体系，标准化的水、电、排污、垃圾收集处理、公共厕所、客运站等基础设施体系。在非中心社区（如普通村社、厂矿周边等）可适当降低配置标准。同时，应组织专业化队伍出台标准化图集以供参考，并提供一定的技术支持。

与此同时，社区建设规模不是越大越好。社区建设规模大了，对基础设施建设，对公共服务质量，对社区运行和各种保障都会提出更高的要求。从当前河南省农村新型社区建设的具体情况看，很难满足建大社区的条件。因此，结合国外社区发展的情况，农村新型社区建设不宜追求大，社区适度人口规模控制在10000～20000人，一般不应超过30000人。

五 避免村庄整治对农业生产尤其是粮食生产的消极影响

与村庄整治相伴的是土地流转和规模化趋势加速。在这一背景下，如果缺乏完善的耕地数量和用途的管理与监控机制，农业生产特别是粮食生产，就将面临下滑的潜在风险。针对这种情况，适宜的政策取向是，在引导农地流转和规模经营的同时，防止由此而衍生的影响农业生产的负面因素。

（一）严格实行耕地的用途管制，创新基本农田保护政策

新型社区建设往往伴随着耕地流转，受比较利益的驱使，个别地方出现了"非粮化"、"非农化"加速发展的趋势。对此，要明确土地效益最大化与耕地用途管制的关系，强化耕地用途管制和国土部门的监管职责，不能在市场理性的借口下放任耕地用途转变，不能让新型社区建设成为"非粮化"、"非农化"问题的加速器，影响粮食安全。

为了缓解土地效益与粮食安全之间的矛盾，河南省可以利用建设中原经济区先行先试的政策，在有的市（如郑州市）实现基本农田保护率政策上进行突破和创新，即将现有按乡镇和县为单位核定基本农田保护率的办法，改为在市一级层面上核定保护率指标，这样可以在全市范围内进行土地使用的调配。在农业发展具有比较优势的区域，保护率指标可以定得高一些，在农业发展缺少优势或者不具备优势的区域，保护率指标可以定得低一些，以实现全市动态平衡。

（二）提高农业和粮食生产的比较效益

1. 推进农田整治工程建设

农村土地整理对农村土地流转及实现农业规模经营具有促进作用，同时，农业规模化生产又反过来为大规模进行农田整治创造了条件，应制定相应的农田整治政策，并从资金、技术和物资上给予倾斜。在整治方向上，应重点瞄准粮食主要种植区域，以推进现代灌溉形式为主的基础设施工程建设为主，统筹推进水、电、路、林等田间生产设施建设。结合落实国家千亿斤粮食战略工程和河南省粮食生产核心区规划建设，建设一批百亩方、千亩方和万亩方高标准永久性粮田。

2. 新增费的分配向粮食主产区倾斜

新增费在地区之间的分配应服从土地整理的基本目标，应综合考虑储备、潜力、能力与农业布局等因素。按照 2006 年财政部、国土资源部与中国人民银行发布的《关于调整新增建设用地土地有偿使用费政策等问题的通知》要求，中央分成的新增建设用地土地有偿使用费，主要参照基本农田面积和国家确定的土地开发整理重点任务分配，并向中西部地区和粮食主产区倾斜；各省区市的新增费主要参照基本农田面积、国家和省级确定的土地开发整理重点任务分配。要避免简单地以增加建设用地指标为导向或以跨区域占补平衡为导向安排土地整理资金和新增费分配。国土资源部 2008 年发布的《关于进一步加强土地整理复垦开发工作的通知》指出，要严格落实耕地"占补平衡"制度，各类非农建设占用耕地，应立足于本市、县行政区域内补充完成。对于后备资源少确实难以完成的，可由省级国土资源部门在省域内统筹安排，严禁跨省（区、市）补充耕地。

3. 对规模化农业和粮食经营主体给予奖补

借鉴许昌市等地的经验，对流转土地用于粮食生产的新型经营主体进行财政奖励，用于集中连片土地的基础设施建设和科研开发。

（三）规范农村土地流转

应继续鼓励和支持土地流转。鼓励各地区建立县（市）、乡、村三级土地信托中介服务网络。在县（市）成立土地信托服务中心，在乡镇成立土地信托服务站（设在农经站），村一级土地信托服务由经济合作社承担。服务内容包括土地信息咨询、供求登记、项目推介、中介协调、合同签订、跟踪服务等。

在大规模的土地流转中，村集体以其土地所有者的身份充当农户与流转大户、工商资本之间的中介，即农户将土地租给集体，村集体又与承包大户或工商业主签订合同，将连片土地租给他们。在这个过程中，应对村集体的行为进行监督，防止违背农民意愿的情况发生。

在土地流转对象上，不能鼓励社会资本大面积、长时间租用农村土地。应促使农村土地更多地向各类农民专业合作社流转和集中，并把专业合作社作为各级政府支农项目的实施主体，从财税、投资、信贷、科技、培训等方面加大政策支持力度。

（四）设立村庄"腾空地"整理复垦专项资金，将"耕地有增加"落到实处

对待垦土地评估定级，适于复垦的，应按标准进行复垦；难以复垦或复垦成本较高的，可因地制宜发展设施农业。为了推动旧村复垦，设立省、市、县（市）三级土地复垦专项资金，专项用于"腾空地"土地整治。河南省财政、国土等职能部门，积极向中央有关部门争取村庄"腾空地"整理复垦项目资金。同时，应推行差额增减挂钩与占补平衡政策，确立差额系数，确保中央强调的"耕地数量有增加"真正落到实处。

六 创新农村社会治理方式

河南省的村庄整治出现了多种模式，但多村合并是主流，即相邻的几个行政村的农民在集中居住区集中居住，这种类型的新型农村社区将打破村与村、组与组、宗族与宗族的传统居住习惯，这种改变会要求政府的组织管理架构发生相应变化。农村社区建设是新的事物，缺乏明确的法律地位。一方面，村组法明确规定了村委会的基层群众性自治组织地位；另一方面，在民政部 2001 年《乡镇行政区划调整指导意见》中，曾明确指出"不得在乡镇和村之间长期设置一层机构"。

对于社区治理的走向，目前理论界和实际操作中有三种思路。第一种是不改变原有行政村管理体制。第二种是试图在进行集体产权制度改革的基础上，探索撤销原有行政村，通过换届选举产生农村社区基层组织，实现真正融合。第三种是组建社区管理委员会，与原村民自治组织并行。

在实践中，较多地方采用了第三种方式，但仅仅将其作为过渡。以舞钢市尹集镇张庄中心社区为例，其社区管理有五块牌子，分别是：张庄中心社区管理委员会、社区监督委员会、社区教育学校、社区工会委员会、中共舞钢市尹集镇张庄中心社区委员会；此外有张庄中心社区党总支部、居委会、居务监督委员会。社区管理委员会下设一个便民服务站，由四个乡镇干部"负责处理乡镇政府委托村委会（社区）办理的，可以在便民服务站处理的事务"。社区管理委员会，在行政上属于副科级。同时，合并村庄的村级党组织和村委会仍然保留。

随着农村社区化现象的普遍化，社区的组织架构和治理模式亟待明确。我们认为，在大多数的农村新型社区，仍应保留和完善原有的村级组织，

社区层面的管理工作可以行政化，建立社区管委会，名正言顺地履行政府提供公共服务和社会管理的职能。

用社区选举取代村委会选举，坐实社区和弱化虚化村级组织，虽然有利于统筹和公共服务均等化的实施，但村是小社会，是社会的最基本单元——细胞，现在虽然的确越来越开放，换言之不像传统社会时代那么关键了，但村庄的瓦解仍然可能带来动荡，尤其是在国家公共服务不能有效覆盖的农区。我们判断现在"一刀切"都搞一体化社区是有政治和社会风险的。我国村民自治已经有了30多年的历史，虽然村级组织有排外的一面，但也应看到村级组织积极的一面——村庄共同体在现代社会存在的优势：①邻里矛盾调解。熟人社会，可以有效进行调解。②基础信息采集。例如，低保户可在村里进行公示，也可以在镇里公示，但后者的公示的效果一定差。③地方知识富集，有利于信任、互助的社会风尚的建立等。而且，农民和市民不一样，他们对以土地为核心的农村集体资产还享有权利，城市型治理机制可能并不利于农民的自治和民主权利（知情、参与、监督等）的落实。

概而言之，几千年的村落文化、农耕文明、家族宗族关系的维系基础，以及近几十年来农村的治理结构，尤其改革开放以来的，包括村委会、村民代表会议、党支部、村民小组、村务公开、村民理财小组、村民议事会等，这些正式和非正式的制度安排，都可以算作制度遗产。如果能够合理利用这些制度遗产，就会使得新型农村社区治理机制的运行效率更高、管理成本更低。在村庄整治的过程中，农村社会治理方式应充分借鉴和有条件地保留原有的制度遗产。

就社区层面而言，是把社区建成辖区内居民的基层自治组织，还是地方政府的一个行政管理层级或派出机构？我们认为在目前的政治框架下，已经没有地方自治发展的空间了。改革开放之初，人民公社解体，国家选择村民自治的方式管理农村只是一种权宜之计。因为当时政府无力承担在行政村一级建立一级（准）政府组织所产生的行政费用。另外，农村虽然实行了包产到户，但土地的集体所有制保证了村庄还是一个统一的经济共同体。农民为了保护自身的经济利益，有政治参与的热情，去监督村委会的运作——这是村民自治能够存在、发展的根本原因。但到今天必须清醒地认识到：近年来，全国各地，尤其是经济发达、城市化进程较快的地区，农村基层组织的行政化色彩越来越浓。今天的中国不仅在政治上是一个大政府、强政府,而且现在它的经济实力也完全支持这样一个大政府、强政府的运作。最近十年,宏观经济上的国进民退是不争的事实。相应地,政治上也必然是国进民退,这是不以人的意志为转移的。如果对此还有什么质疑,不妨问这样一个问题:(新建的)社区是谁的组织?是谁在决定它的大政方针?是谁在建章立制?是谁在选点布局?是谁在投入人、财、物力资源?毫无疑问是地方政府。社区运作中有居民的参与,但作用有限。在今天这个时点,搞社区组织建设的改革,也许行政化才是更现实、更合理的选择。没必要为了自治这个名而把社区组织硬说成是自治组织。提高群众的福祉和促进社会的繁荣才是目标,而民主、自治仅仅是一种手段而已。

附录1　我国典型地区村庄整治的
做法与评价

自 2005 年下半年开始，天津市率先试点以"宅基地换房"的方式推进小城镇建设，其后，重庆、北京及广东、成都一些地方也开始试行类似的做法。其中受到关注最多的实践主要有：天津的"宅基地换房"、浙江嘉兴的"两分两换"、重庆的"地票交易"和四川成都的"拆院并院"。

一　天津市"宅基地换房"

以"宅基地换房"是指在国家政策框架内，坚持承包责任制不变、可耕地面积总量不减少，充分尊重农民意愿，高水平规划设计和建设一批有特色、利于产业聚集和生态宜居的新型小城镇。农民用自己的宅基地，按照规定的置换标准无偿换取小城镇中的一套住宅，迁入小城镇居住，同时，由村、镇政府组织对农民原有的宅基地统一整理复垦，实现耕地的占补平衡。规划的新型小城镇，除了规划农民住宅小区外，还要规划出一块可供市场开发出让的土地，并以土地出让获得的收入平衡小城镇建设资金（邱铃章，2010）。"宅基地换房"的最大创新在于探索出了一种新的政府投融资模式，即通过组建政府性投融资平台公司，以平台公司拥有的与项目建设相关的土地出让收益权为质押向银行进行项目贷款（叶剑平、张有会，2010）。

二　浙江省嘉兴"两分两换"

作为浙江省统筹城乡综合配套改革试点城市，嘉兴市从 2008 年 4 月起选择了 13 个乡镇（涉农街道）进行"两分两换"试点。所谓"两分"，是指"宅基地和承包地分开征地和拆迁分开"，农民的宅基地和承包地可以分别处置，自主选择保留或者置换。所谓"两换"，指的是"以土地承包经营权置换社会保障"和"以宅基地置换城镇住房"。

推进农房集聚改造主要源自嘉兴市发展过程中的建设用地缺口巨大的现实需求。同时，该市农村宅基地实际户均占地过多，村庄布局分散造成了公共服务配套成本高、环境治理难等问题；农村承包地规模过小，小农经营方式已经成为阻碍农业生产率进一步提高的制度性障碍①（扈映、米红，2010）。

嘉兴市"两分两换"具体做法有以下几种。

（1）承包地换社保。在农民自愿、有偿的前提下，积极引导农户流转土地承包经营权，包括换租金和换养老保险两种情况：对于不愿意永久放弃土地承包经营权的农户，允许将土地承包经营权转租给村集体经济组织，换取租金，同时对转租的农户给予一定的货币补贴，鼓励其参加城乡居民社会养老保险；对于自愿永久放弃土地承包经营权的农户，参照目前被征地农民标准为这些离地农民办理社会养老保险并提供就业扶持。

（2）宅基地换住房。在自愿、有偿的条件下，重点鼓励农民放弃宅基地，到城镇购置商品房或置换拆迁安置房，或者集中进入规划的中心村自行建房，逐步向新市镇、中心村集聚，实现集中居住。①放弃宅基地购置商品房。对于放弃原有宅基地到城镇购买商品房的农户，按照原住房建筑面积直接给予相应的货币补贴，不再另外安排拆迁安置房和宅基地，具体补贴标准由各县（市、区）按照实际测算自行制定。同时，各试点镇的实施细则都明确规定，经过补偿后，农户的宅基地由国土资源管理部门审核后注销，今后不再享受申请使用农村宅基地的权利。②宅基地置换安置（公寓）房（以下简称"公寓房"）。按照原住房评估价给予货币补偿，同时各试点镇将统一规划建设的公寓房，根据不同的情况按不同的价格出售给农户，并颁发国有土地使用权证和房屋所有权证。置换公寓房的农户则不再享有申请、使用农村宅基地的权利。③宅基地异地置换自行建房。对于距离城镇较远的农户，一些试点镇允许他们到镇统一规划的新社区或中心村自行建房。但也有试点乡镇的实施细则明确规定，为了促进土地资源的集约利用，宅基地只允许置换搬迁安置房，不安排宅基地异地置换自行建房形式。无论是放弃宅基地购置商品房还是宅基地置换公寓房，农民入

---

① 扈映、米红：《经济发展与农村土地制度创新》，《农业经济问题》（月刊）2010 年第 2 期。

住城镇集聚社区后,原则上将户籍关系迁入社区管理,享有城镇居民在子女教育、职业培训、就业服务等方面的权利,并继续享有原居住地村集体经济组织除申请宅基地以外的权益(张建华,2010)。

三 成都市"拆院并院"

在推进"城乡一体化发展"进程中,作为我国"城乡综合改革试点"的成都市从2003年开始探索实施"三个集中"的统筹推进,即工业向集中发展区集中、农民向城镇集中、土地向规模经营集中。"拆院并院",实际就是村庄整治和城乡建设用地增减挂钩在成都市的"俗称",也即农民向城镇集中的具体体现。

成都市"拆院并院"模式实施典型之一即温江区的"双放弃、三保障"。"双放弃"是指:农民自愿放弃土地承包经营权和宅基地使用权的,在城区集中安排居住,并享受与城镇职工同等的社保待遇;"三保障"则指:农民变成市民需要的三个保障条件,一是能够在城市的第二、三产业就业;二是在城市拥有自己的住宅,家属能够在城市居住;三是能够享受城市居民享受的社会公共服务。

产权不清是农村居民点用地整理过程中的主要障碍因素,而成都"拆院并院"模式的特色之一在于其以土地"确权颁证"政策为基础(邱铃章,2010)。

四 重庆"地票"制度

所谓"地票",是指将闲置的农村宅基地及其附属设施用地、乡镇企业用地、农村公共设施和农村公益事业用地等农村集体建设用地进行复垦,变成符合栽种农作物要求的耕地,经由土地管理部门严格验收后腾出的建设用地指标,由市国土房管部门发给等量面积建设用地指标凭证。按照2008年12月重庆市政府发布的《重庆农村土地交易所管理暂行办法》的制度设计,重庆农村土地交易所由重庆市政府出资5000万元作为注册资本金,是非营利性事业法人机构,实行现代企业管理模式。交易所建立现代企业制度,设立完善的董事会、监事会以及经理层的法人治理结构。交易所的职能是建立农村土地交易信息库、发布交易信息、提供交易场所、办理交易事务,主要开展实物交易和"地票"交易。实物交易主要是指耕地、林地等农用地使用权或承包经营权交易（尹珂、肖轶，2011）。

"地票"交易是土地交易的主要交易品种和重要创新。"地票"交易使要素的配置区域范围和要素的组合机制两方面都得到了优化：要素流动和组合的区域更加广泛，使土地级差收益的分配功能得到了更好的实现；在要素的流动机制上，逐渐以政府为主导转变为以市场为主导。地票交易的市场化，使土地要素的价格发现机制更趋于完善（程世勇，2010）①。重庆地票交易制度由于城乡土地边际收益和边际成本间的差异，存在广阔的交易空间和制度变迁的动力。但学者们也指出，"地票交易"可能产生的"马太效应"、耕地保护、双轨制供地体制下地方政府与农村集体经济组织之间的利益冲突等问题，必须引起我们的思考（张鹏、刘鑫，2010）。

程世勇（2010）认为，天津的宅基地换房模式等模式都是"地票"的最初形态，重庆的"地票"交易是制度和市场程度都较为完善的城乡建设用地地权交易模式。"地票"交易是指建设用地"指标"的交易和流转，是作为城市建设用地的需求方和作为农村建设用地的供给方基于特定的证券中介机构所进行的一种市场化竞价的证券化资产交易。通过"地票"交易，农民可直接获得指标交易后的货币化收入。挂钩区域的级差收益越大，农民可直接获得的货币性财产收入越多。农民享有土地增值收益的初次分配权，财富能在很大程度上落到土地拥有者的手中。

虽然全国各地土地综合整治的资源条件、具体操作办法等不尽相同，但在整治过程中所遭遇的困难和瓶颈类似，暴露的问题也具有较大的相似性。国务院时任总理温家宝 2010 年 11 月 10 日主持召开国务院常务会议，研究部署规范农村土地整治和城乡建设用地增减挂钩试点工作。会议指出土地整治和"增减挂钩"试点工作出现了一些亟须规范的问题：少数地方片面追求增加城镇建设用地指标，擅自开展城乡建设用地增减挂钩试点或扩大试点范围，擅自扩大挂钩周转指标规模；有的地方违背农民意愿强拆强建，侵害农民利益；挂钩周转指标使用收益分配不明确。罗林涛（2011）发现，土地整治治而无效，很多地方出现"一年种、二年荒、三年回到老模样"现象。究其原因在于：当前土地整治项目重点以增加耕地面积和提高耕地质量为主要目标，而非以利于土地高效利用和产业发展为目标，与

---

① 程世勇：《"地票"交易：模式演进和体制内要素组合的优化》《学术月刊》2010 年 5 月。

现代农业发展需求脱节；目前开展土地整治仍没有解决农村土地分散经营和土地权属调整的核心问题，整治前是地块自然零碎，整治后是地块权属零碎，工程投入大，增效不大；农村集体经济组织松散，群众参与土地整治的积极性不高，工程管护落实不够。刘彦随（292）将土地整治中的问题归纳为：一是盲目投资建设，片面追求增加城镇建设用地指标；二是追求土地财政，违背农民意愿强拆强建、大肆圈占农村集体土地；三是把"城乡用地增减挂钩"片面理解为建设用地结构调整，热衷于整治区位条件较好、增值潜力较大的村庄，而不愿整治废弃多年的"空心村"；四是把"城乡用地增减挂钩"简单地理解为整治增地工程，一味追求腾退村庄用地、建设安置高楼，很少考虑生产便民、生活利民的因素。

附录 2 山东省齐河县村庄整治的调查

山东省齐河县隶属德州市，距离省会济南 11 公里。齐河县辖区面积 1411 平方公里，其中耕地面积 108 万亩。全县辖 13 个乡镇、2 个街道办事处、1 个省级经济开发区、1 个省级旅游度假区，1014 个行政村，总人口 63 万，其中农业人口 54 万。2011 年齐河县实现地区生产总值 260 亿元、财政总收入 22 亿元、地方财政收入 11 亿元，农民人均纯收入 8600 元。

2010 年下半年，齐河县启动社区建设，采取农村社区和农村产业园区同步规划同步建设的"两区同建"方式，规划将 1014 个行政村合并成 173 个并居社区，同时配套 173 个农业产业园区。截至 2012 年上半年，全县在建较大规模的整村迁建型社区 55 个，已建成入住社区 15 个，完成旧村复垦村庄 16 个；培植产业园区 210 个，土地流转 20 万亩。

我们在齐河县走访了晏城街道的李官村和柳杭店村、宣章屯镇的宣章村。李官村和柳杭店村位于齐河县城晏城街道，距离县城不到 20 分钟车程，2009 年初李官村启动新型社区建设，2012 年初竣工，全村农户入住新社区；柳杭店村于 1992 年进行了村庄规划和重建，经过 8 年左右的时间完成。

一　齐河县村庄整治的特点

（一）充分利用增减挂钩政策

齐河县从 2008 年开始开展村庄整治。齐河县充分利用土地增减挂钩政策来解决村庄整治所需要的资金。城乡建设用地增减挂钩政策源自 2004 年国务院 28 号文件，其政策思路是将农村的建设用地复垦为耕地，从而置换出建设用地指标以供城市使用，既满足了城市和工业发展的用地需求，也能保障耕地资源的总量维持动态持平。2007 年国务院实施城乡建设用地增减挂钩政策，即城镇建设用地的增加与农村建设用地的减少挂钩，农村建设用地腾退后复垦为耕地，置换城镇建设指标。目前，政府对土地增减挂钩实行规模控制政策。齐河县争取到了较大规模的土地增减挂钩指标。2010年，德州市总共有大约6000亩的增减挂钩指标，齐河县占一半。2012年，齐河县报了两个土地增减挂钩项目区，共有1500多亩的增减挂钩指标。据介绍，齐河县之所以能够得到更多的土地增减挂钩指标，是因为"别的县不搞"。2010年和2011年，齐河县土地增减挂钩的指标价为5万元，2012年增加到了10万元。通过村庄整治新增的耕地，15%留给村集体，85%分配给城镇。增减挂钩指标资金来源于县财政，分配给村集体。户均净增耕地太少的村没有开展新型社区建设的资格。如此，村集体就有资金可以补贴新区住房建设，大大降低了农民的搬迁成本。在这个过程中，相当于村集体和农民都能部分地分享建设用地城乡置换后的增值收益。比起河南省依靠各地财力状况决定农民搬迁补贴的做法，齐河县的方案明确了资金来源的渠道，使农民利益有了更大的保障。同时，齐河县的奖励政策从单一住房向设施配套突破。在旧村拆迁复垦上再给予补助，社区配套设施按净增耕地每亩补助2万元，政府补贴大体能够占到新房款的2/3。另外一个底线是农民的同意，充分尊重农民选择的权利。想申报开展新型社区建设的村，同意实行集中居住的农户所占全村农户总数的比例不得低于95%。

（二）建立县级融资平台

齐河县成立了村庄整治建融资平台——民新建设投资开发有限公司。截至2012年上半年，该公司融资3亿多元。资金实行专户管理、专款专用、专账核算、封闭运行。公司根据社区建筑主体、拆迁任务、验收合格三个方面的进度情况，按不同比例拨付资金。根据社区建设进度，按工程完成比例来给社区及时拨发资金，活化融资方式，将银行贷款和企业建设所需土地相结合，通过银行贷款盖楼，然后把企业在建设园区的土地收益用于还贷，让资金流通起来以缓解资金难的问题。齐河县通过该融资平台目前共筹集资金3亿多元，向社区支付补助资金近2亿元。

齐河县还整合财政资金，向建沼气池、购买大型农机具等惠农政策倾斜，将上级政策性项目资金集中用于社区建设。

（三）帮助农民解决融资问题

即使通过增减挂钩政策得到了补偿，农民仍然要承担新房售价的1/3，一些经济困难的农户依然没有能力承受这一负担。齐河县政府帮助农户协调小额贷款，解决群众筹集资金的问题。齐河农村信用社、武城农村信用社创新了大联保体、联户联保、一人多保等担保方式，适时推出"农民住房贷款"，有效破解了农民社区建设资金难的困局，农户还可以到银行贷款5万元，且每个农户都有贷款证，由农户之间联保贷款。

（四）实行"两区同建"

村庄整治不仅涉及农民生活方式的转变，而且也不可避免地引起或加速农村的土地流转和生产方式的转变。如果没有稳定的就业渠道，农民的生活就会受到较大的影响。为了解决这一问题，齐河县实行"两区同建"的方式，即在村庄整治中不仅通过合村并居实现农民的集中居住，而且在每个新型社区中同步建设各种类型的产业园区，从而实现"每个社区都有主导产业、每个主导产业都有产业园区"。通过农户访谈了解到，传统分散的农业生产模式已经不适应村庄整治的生活方式，很多农民迫切要求将承包地流转出去，同时希望寻找到其他就业机会。特别是那些在劳动力市场上已不占优势的群体，期望能在家门口实现就业，提高家庭收入。"两区同建"正是顺应了农民的这一需求。

齐河县十分重视"两区同建"，县里成立"两区同建"指挥部，从农业、水利、交通、城建、财政、国土、规划等多个部门抽调人员联合办公。实行半年一考核的办法，每半年集合县级主要领导和部门、乡镇一把手，集中到各乡镇观摩、打分，结果排名用于年终考核。同时实行乡镇党委书记负责制，签订责任状，明确责任，落实到人。

二　齐河县村庄整治案例

（一）李官村：李官社区

李官村位于晏城街道，距离县城较近，村域面积2600亩，其中新社区占地约120亩。全村198户691人，2011年农民人均纯收入8000余元，在全县处于中等偏上水平。村里梁、赵两个大姓户数约占全村总户数的90%。2009年以前，李官村是个无规划、无硬化路、无集体收入的"三无村"，村内私搭乱建现象普遍，仅有198户农户的村子占地高达720亩，一户多宅、空宅、坑塘等废弃地面积较大。由于缺乏规划和资金来源，村里基础设施特别是交通状况极差，道路狭窄且无硬化，有些道路甚至无法通过摩托车，一到雨天道路泥泞，车辆行人无法进出。

2009 年春，齐河县开始"两区同建"项目，李官村的干部迅速响应，召开村民大会征求村民意见。在新社区选址、户型选择、拆迁方案设计等关键环节确定后，95% 的村民同意拆迁，一天时间就有 172 户农户各自交了 1 万元的购房押金，2010 年初李官社区正式动工，2011 年下半年农户陆续入住，2012 年初完全竣工。

李官社区是李官村等四个村规划集中居住区，目前仅有李官村的 180 户进驻。新区房屋类型是统规统建的二层独院别墅，由村委会联系具有建房资质的建筑商承建，每套 220 平方米。房屋建造成本价 13 万元，村民负担 6.5 万元，其余由村委会补贴，资金来源于 10 万元/亩的节余建设用地指标费。此外，在新区还建有 20 套一层独院的老年住房，免费提供给村里的孤寡老人及不愿购房的双女户等，但房屋所有权归集体所有。从 2009 年到 2011 年底，该村用两年多时间完成了整村的搬迁以及旧村庄的复垦工作。

李官社区建设的最大特点是"格式化"建设，整个村庄相当于恢复到了"一户一宅、统一宅地"的初始状态。具体做法是：以户为单位，不论家庭人口数量，新型社区房屋户型、面积、价格、补偿标准以及旧宅基地复垦方式完全统一。不可否认的是，统一的"格式化"建设方式必然难以照顾全部个体的实际需求，部分家庭人口较多、旧房较新或宅基地较大的农户存在诸多抱怨。但在并未限定期限的情况下，李庄村能够在短短两年内完成全部的拆旧、建新、复垦三项工作，其做法有值得借鉴之处。

1. "看得见的补偿"

按照齐河县迁建村庄的奖励标准，李官社区能够享受每亩净增耕地 7 万 ~ 10 万元的补偿，按照国土局测定，李官村原占地面积 493 亩，新社区占地 120 亩，净增耕地 373 亩，能够获得 2000 多万元的补偿。经过乡镇政府、村干部、村民代表讨论决定，补偿款除用于新社区水、电、道路等基础设施建设外，还给予购新房农户每户 6.5 万元的现金补偿，按照建设成本价 13 万元计算，每户农户只需再支付 6.5 万元就可入住新房。对于农民来说是十分划算的，因为"房子再好也没有小洋楼好，只出 6.5 万元就能住城里 30 万元的房子，没有人不乐意"。

2. 民主决策全程公开

与其他新型社区建设一样，李官社区建设过程中同样出现了重重阻力。

在关键环节上的民主决策和全程公开是李官社区建设顺利推进的保障。

（1）社区选址和调地。2009 年初李官村开始商量建设新社区，全村超过 95% 的农户都希望把新村建在公路边，这个方案需要占用第 4 村民小组的耕地，村民代表商量后决定另外三个村民小组按照 1.1：1 的标准调地给第 4 村民小组。

（2）补偿标准和建新账目。2009 年初通过村民大会统一了补偿意见，即不论旧房新旧、构造、大小，全村都搬入新社区，统一每户 6.5 万元的补偿标准。对于部分多宅农户却只得到一处新房、一次补偿而想不通的，由村干部做工作，将多占的房子拆除。同时，给村民算经济账：置换出的土地指标数量有多少，按照 7 万元/亩的补偿标准村里能获得多少补偿款，建新社区房屋和基础设施的成本价等信息，让村民了解并算得清账目。

（3）户型设计和选房。在专业设计院设计中，由村民参与户型选择，最终选定了当前的户型，每户 220 平方米，房前有车库，房后可堆放农具，基本满足农民日常生产生活的需求。房子的分配是根据交钱的先后顺序，先抓顺序阄，然后再抓楼号阄，由县公证处全程监督，无人例外。

（4）新房建设监督。由村民选出 2 个监理，负责监督社区新房建设质量。同时，镇上也派有专人监理。

（5）其他关键问题。如迁坟问题，经过村民大会讨论同意划一片公墓；又如老村的几棵有纪念意义的树整体迁到新社区，给村民留做纪念等。

（二）柳杭店村：东马郝社区

与李官村情况类似，柳杭店村同是位于县城郊区的晏城街道，村域面积 1900 亩，其中村庄占地 230 亩。全村 156 户 680 人，2011 年人均纯收入 8000 余元，同样处于全县中等偏上。村里有裴、宋、齐三个大姓。

柳杭店村同样进行了"格式化"改造，与李官村不同之处在于，这一"改造"早了 17 年。过去，柳杭店村私搭乱建现象严重，多的一户有 7 处宅地，少的却新增男孩无处盖房；有的农户房子很大，有的几口人挤在一个小房子里。村里宅基地纠纷太多，稳定成为主要矛盾，这成为"格式化"村庄的直接诱因。1992 年，村里开始重新规划，原址重建新村，采取先拆后建形式，无论人口多少，一户一宅，统一宅院面积为 630 平方米（35 米×18 米），户型为一层加前后院。这一方案最初遭到多宅地和屋况较好的农户抵制，很多村民不愿意拆迁，因此直到 4 年后的 1996 年才迎来了建房高峰，90 年代末期才完成新村的房屋建设。柳杭店村遇到的第二大难题是建新社区的资金完全靠自筹。1996 年村里按照每人出 100 斤小麦的标准硬化了老村路，2004 年和 2006 年两次修路花了 10 多万元，除少量的集体收入外，向村民贷款就超过 20 万元。

经过"格式化"改造，柳杭店村节约出 80 亩耕地栽上防护林，村里再无宅地纠纷，村貌整齐、干群关系融洽。2012 年，村里将集体的 90 亩机动地租赁给一家养猪场，还清了所有欠款。值得一提的是，经过规划而建的村庄避免了新一轮拆迁所造成的浪费，2010 年在当地政府的号召下，柳杭店村召开村民大会讨论"两区同建"的新型社区建设问题，村民大多数认为此事不划算，否决了建新社区的提议。

柳杭店村能在重重阻力中完成建新村这样关系每家每户切身利益的大事，按照村委裴书记的总结："关键看怎么引导。要搞代表会，能办的事儿就签字按手印。但有些事不好办也得办，例如搞村庄规划这事，每家情况不一样，可以采取分类开会、分类按手印的方式，比如开党员会、开代表会、找兄弟多没盖房子的户……然后再一起开会讨论。要跟村民讲道理，讲实实在在公道的道理，这样村民才能相信你，他要是不相信你，想办好事也办不了。"

三 齐河县村庄整治的启示和借鉴

（一）"格式化"村庄反映的是朴素的公平观

虽然不可避免地产生诸多抱怨，但"格式化"的村庄建设方式遵循公平、平等原则，显然利大于弊。一是法律面前人人平等。《土地管理法》第六十二条规定，"农村村民一户只能拥有一处宅基地，其宅基地的面积不得超过省、自治区、直辖市规定的标准"。但在农村，长期以来对宅基地的管理并不规范，一方面农民获取宅基地相对容易，与村干部关系交好、交钱"买"宅基地现象较为普遍；另一方面，农民私搭乱建现象严重，由于执行的交易成本较高，强制拆除可能会引发不稳定等社会问题，监管部门对此大多是睁只眼闭只眼。新盖房越来越多，旧房却不拆除，一户多宅和有户无宅、超占面积和人多房少等现象在农村并存，是引发农村社会矛盾的重要因素。二是集体资产面前人人平等。土地是最为宝贵的集体资产，维护集体成员公平地享受权利比获取经济收益更重要，这也是柳杭店村坚持 10 年一调地的初衷。

河南一些村庄整治也同样采取了"格式化"或"半格式化"的方式，如睢县的丁营社区、兰考的董堂社区、郏县的前王庄村、舞钢的张庄社区等。实践表明，以法律为标准，采取统一的宅基地面积和房屋外观符合集体资产公平原则，有利于新型社区建设。某些地方采取先拆迁者建独院房、后拆迁者上楼的方式，虽然在短期内能够起到一定的刺激作用，但实质上剥夺了集体成员公平地享受集体共有资产的权利，存在法律和社会风险。

至于是按照市场经济公平交易的原则请第三方评估机构对房屋进行评估，还是按照共有财产分配原则以户为单位平均分配补偿资金；是坚持"以人为本"按照家庭支付能力、尊重主体意愿设计多种户型和面积供其选择，还是强调绝对公平设计整齐划一的户型面积，这是村庄对其经济、社会、文化等资源禀赋的现实选择，每种行为都具有内在逻辑性，应由村庄的所有者——村民来共同决定。但"格式化"不是"大锅饭"，而应是走向公平和正义的有效路径。

（二）确保集体资产和资源的可控原则

无论是否得到政府的财政投入和强势推动，李庄村和柳杭店村都完成了村庄重建工作，除建设方式上的相似外，另一个值得注意的是在建新过程中，两个村庄都在能力范围内保护了集体资产，在一定程度上实现了集体资源价值并使村民分享。对于没有集体收入的李庄村来说，土地是最大的集体资产和资源，节余出的建设用地指标获得了 2000 多万元的政府补偿，每户都得到了"看得见的实惠"；实际新增的 600 多亩耕地，作为全村 4 个组的公共财产，将引进一个大的项目，按照每亩 1200 斤小麦租赁出去，村民能得到分红；按照"两区同建"工作思路，新社区还将引进工业项目，为村民提供就业机会。柳杭店村开展新村规划和建设的目的是破解越来越严重的乱占乱盖问题，村委会和村民是发动者和执行主体，整个过程几乎无外来者参与，在建新村过程中最大限度地保障了集体成员对资源的控制力。

建新社区背后主要是两大部分集体资源：复垦耕地和置换出的建设用地指标，这两大资源能够直接产生效益或成为未来发展的基础，也就是集体资产价值产生和实现的基础，这两大部分资源能否被集体及其成员控制以及控制的程度，是村民对集体发展预期的决定性要素，进而成为村民是否愿意参与建新社区的决定性要素。李官村和柳杭店村是集体资源安全的正面案例，反面案例是宣章屯村。

宣章屯村位于距离县城 20 公里的宣章屯镇，按照规划，宣章屯村将与另外几个村合并成宣章屯社区，目前宣章屯社区新房基本完工，有约 2/3 的农户搬入，但仍有约 160 户农户不愿搬入新居，已经搬入的农户中也有相当一部分出现了后悔情绪，其中固然有高层住宅不利于生产生活等原因，但最为关键的原因是村集体资源能否实现价值并让村民分享，还是未知数。由于宣章屯村是集中居住区所在地，因此村里节约出的建设用地不复垦，也不能享受齐河县新增耕地每亩 10 万元补偿款，基础设施建设方面，政府负责了水、电、绿化和部分道路硬化，其余都需要社区自己解决。宣章屯村所节约出的建设用地由镇上统一规划为房地产开发，但宣章屯镇只有 2 万人，且距离县城较远，现阶段房地产开发难度很大。在这种情况下，耕地减少、建设用地指标空置，使宣章屯村无法实现集体资源的保值增值，而且还要为建新社区垫付基础设施建设和公共服务供给等巨额资金。建新社区成为集体资源安全的最大威胁，对于村干部和村民来说没有任何吸引力，"骑虎难下"是宣章屯村的真实写照。

就新村建设最大的两部分资源来说，复垦耕地是看得见的资源，建设用地指标是否能"看见"则取决于政府的态度。政府和一些学者认为，建设用地指标产生的基础是国家对土地的宏观调控，这与农民并无直接关系，因此可以不被农民看见。但是需要指出的是，建设用地指标是以村庄未来发展为代价的，村庄现有建设用地和农户宅基地的缩减、未来人口增长、非农产业发展机会等是所置换出的建设用地指标的成本。从这个角度理解，村庄复垦耕地为国家粮食安全等宏观政策做出贡献，给予农民新增耕地奖励是必需的；村庄为置换出的建设用地指标支付了成本，给予其合理的补偿是必要的。

确保在新社区建设过程中的村庄资源不流失，并尽可能达到价值提升是社区建设的决定性因素，无论按照市场原则还是遵循主体的行为逻辑，新增耕地奖励和建设用地指标补偿二者缺一不可。

（三）　系统的规则秩序原则

在牵涉全体村民切身利益的事项中，设定一整套的规则秩序和动员技术以使所有人利益和损失显性化至关重要。

在村庄整治这类需要每一个农户改变生活生产状态，甚至必须支付巨额成本的项目中，少数服从多数的原则是难以行得通的，实践中采取这一原则开展项目的村社无一例外地处于"骑虎难下"的状态，一旦进入这种状态，无论是采取消极的"拖"的办法，还是积极的"暴力"执行，都会产生额外的经济成本，甚至成为社会隐患。不可否认，随着农村经济基础的深刻变化，农村社会结构发生了巨变，无论是收入水平还是价值取向都在农民个体中存在巨大差异，在这种情况下，满足所有人的要求是不现实也是不理性的。但是作为一个既能有效提升资源利用效率，又能改善农民生产生活条件的项目，至少应当做到让所有人的利益和损失显性化。村民都是经济社会的主体，他们自己心里有一本经济账，应该尊重他们的利益主体权益，让他们有自己算账的机会，当每个个体都觉得这是件"划算"的事时，阻力自然会小得多。李官村进行新型社区建设较少阻力的关键就在于此，而宣章屯村正因为事前描述不准确、事中无法弥补而"骑虎难下"。因此，在新型社区建设项目开始前就需要制定一整套的规则秩序，至少应包括如下关键环节：第一，准确的预期，即整个社区的规划蓝图，包括总体目标、原则、阶段性任务重点等。第二，给村民算经济账，不仅仅是村务公开，还应当把财政投资、融资借贷、社会投入等预算账目完全公布，特别是财政投入中有多少是来自节地指标拍卖的，有多少是本身就有的项目投入等问题，应当给农民一个交代。第三，规定决策程序，按事项的重要程度，明确规定村民大会、村民代表会议、村委会等组织的决策权力，并以文字形式进行记录。

（四）　少数村民否决原则

如上文所述，少数服从多数原则在村庄整治中难以适用，但完全满足每个个体的需求也是不可能的，除了完善规则秩序以"理"而非"力"服人外，应坚持重大事项和关键环节的少数村民否决原则，而不是多数村民赞成原则，这方面柳杭店村做了很好的表率。2010 年，村上讨论新型社区建设规划，规划原址重建 6 层住宅，按照 800 元/平方米的价格购买，其中政府补贴 400 元，会后全村 150 户村民中有 118 户同意建新社区，并交了 1 万元保证金，但最终因有几十户反对未能做成。多地调研表明，无论是否积极参与村庄整治的农民都有强烈的住新房、享受社区基础设施和公共服务的愿望，从这个意义上来说，建新型农村社区符合农民的现实需求，如果在合理条件下依然存在少数人反对，那么应当尊重少数人的意见。

（五）以民意为基础，尊重农民的知情权、决策权

总体上说，齐河县受访农民在村庄整治、新社区建设中的参与程度和知情程度较河南农民更高。几乎调查到的村民，对土地增减挂钩政策都有起码的概念性认识，对项目实施的前因后果也较为了解。以柳行店村为例，据农民介绍，2010 年村里为了筹备新社区建设，专门召开了全体社员大会，会上有乡镇派来做规划的工作人员为村民仔细讲解了开展集中居住、新社区建设的各项政策，包括村庄现占地面积以及集中居住后村庄占地面积、能节余出多少建设用地指标、节余指标每亩可获得多少补贴等。在充分了解上述信息后，村民们"合计着这事划不来"，不愿意开展集中居住，政府也尊重了农民的意愿，并没有在该村强行实施。又比如宣章社区，普通村民也能大体说出本村搬迁的补偿资金来源、与同社区另外两个村补偿标准有所差异的原因等。

齐河县在选择集中居住项目村时有一项硬性指标，全村必须有 95% 以上的村民同意进行集中居住，才允许实施该项目。整村捆绑的项目实施策略并不必然导致集中居住项目都像柳行店村一般流产，但它也会成为项目实施的助力。李官屯旧村环境较差，恶劣的居住环境给农民生活造成很大不便，不少农民本身就有改善居住环境的愿望和需求。当然，有需求强烈的群体必然也有需求不十分强烈的群体。当农民内部形成一种利益联动机制时，需求较强烈的群体会主动动员、说服身边的亲友，特别是在像李官屯这样仅有 180 多户，又以三大姓氏为主的小村庄，整村推进的政策显得尤为有效。

（六）分阶段科学引导村庄整治

从几次调研的情况看，农民的适度集中居住有利于提高农村公共服务

供给的效率和效果，因而对农民来说，适度集中居住是必要的，但并不是必需的。在短暂的如一两年甚至几个月的时间内完成一个村庄的集中居住，确实会有部分农民在经济上无力负担、认识上难以接受。对于暂时不愿意搬迁的农户，政府应该给予一定的理解和宽容，不应用暴力手段强拆强建，也不能采用挖墙挖路、断水断电等软暴力方式逼迫农民搬迁。在这个问题上，齐河的调查情况比较令人欣慰。比如，宣章社区的宋安庄原有 70 余户，其中 34 户因高铁占地，2010 年以前就被安置到其他社区居住，剩余的 30 多户农户中，目前只有 10 户入住新社区，其余 20 多户因无力搬迁或不愿搬迁仍然居住在原村庄。据了解，旧村水、电供应一切照旧，未搬迁农户在旧村的基本生活不会受到集中居住的影响。

从与农民的访谈中可以发现，受舆论环境和周围农民的影响，农民对新社区建设和集中居住的认知在悄然变化，经历了"抵抗→观望→期盼"的心理历程。一些农民通过电视、报纸的宣传感受到新社区建设势不可挡；一些农民看到附近村庄的农民搬新房、住洋楼，心中也是暗自羡慕。所以，只要善加引导，充分发挥现有新型农村社区的示范效应，就能吸引更多的农民自愿搬入新社区。反之，如果急功近利地推行新社区建设和村庄整治，在短时间内盲目追求项目点的数量、覆盖范围和进展速度，反而会造成许多问题和不良影响，实则是欲速不达。

（七）适度保留村庄的文化与记忆

自古道："安土重迁，黎民之性"，在中国的传统文化里，对家园的依恋十分浓烈。许多农民在搬迁时都忍不住流下不舍的泪水。在李官屯，一位农民就向我们展示了搬家之前用手机匆忙录制的一段视频，在这段仅有两分钟的半视频里，他一一记录着院中每一座房屋的样子，并以画外音的形式讲述了它们的建造历史。调查中，很多农民都会提到他们对故土的那份眷恋，因为那里承载了他们太多的记忆。齐河县在新社区建设时体谅到了农民故土难离的情感，在拆旧村时注意保留一些旧村的印记，供村民凭吊。比如，在旧村址保留一棵大树或者树立一块石碑，借此延续一个村庄共同的记忆。虽然是一件极小的事情，却体现出一种人文主义关怀。

附录3 郑州市农业产业化助推
新型城镇化的调查

一 引言

党的十七届五中全会通过的《中共中央关于制定国民经济和社会发展第十二个五年规划的建议》提出要在工业化、城镇化深入发展中同步推进农业现代化。河南省根据自身情况，积极探索不以牺牲农业和粮食、生态和环境为代价的新型城镇化、新型工业化、新型农业现代化"两不三新"协调发展之路，大胆进行以新型城镇化引领"三化"协调发展的实践与探索。河南省委书记卢展工指出，新型城镇化与之前城镇化的区别在于"明确把农村纳入城镇化的范畴，切实搞好新型社区建设，使之成为统筹城乡发展的接合点、城乡一体化的切入点、农村发展的增长点"[1]。

郑州市计划在2012~2014年建设新市镇25个，四类社区667个，其中新型农村社区114个、城中村改造项目共191个、旧城改造项目共52个、合村并城社区共310个。为了实现这一目标，郑州市采取包括大力发展农业产业化经营等多种措施。那么，农业产业化经营是否能够助推新型城镇化、农业产业化？在助推新型城镇化中存在哪些问题？如何才能使得农业产业化更好地促进新型城镇化？为了回答这些问题，我们于2012年8月在郑州市进行了为期10天的调研，与郑州市及其所辖县（区、市）的农委、财政等部门的负责同志进行了座谈和深度访谈，参观和访问了有关农业产业化龙头企业、合作社和新型农村社区。本文在实地调研的基础上，试图回答以上三个问题。

---

[1] 省委书记卢展工同志关于新型农村社区建设的观点、论述和阐述（摘录），http://www.xyxzspfw.gov.cn/gsnew/12838.htm。

二　农业产业化助推新型城镇化的功能

（一）弱化、分离农民与土地的关联

近年来，郑州市采取多种促进农村土地流转的政策，越来越多的农民把农村土地承包经营权流转给农业产业化龙头企业、农民专业合作社及经营大户等新型经营主体。据统计，到 2011 年底，全市家庭承包耕地流转面积为 27.8 万亩，占家庭承包耕地总面积 356 万亩的 7.8%。而且，郑州市的土地流转呈现加速化和规模化的趋势。2009 年，全市 200 亩以上的规模经营土地面积仅为 11.5 万亩，2010 年增加到 13.1 万亩，2011 年进一步增加到了 19.5 万亩。农民把土地流转给公司、合作社及经营大户等新型经营主体之后，就不用担心集中居住对农业生产便利性的负面影响，进而就更有可能主动参与新型城镇化。

（二）为农民提供就业和收入保障

新型城镇化是触动农村生产方式、生活方式和社会结构的历史性变革。农民集中居住后的就业及收入保障，是关系新型城镇化是否具有可持续性的关键问题之一。

农业产业化是吸纳农村剩余劳动力的重要渠道。龙头企业可以带动畜牧养殖、花卉园艺等现代农业和劳动密集型农副产品加工业发展，为新型农村社区居民提供现代农业和农业企业就业岗位。以荥阳市洞林村为例，该村早在 2007 年就开始实行农民集中居住，农民的承包地以固定租金的形式流转给了参与社区建设的新田公司。新田公司利用农民的承包地发展观光旅游、花卉苗木等都市农业。但是，农民在转出承包地后，他们的就业仍然有一定程度的保障。据介绍，该村大约有 600 名劳动力，其中常年在外打工的约有 500 人，在村里从事农业生产的劳动力大约 100 人。尽管土地流转后这 100 名务农劳动力失去了农业就业机会，但其中有 60 人仍然可以从事农业雇佣性劳动，获得一份工资性收入。其余的 40 名劳动力，也大都被社区清洁、物业、护花护草等就业领域所吸纳。

尤其值得重视的是，农业产业化企业可以更好地解决劳动力市场上弱势人群的就业问题。仍以雏鹰集团为例，在其带动的 1 万多户养殖户中，绝大多数的年龄都在 40 岁以上，其中有很大部分的年龄还超过了 60 岁。尽管

他们在其他行业不容易找到就业机会，但在养猪领域却具有相对优势。因为养猪需要细心、耐心，需要有较强的责任心。相比于年轻人员，中老年劳动力恰恰具有这方面的优势。

（三）直接参与新型城镇化建设

新型城镇化需要较多的资金。据有关资料介绍，需要投资上亿元才能建成一个有 5000 人口规模的新型农村社区。郑州市在实现新型城镇化的探索中，已经初步形成了由政府财政、企业、村集体、农户等多主体共同投入的资金来源格局。一些龙头企业直接投入建设新型农村社区，缓解了新型城镇化所面临的资金困难。例如，"好想你"枣业股份有限公司出资建设"好想你"社区，将四个村庄的居民搬迁到社区集中居住，同时吸纳四个村庄的居民到园区就业。旧村搬迁节约出来的 8000 亩集体建设土地用于好想你工业园区建设，解决了工业园区建设缺少土地供给的瓶颈，从而实现了新型社区发展、企业加工发展、红枣种植发展、农民增收的共赢。

（四）提供更加健康安全的食品

在传统的农业社会，农民对标准化、品牌化和食品安全性的需求相对较少。在很多食品的消费方面，不少农民"只认小作坊"。随着农民收入提高和新型城镇化推进，农民的消费观念及消费行为就会发生趋向于城镇人口的变化，希望消费安全、健康的产品。农业产业化发展，可以满足新型城镇化后农民消费偏好的变化，从而助推新型城镇化的进程。

三 农业产业化助推新型城镇化存在的问题

郑州市的农业产业化经营在河南省乃至全国都处于领先地位，并为新型城镇化的推进奠定了较好的基础。郑州市新型城镇化能快速推进，在很大程度上正是因为建立在其较高水平的农业产业化这一基础之上。但是，郑州市农业产业化助推新型城镇化方面仍存在诸多问题和改进空间。

（一）土地规模化流转率偏低，与新型城镇化的要求不相适应

土地由农户向龙头企业、农民专业合作社、种植大户的流转是农业产业化的基础，也是新型城镇化的基础。近年来，郑州市比较重视农村土地

流转工作，农村土地流转呈现加速化和规模化的趋势，并有力地促进了新型城镇化进程。但是，从总的情况看，郑州市农村土地流转率偏低。2011年底，全市家庭承包耕地流转面积为 27.8 万亩，占家庭承包耕地总面积 356 万亩的 7.8%，在全省 18 个地市中排在倒数第四位。这种状况与郑州市农业产业化在河南省的地位不相适应，也与郑州市快速推进新型城镇化的要求不相适应。

（二）农业产业化助推新型城镇化的能力有待提高

从总体情况看，郑州市农业产业化经营龙头企业的实力偏弱，在助推新型城镇化方面存在着较大的提升空间。据统计，2011 年，郑州市农业产业化龙头企业的平均销售收入为 1.5 亿元，税后利润 0.09 亿元，带动农户数仅为 0.26 万人。目前，全市没有超过 100 亿元产值的龙头企业。全市只有雏鹰、三全、思念等少数龙头企业建立了自己的研发基地。龙头企业品牌的市场认知度和影响力有限。例如，惠济区是郑州市农业产业化企业的集中区，有市级龙头企业 32 家，注册品牌 20 余个，但拥有全国"驰名商标"的企业只有 1 家。

体制机制方面的问题是制约郑州市农业产业化龙头企业做强、做大、做优的重要因素。以企业用地为例，有的企业抱怨说，政府在主导土地资源配置中通常会把地理位置好、土地平整、交通优越的土地给利税高的工商业企业。较多企业反映，土地问题是企业发展的瓶颈。有的企业反映说，政府有关部门办理企业用地的周期长、程序烦琐，从上报用地计划到落实用地指标通常需要一年半时间，特别是土地利用规划修编工作相对滞后，严重影响投资者和企业的积极性。大部分企业所使用的土地在性质上是租用，也就无法用作从金融机构贷款的担保和抵押物，从而造成企业融资困难。

（三）农业产业化园区建设未能及时跟进新型城镇化

据对若干农民已经入住的新型社区的调查，半数以上被调查农户的家庭开支因集中居住而增加，平均每户每月增加 200~300 元。家庭开支增加主要由水电、物业管理费用等的增加和食品开支增加两大因素造成。

已有的经验表明，在新型城镇化中配套建设产业园区，可以解决农民就业、提高农民收入，从而弥补农民集中居住所导致的生活成本上升问题。但是，在一些地区的产业园区未能跟进，具体表现为两种类型：一是没有建立产业发展园区；二是尽管规划或配套建设了产业发展园区，但园区的产业定位与农民的需求不相适应，农业产业（尤其是畜牧业）的重要性没有被给予充分重视。

荥阳市洞林新型农村社区是第一种类型的个案。洞林村大约有 500 户 1900 人 600 个劳动力，从 2007 年开始农民集中居住的探索。洞林村属于山区村，耕地比较贫瘠，但畜牧业较为发达，村里有常年存栏 50 头以上的养猪大户 3 户、饲养规模超过 5000 只的养鸡大户 2 户、饲养规模 20 多只的养羊专业户 2 户、养牛专业户 4 户（其中 1 户的饲养规模超过了 50 头）、饲养规模达到数千只的养鸭户 1 户。由于新型农村社区没有建立养殖小区，这些养殖专业户在入住新型社区之后，都不得不放弃养殖业，从而导致家庭收入水平下降。

登封市唐西乡的新型社区建设则是第二种类型的个案。该社区正在建设之中。按照规划，全乡所有的行政村都将合并到新型社区；农民在集中居住后可以从事旅游等都市农业，也可以在产业聚集区的企业就业。但是，这种规划与农民的需求并不吻合。以唐西村为例，该村共有 987 户 3386 人。在集中居住前，全村有 10 多户养猪大户，常年存栏量 200 ~ 300 头，最多的达到了 500 ~ 600 头；有 6 户养鸡专业户，饲养规模大约 2000 只；有 3 户养牛专业户，每户的饲养规模 40 ~ 50 头。这些养殖户迫切希望能在新型社区周边建立养殖园区，但这种要求却不符合现有的产业发展园区规划。

（四）农民分享农业产业化利益的联结机制有待完善

目前，越来越多的农产品加工企业认识到了建立加工基地，实行产业一体化经营的重要性。但是，农产品生产、加工和流通中相关主体之间合理的利益分配机制尚未建立健全，多数企业与农户之间没有结成风险共担、利益共享、互助协作、联动发展的关系，农户很难分享到农产品加工增值的好处和流通环节的商业利润。这种情况既影响到农业产业化经营的发展壮大，也影响农民收入水平的提高，从而不利于新型城镇化的快速推进。

1. 龙头企业与农户之间的关系较为松散

目前郑州市龙头企业与农户之间仅仅是松散的购销关系。也有一些龙头企业与农户之间签订了购销合同，但合同的约束力、执行力不强，企业与农户之间并未形成利益共同体。生产多了，企业违约压价收购；生产少了，农民待价而沽。企业和农户之间按股份分红是一种较为紧密的、可以促进双方共赢的利益联结方式，但郑州市农业产业化经营中的这种联结方式并不多。

2. **农民专业合作社发育滞后**

到 2011 年底，郑州市农民专业合作社总数由 2005 年底的 162 家发展到 1406 家，成员数量达到了 12.3 万个，成员出资总额 13.1 亿元，带动农户数 25.7 万户。但从总的情况看，合作社带动农户的规模偏小。在 1406 家合作社中，成员数 50 户以下的合作社有 826 家，50 ~ 100 户的合作社有 346 家，100 ~ 500 户的有 201 家，500 户以上的有 33 家，分别占合作社总数的 58.8%、25.6%、14.3% 和 2.3%。与规模小、带动能力弱的合作社相比，郑州市较多合作社在运行上存在着不规范现象。有的合作社负责人实质上就是经纪人，其职能仅仅是组织农户种植或养殖某种品种，然后按照约定的价格回收。

3. **垂直一体化的联结方式没有得到足够重视**

郑州市有的龙头企业（例如雏鹰集团）建立了专用化的原料基地。其通常的做法是，采用反租倒包的方式从农民手中租赁土地，之后再雇用农民从事种养殖生产，从而将农业生产变成企业的"第一车间"，将农民变成"工人"，形成原料生产与加工、销售环节既相互分工又互为依托的产业链。公司对基地建设、原料生产、收购、加工、销售等全过程实行严格的专业化分工和企业化管理。与"公司 + 农户"及"公司 + 合作社 + 农户"相比，这种垂直一体化可以使企业获得更加有保障、质量上更加可靠的农产品原料，也有助于农民分享更多的产业化利益。但是，郑州市这种紧密型的农户与企业联结方式较为罕见。

（五）龙头企业主动参与新型城镇化的意识仍需加强

以新型城镇化为引领的"三化"协调、城乡一体、统筹发展思路，是河南省委、省政府准确把握现阶段的发展特征，着力从根本上破解城乡二元体制难题，实现河南科学发展、转型发展、提速发展的现实选择。但是，新型城镇化是一项复杂的工程，需要大量的人力、物力、财力做支撑。农业产业化龙头企业应责无旁贷地主动担当，及时跟进，积极作为。而且，尤其应该看到，新型城镇化是促进龙头企业做强、做大、做优的难得机遇。例如，当前，许多龙头企业在发展中遇到了土地资源制约瓶颈。企业投资建设新型农村社区，就可以使用村庄整治后所腾出的建设用地或者以增减挂钩的方式得到一定数量的建设用地指标，从而解决企业用地需求。又如，新型城镇化将大大提高农民流转土地的意愿，从而为建立高标准原料基地及形成一村一品、一乡一品奠定基础。但是，农业产业化龙头企业并没有深刻认识到这种机遇，主动参与新型城镇化的意识不强，行动滞后。

四 进一步完善农业产业化助推新型城镇化的意见建议

（一）做好规划之间的衔接，为农业产业化助推新型城镇化提供空间

农业产业化经营规划与土地利用总体规划、都市农业发展规划、新型城镇化规划和城市发展规划之间存在着密切的联系。应统筹各类规划，形成规划之间的良性互动、互为促进。为了实现这一目标，其他规划应为农业产业化发展预留足够的发展用地，为农业产业化助推新型城镇化提供空间。

在新型城镇化的背景下，很多地方都强调发展休闲农业、观光农业以及设施农业。但是，各地的资源禀赋、产业基础、市场需求有明显的差异性，趋同性的农业产业化布局可能潜藏着很多风险。因此，应加强各县（市、区）之间农业产业化规划的协调、衔接以及与市级层面规划的协调、衔接。

（二）加快农村土地流转，创新农地流转形式

进一步完善财政奖补、激励政策，促进农村土地承包经营权向公司、集体、合作社和大户等新型规模化经营主体流转。农村土地产权界定不清直接在制度层面制约着当前农村土地的合理、有效流转。为了解决这一问题，郑州市应加快农村土地登记确权颁证工作。

创新农村土地承包经营权流转的形式，对于旧村拆迁腾退的集体建设用地，鼓励农民采取以地入股等方式，直接与工商资本结合，从而使农民

的土地变资产、资产变财产、财产变股份，确保农民长期受益。入股土地的股份作价要合理，坚持按照股份公司的规章制度办事，进行正常的股份分红和保护股东的权益。否则，农民土地入股的流转就会因缺少基础而不具有可持续性。

（三）提升农业产业化助推新型城镇化的能力

农业产业化水平决定了其推动新型城镇化的程度。为了提升农业产业化水平，应围绕重点建设任务，以最急需、最关键、最薄弱的环节和领域为重点，组织实施一批重大工程，全面夯实农业产业化经营的基础。

应加大对农业产业化企业的政策扶持力度。在财政政策上，进一步加大公共财政对农业及农业产业化经营的扶持力度；进一步加大整合资金的力度，扩大财政引导性资金的规模。在金融政策上，应建立政府担保机制，可以将每年政府财政的贷款贴息专项资金改为贷款担保基金，按比例存入贷款银行，为农业产业化企业提供借款担保，一旦该借款产生不良迹象，则不予贴息；在服务方式上，加快网点建设和业务品种创新。在保险政策上，应尽快建立政策性保险，解决农业产业化经营中的自然风险和市场风险。

（四）建立与新型城镇化相配套的产业发展园区，夯实新型城镇化的产业支撑

1. 配套建设农业产业化园区，实现产城融合

应建立适应新型城镇化的农业产业化布局。鼓励在新型农村社区周边建设农业产业化聚集区、示范区，做大、做强一些运作规范、科技支撑较强的园区，充分发挥它们在吸纳农民就业、带动农民致富方面的示范带动作用。

2. 就业优先，统筹劳动密集和技术密集型产业

为了解决农民集中居住后的就业和收入问题，农业产业化园区应合理统筹发展劳动密集型和资本技术密集型产业。在现阶段，尤其应重视劳动密集型企业，位于新型社区附近的企业，不求高、不求深，要和满足农民充分就业相适应，特别重视对环境友好且具有一定科技含量、具有一定规模的劳动密集型企业的引进和发展。

3. 完善农户与公司的利益联结机制

继续鼓励龙头企业通过"公司＋农户"、"公司＋合作社＋农户"等方

式，形成比较稳定的原料生产基地。鼓励产业化经营组织与农户签订产销合同，建立合理的农产品收购价格形成机制。大力发展订单农业，规范合同内容，明确权利义务，提高订单履约率，引导龙头企业与农户形成相对稳定的购销关系。鼓励龙头企业采取设立风险基金、利润返还等多种形式，与农户建立更加紧密的利益关系。引导农民以土地、山林和水面承包经营权、资金、技术、劳动力等生产要素入股，实行多种形式的联合与合作，与龙头企业结成"利益共享、风险共担"的利益共同体。大力支持龙头企业直接建立专用化的农业生产基地，利用反租倒包将农业变成企业的"第一车间"，将农民变成"工人"，形成原料生产与加工、销售环节既相互分工又互为依托的产业链。

（五）鼓励农业产业化龙头企业直接参与新型城镇化建设

农业产业化龙头企业参与新型城镇化建设是企业发展与新型城镇化建设双赢的发展模式。动员和鼓励农业产业化龙头企业承担社会责任，积极在新型城镇化中捐资。在土地流转、漂移指标使用等方面制定优惠政策，鼓励、支持和引导龙头企业直接参与新型城镇化建设。动员和鼓励农业产业化龙头企业按照市场化的原则，投资建设幼儿园、商业超市、网络通信设施、公交站点等公共服务实施。动员和鼓励农业产业化龙头企业在政府主导下，直接参与拆旧建新，用村庄整治后节余的建设用地指标来解决企业发展面临的土地制约。

第二部分

村庄个案研究

案例 1 新型农村社区：郏县前王庄村

前王庄村是郏县冢头镇的一个行政村，该村距离冢头镇政府所在地 2 公里。全村有两个自然村，共 380 户 1327 人，分为 5 个村民组，1560 亩耕地。前王庄村的新型农村社区建设于 2008 年 5 月启动，2009 年开始大规模实施。规划进入新社区的农户为 420 户。截至 2012 年 4 月下旬，已经拆旧建新的农户为 360 户。

一 村庄整治的动因及制度安排

（一）开展村庄整治的动因

前王庄村的村庄整治由村干部发起，并得到了政府的强力推动。据村干部介绍，他们发起村庄整治的动因主要基于三个方面的考虑。一是节约村庄占地。据介绍，在村庄整治启动之前，村里乱占乱建现象突出，全村户均宅基地面积超过 1 亩，一家有两处以上宅院且至少有一处闲置的户数高达 180 多户，约占全村总户数的 47%。村内有住房但常年不住的户数约有 120 户，约占全村总户数的 32%。通过整治，前王庄村的新型社区建成后可多出 160 亩的建设用地。二是改善农民生活环境。旧村道路坑洼不平，农民的交通和生活很不便利。建设新型农村社区，可以较快地改善农民生活环境。在村庄整治中，前王庄村建成了占地 10 多亩的远航文化休闲广场、拓宽了硬化村道、铺设了下水道、安装了路灯，使村容村貌的改善与新民居建设完美结合，同步推进。三是减少邻里在建房中的纠纷和矛盾。

（二）建设方式

前王庄新型农村社区属于原址重建，不新占土地。在建设方式上，实行统一规划、农民自行建设。按照规划，每户的宅基地面积为 0.35 亩；房屋的建筑风格均为上下两层的欧式别墅；建筑面积为 209 平方米。

（三）补偿办法

在拆旧建新的补偿方面，前王庄村的具体规定有以下几方面。

1. 旧房的补偿

只给楼房主人补偿，不给土坯房、瓦房主人补偿。楼房的补偿分为两种类型。对于1层楼，给予1万元的补偿；对于2层楼，给予2万元的补偿。

2. 宅基地的补偿

对于农民的旧宅基地，不给补偿。所有农户都有资格无偿得到0.35亩的宅基地，如果家里有两个男孩，可以得到两处宅基地，旧宅不论面积大小均要交给村集体。

3. 附属物的补偿

对农民的坑地、坟地给予一定的补偿。比较大的水坑，一般补偿几百元；农民迁坟，补偿2000元；对于树木等其他附属物，不给补偿。

4. 修建新房的补助

农户修建新房，每户可以得到1万元的补助。其中的5000元是郏县所有村庄整治的统一补助，由平顶山市财政承担3000元，郏县财政承担2000元。另外的5000元由前王庄村集体承担，作为对农民积极拆旧建新的奖励，2012年，前王庄村取消了这一奖励措施。在前王庄村修建新房的农户中，共有114户得到了这一补助。此外，农户的院墙及房屋的外墙，由村里投资统一粉刷，粉刷费大约7000元。

在前王庄村调查时，该村的新型农村社区正在建设之中。由于人工及原材料价格不断提高，修建新房的花费相应上涨。据介绍，2009年，修建新房的造价大约10万元，2010年为11万元，2012年为13万元。村里经济好的家庭，对房子进行了内部装修，每套房子装修费用需要3万~5万元。对于没有经济能力建房的村民，由村两委会出面，通过置换住房让他们搬入社区。

（四）基础设施建设

新型社区的基础设施建设由政府和村集体共同承担，农民不用筹资筹劳。其中政府投入的资金来源于项目资金，村集体在基础设施方面大约投入了 200 万元。基础设施建设的内容主要包括道路、污水管道、路灯、绿化、学校、卫生室等。

二　前王庄社区村庄整治的启示和借鉴

在入户调查中发现，该村农民对新型农村社区的建设较为满意，对村干部的工作比较认可。以下五个方面的因素是前王庄村新型农村社区建设进展较为顺利的主要原因。

（一）起步较早，循序渐进

据前王庄村的干部介绍，改革开放后，该村存在着农民乱占、抢占耕地修建房屋的现象，土地浪费严重。1997 年，前王庄村制定了不再新批宅基地的政策，这种"只堵不疏"的做法，无法满足农民因结婚等因素产生的刚性住房需求，也不能满足农民改善住房的要求。直至 2006 年，前王庄村被确定为县级新农村建设示范村。村干部决定在原址上按照统一规划开展新农村建设，他们聘请河南省城镇规划设计研究院对全村进行规划，村干部及村民代表到濮阳市西辛庄村、新乡市刘庄村等 5 个全国文明先进村参观、考察。2008 年 6 月，该村的新型社区建设正式启动。从某种程度上说，前王庄村所开展的村庄整治，恰好迎合了农民改善住房条件的需求，从而能够较为普遍地得到农民的认可。

（二）群众有一定程度的参与

与其他地区类似，前王庄村的村庄整治由村干部发起，在建设过程中得到了政府的强力推动。但是，农民是新型农村社区的建设主体和受益主体，理应参与包括新社区选址、宅基地面积大小、房屋类型、建设方式等方面的讨论和决策。调查发现，尽管前王庄村农民在新型社区建设中的参与程度不高，但与我们所调查的其他村相比，该村农民有一定程度的参与。这种参与会加强农民自觉拆旧建新的意愿。

据介绍，新房的建筑风格就是通过采纳多数农民意见而形成的。当时，郏县的某领导去山东胶州参观，带回了各种建筑风格的图集，并把图集给了前王庄村的干部。村干部召开村组干部、党员、群众代表开会讨论，从中选择了一欧式别墅风格。后来，村干部曾试图改变建筑风格，但遭到了农民的反对。

前王庄村"统规自建"的建设方式，也是农民参与选择的结果。前王庄村曾设想采用统规统建、由农民购买的建设方式。这种方式可以更好地控制房屋的质量、统一建房周期等，但农民更愿意统规自建。其原因，一是旧房拆除后的一些砖，农民可以在修建新房中继续使用，从而节省建房成本。二是农民担心村干部从中牟利。结果，该村决定采纳农民的意见，实行统一规划、农民自行建房。在建筑面积上，农民也有一定程度的参与。据介绍，现在每户209平方米的建筑面积也是征求群众意见的结果，开了多次会，大家的意见大体统一后，再往下执行。

（三）村集体为农民建房提供服务

尽管前王庄村的村庄整治采用农户自建的方式，但村干部并未放任不管。除了监督农户的建房质量及解决农户在拆旧建新中的纠纷外，他们还利用购买量大的优势，在建房材料的采购上替农民讨价还价，使得农民可以享受低于市场价的价格。例如，每个太阳能热水器的市场价为4000元左右，而村里联系的另外一种品牌的太阳能热水器，在享受家电下乡补助后，只需1700元。又如，屋顶瓦的市场价为每个1元，村里出面压价后，每个只需0.7元，便宜了0.3元。

村干部还利用自身的人脉关系，解决农民建房所急需的建筑材料购买问题。2009年，郏县的房地产业快速发展，水泥供不应求。此时，前王庄村也在实施大规模的拆旧建新，农民买不到水泥。在这一背景下，村干部向郏县领导诉说了农民建房的困难，得到了一定数量的特批水泥，而且每吨水泥的价格比市场价低10元。据估算，每套新房大约需要40吨水泥，农户可以从中节省大约400元。当时，砖的供应也很紧张，村干部与砖厂联系，赊购了一些砖。

此外，村里还成立了新民居建设管理协调组、技术监督组，开展对新民居建设过程的全程服务和管理。

（四）村民收入水平较高、集体企业能解决部分就业

前王庄村与陈寨村在行政上均隶属于郏县冢头镇。就"本村经济程度居所在乡镇的水平"这一问题，我们给出了"上等"、"中上等"、"中等"、

"中下等"和"下等"5个选项。陈寨村干部认为该村的水平处于"中下等"；而前王庄村的自我评价是"中上等"。在村庄整治之前，前王庄村的集体经济收入累计大约100万元，而陈寨村则没有集体收入。从一定程度上说，前王庄村农民较高的收入水平及一定规模的村集体收入，使得该村农户有相对更强的建房支付能力。

集中居住总是与土地流转相伴而生。前王庄村与陈寨村的情况就是如此，农民的承包地被流转给了公司或集体。即使农户土地流转的收益有保障，他们也会因为失去土地而担心未来的生计。但前王庄村农民因为可以在集体企业劳动，对未来生计担心的程度有所降低。1996年，前王庄村成立了"平顶山市远航实业有限公司"。该公司位于村域内，主要业务是生产、加工和出口大根萝卜。公司有两个车间，常年的用工量为100多人。其中，前王庄村的劳动力占一半以上。

（五）村干部的威信高，干群关系较为融洽

较好的农村治理结构有助于村民达成拆旧建新的一致意见。如前文所述，前王庄村的农民在村庄整治中有一定程度的参与，村集体也向农民提供了多种服务。这些现象就是该村治理结构相对较好的反映。在调查中，我们了解到，一些农民对拆旧建新并不赞成，对补偿办法不满意。但他们最终都接受了拆旧建新及其方案。这里面的原因多种多样，但村干部尤其是村支书在村民心中的威信及干群关系的和谐是不可忽视的因素。该村的一个农户个案具有代表性，他的旧房子新建起来没有多久，至少还能住上十几年，如果现在再修建同样的房子，得花费近8万元；旧宅院1.5亩，是祖上留下的，建了新房后得"充公"。所以，他心里并不想建新房。但他后来还是把旧房拆了，把宅院交给集体了，修建了新房。他列举了三个原因：①"终究得拆，有情不如早做；拆得晚，还是得拆，又得罪了人。"②"这是形势，反对是不行的，大势如此。"③"支书亲自给我说让拆房子的，支书人不错，总得买他的人情。"他所说的第一个原因，指的是如果他不拆房子，就会得罪一些乡邻。因为该村的村庄整治属于边拆边建，其他家庭需要等他把旧宅腾出来后，在这个旧宅上修建房子。所以，从不得罪乡邻的角度看，他即便吃点亏，也会把旧宅拆掉；他所说的第二个原因，指的是他不想因为拒绝拆旧建新而在村里受到孤立；他列举的第三个原因所反映

的就是村干部威信及干群关系的作用。

三 政府与集体、集体与农民在土地问题上的关系

农村最大的资源是土地。村庄整治会产生诸多涉及土地资源分配的矛盾。从前王庄村的村庄整治情况看，政府与集体、集体与农民之间的矛盾值得关注。

（一）如何在政府和集体之间分配村庄整治所节余的土地

很多村实行村庄整治的推动力是希望得到集体建设用地，而不是把旧村复耕。特别是在节余土地指标价格较低的情况下，村集体的这种动机尤其明显，前王庄村就是这种情况。该村的干部介绍说，其目标就是将宅基地"以旧换新"腾出来的土地，全部收归村集体所有，发展集体经济。土地的用途主要有两种：一是发展奶牛生产，计划与日本合作，搞红牛养殖，群众可以入股。二是通过复耕，发展蔬菜种植。显然，村干部的上述想法与政府的期望不完全一致。例如，地方政府希望使用节余土地指标；中央政府还要考虑国家粮食安全。对于这种矛盾，该村支书说，"那些大问题不在我的考虑范围之内，我只考虑村庄的事"。

对于政府和集体之间分配村庄整治所节余的土地中的矛盾，我们认为，不宜把村庄整治所节余的土地指标全部用于城乡置换，政府应充分考虑农村社区发展需要，合理分配建设用地和产业发展用地指标。

（二）是否应该承认农户旧宅基地的权益

在村庄整治中，如何处理旧宅基地问题，各个地方的做法不尽相同。据对成都市所属的崇州市的调查，因为该地已经完成了对农村宅基地、承包地、林地的确权登记工作，因此在村庄整治中农户旧宅基地的权属及收益就相应地归农户所有。目前，河南省并未完成对农村宅基地的确权、颁证。各地在村庄整治的实践中，存在着多种多样的做法。例如，夏邑县太平镇祥和社区的做法是，旧宅复耕后，仍由原农户耕种；滑县锦和新城的做法是承认既有宅基地的权益，把宅基地收归集体但给农民补偿。宅基地补偿与所选新居类型挂钩，选择楼房居住的农户，原宅基地按 6000 元/户标准补偿；自建别墅者按宅基地补差价，0.3 亩以内无补偿，超出部分按每亩

30000元标准补偿。

前王庄村的做法是，不承认旧宅基地的权益，各户的旧宅基地收归集体所有，可无偿得到一处0.35亩的新宅基地。如果有两个儿子，不管其年龄大小，都可以得到两处新宅基地。本质上看，前王庄村是按现有的男性公民（不包含老年人）的数量，对农村的宅基地进行一次平均分配。这种做法被该村的干部说成是"第三次土地革命"。对于这种做法的合理性，该村的干部认为，农村土地本来就是集体所有，所以他们的做法没有不妥之处。但显而易见的问题是，在这种制度安排下，那些原来宅院较大农户的利益受到了损失。而且，这种做法的合法性也值得追究商榷。按照现有的法律，农民的宅基地使用权是受法律保护的财产权利。正如温家宝所说：土地承包经营权、宅基地使用权、集体收益分配权等，是法律赋予农民的合法财产权利，无论他们是否还需要以此来作为基本保障，也无论他们是留在农村还是进入城镇，任何人都无权剥夺。随着村庄整治的加速推进，类似这种地方实践与法律不一致的现象将会越来越多。如何看待及解决这一问题，是新形势下的重要课题。我们的观点是，应加快给农民颁发具有明确法律效力的土地承包经营权证书和宅基地使用权证书，让农民清楚知道自己的合法权益，这不仅有助于防止在土地征用中以农村土地属于集体所有为名的强征，也有助于村庄整治中农民土地财产权利的保护。

案例 2　郏县龙湖新型农村社区：陈寨村

一　郏县及陈寨村村庄整治概况

郏县在行政上隶属于河南省平顶山市。全县总面积 737 平方公里，辖 8 镇 5 乡 2 个街道，377 个行政村。到 2011 年底，郏县共有 57 万人，其中农业人口 51.3 万人，有 60 万亩耕地。

2009 年，郏县规划了 83 个新型农村社区。截至 2011 年底，全县已经启动了 45 个，建成新民居 6418 套；累计投入财政资金 8000 万元。在这 45 个新型农村社区中，有 17 个被确定为河南省及平顶山市的示范社区。2012 年，郏县又启动了 16 个村庄整治项目，开展村庄整治的村庄数量达到了 61 个。根据测算，郏县 83 个新型农村社区建成后，可节约土地 4 万余亩。

陈寨村是郏县村庄整治中的一个亮点。该村是郏县冢头镇的一个行政村，全村约有 353 户 1421 人，1200 亩耕地。按照规划的要求，陈寨村将与其周边的段村、仝村、秦楼、小苗张 4 个行政村合并，形成龙湖新型农村社区。这 5 个行政村约有 1610 户 6815 人，6496 亩耕地。陈寨村的村庄整治于 2009 年 7 月启动。截至调查时，已经进入新区居住的农户大约 200 户，正在建房的农户有 10 户。

二　陈寨村村庄整治的特点

（一）改造空心村，让农民回流

陈寨村具有悠久的历史，农民在寨内居住。改革开放后，很多农户为了改善居住条件，在寨外建房，寨内逐渐成为空心村。在村庄整治中，陈寨村把新型社区的地址确定在寨内的老村庄，对空心村进行治理，边拆边建。在村庄整治前，陈寨村的村庄用地面积大约 300 亩。按照规划，整治后，村庄实际占地面积大约 200 亩，可以节余出 100 亩的建设用地。

（二）强人带动

陈寨村是经济欠发达的贫困村。该村的村庄整治之所以能够开展，在很大程度上源于村支书徐克俭的强力推动。徐克俭出生于陈寨村，但他曾任郏县城关镇的工商所所长，并曾在郏县从事房地产开发，个人的经济实力强、见识广。2009 年 7 月，徐克俭作为下派干部回到了陈寨村，担任村支书。在动员村民集中居住中，陈寨村采取了多种多样的形式，组织村组干部、老年协会成员及被合并村庄的村干部（支书、主任）到相邻的宝丰县舞钢市、郑州市等地参观。要求党员、干部家庭带头拆迁。对于拆迁对象，由家族、亲戚做工作。

（三）把村庄整治与农村文化建设结合起来

陈寨村把村庄整治与复兴、弘扬孝道文化结合在一起来开展。该村把"百善孝为先"作为村训，在村头设立了中国孝心第一村的牌坊，在村里建设了孝道文化长廊、孝道文化广场和孝义桥、母仪河等孝道文化景观，营造浓厚的孝道文化氛围。

2010 年初，陈寨村成立了孝道协会。协会决定在每年的 8 月 15 日，举办感恩父母"洗脚节"，由媳妇给婆婆洗头、梳头、洗脚、修剪指甲。在2010 年的"洗脚节"活动中，有 48 对婆媳参加；在 2011 年的这项活动中，有 80 多对婆媳参加。孝道协会在"洗脚节"活动中评选出陈寨村十大好媳妇。

为进一步弘扬孝道文化，从 2011 年起，凡该村 80 岁以上老人过生日，村两委和孝道协会都会带着鲜花、寿桃和蛋糕主动上门给老人庆祝生日。同时，也通知老人的子女参加，以便借助这个形式来促进婆媳关系。陈寨村在村小学 1～5 年级中，开设孝道文化道德课，培养孩子从小就有孝敬父母的品质。利用星期六、星期天的时间，聘请平顶山市孝道协会的老师到村里讲孝道课程，村里的老年人、年轻人都可以参加。

（四）充分利用孝道协会的作用

陈寨村的孝道协会由 20 多人组成。协会中的骨干人员大都是在外工作多年，退休、退职后返回陈寨村的老年人。相比较而言，这些人参与社区公共事务的积极性较高，见识较广，在村里的辈分较高。他们在陈寨村村庄整治中的作用体现在宣传发动、质量监督、民事调解等多个方面。

三 村庄整治中的几个问题

陈寨村的村庄整治受到了广泛的关注，褒扬之声众多。但我们的调查发现，该村的做法存在着较多的问题。尽管新型社区看起来很漂亮，但农民生计及村集体的长远发展都受到了影响，而且干群矛盾也因村庄整治而激化。

（一）部分农民的生计安全遭受威胁

村庄整治应在条件成熟的地方推行。在政府和村集体缺乏对农民修建或购买新房充分补偿的情况下，农民建购新房的行为将受农民建房意愿和能力的双重制约。由于农户之间人口数量及结构、旧房质量、面积及区位等方面存在着很大的差异，一些农户建购新房的意愿较低。家庭收入和储蓄水平及消费的优先序，将是影响农民住房消费需求的决定性因素。从郏县的总体情况看，农民的收入和储蓄水平较低，长期收入预期较低而且不确定，在现有住房还能凑合居住的情况下，他们会保持较低的住房消费倾向。而陈寨村是一个需要政府扶持的贫困村，即使在郏县的县域范围内，陈寨村农民的收入水平也较低。从这个角度考虑，陈寨村建设新型农村社区的条件是否成熟，是值得深思的。

在调查中发现，陈寨村的干部已经注意到了低收入群体尤其是"五保"户不可能有拆旧建新的需求。在正式动员农民拆旧建新之前，陈寨村就先建立了敬老院。修建敬老院共花费了23万元，由村支书垫资23万元，后来这一资金在政府的项目资金中列支。但是，敬老院的条件简陋，仅仅住了8个老人，都是已经拆除旧房子的单身老年农民。对于其他没有能力修建新房的农民，陈寨村采取了由村里在新型社区规划之外的地方，给他们找房子，让他们暂时先住进去。但这种农户只有2户。据调查，陈寨村仍然有很大比例的农户没有修建新房的经济能力。

对于陈寨村的这些中低收入家庭来说，如果不搞村庄整治，他们还可以过上温饱的生活，但现在因为修建新房从而欠下了几万甚至上十万元的外债。有人尤其是村干部会说，农民一次性把房子修好后，以后就不用再想建房的事情，从而可以安心地挣钱。但是，巨额的外债，使得这些贫困农民的生活雪上加霜，并有可能使他们被锁定于贫困状态。正如时任温家宝总理所说："在农村开展各项工作，不仅要体现多数人的意愿，也要充分考虑少数人的特殊情况和合理要求。"

有人会说，村庄整治的原则之一是农民自愿，政府及村干部并不能强迫那些困难家庭拆旧建新。这种说法是没有道理的。且不说在操作中存在着强制性拆迁，如案例"四个婆婆讲述的新农村建设"所反映的那样，即使假设在现实中没有侵犯人权的违法行为，自愿原则也可能沦为没有任何意义的一纸空文。从逻辑上说，现实生活中存在着两种类型的自愿原则。一种是某人在自愿做出某种选择之后，其生活状态的各个方面都不会受到这种选择的影响。另一种是在自愿做出某种选择之后，其生活状态的各个方面会不同程度地受到这种选择的影响。农民拆旧建新中的自愿原则，就属于后一种类型。在政府及村干部的强势推动下，那些根据自身情况及现有的政策规则而不同意拆旧建新的农户，也必然会无奈地选择"同意"。否则，其生存状况就会恶化甚至无法生存。

（二）干群矛盾激化

调查发现，在陈寨村开展村庄整治的过程中，该村的干群矛盾有所激化。引起干群矛盾激化的重要原因就是上文所述的一部分农民缺乏拆旧建新的意愿和能力。为了说服农民拆旧建新，陈寨村的干部都带头拆迁，在全村中首先拆房的是作为村支书的唐某，其他干部和村民代表也相继拆房。村支书曾给那些特别困难的家庭借钱，共计17万元。此外，在村里的建设项目中，村干部被迫垫资。但是，在农民建房意愿和能力不足的情况下强行推动村庄整治，属于"替农民做主"。这种情况就不可避免地形成和激化农民与政府之间、农民与村干部之间或隐性或显性的矛盾。除此之外，以下两个因素也是形成干群矛盾激化的原因。

1. 村干部对形象工程的要求与农民的要求之间存在着冲突

陈寨村的村干部期望把新型社区打造成典型社区。他们的想法是，一旦成为典型，就可以不断得到政府的支持。应该说，这种想法是理性的，也是可以被接受的。为了成为典型，村干部就会更加注重新型社区的外观。将本应发给每户的10000元危房改造资金用于购买统一的大门及外墙粉刷，就是重视外观形象的具体体现。在该村调查时所发现的另一个有趣现象，更加充分反映了村干部对外观形象的重视。2012 年 4 月中旬，全国人大财经委曾在陈寨村参观、考察。其中有人说了某栋新房的外墙颜色不如另一栋的颜色好看。村干部听说后，就决定重新粉刷新房的外墙。

但是，村干部对社区形象的追求与农民的要求之间是有矛盾的。例如，对于上述的外墙粉刷，一些村民认为这是劳民伤财的形式主义。而村干部则认为这是极其重要的。又如，一些村民希望在房前屋后种一些菜，以便减少家庭生活开支。而村干部认为，宅院外（临街）的绿化必须统一，可以使环境更加美观。毫无疑问，农民的要求得不到满足，就会在他们的心中形成对村干部的不满和怨气。

2. 农民在村庄整治中的参与程度低

陈寨村农民与政府及村干部的矛盾还不仅源于农民的"被建新房"，而且也源于新型社区建设规则的透明程度不足。

一个典型的例子是每户 1 万元的危房改造资金的去向问题。一些农民说，政府给每户 1 万元的拆旧建新补贴，但村干部把钱扣了、贪污了。对于这一问题，村干部的解释是：1 万元的补贴来自危房改造资金。但是，危房改造资金从申请到得到批准有一个较长的时间周期，在农民起初修建房子的时候，这一资金并没有拨下来。在资金下来之后，村里之所以没有把这 1 万元发给农民，是因为要用来粉刷外墙及安装新房的大门。村干部进一步解释说：说干部贪污的人，没有起码的良心。最初政府给的危房改造资金并不是每户 1 万元，而是 5000 元或者 8000 元；由于村干部的工作，才使得每户的危房改造标准统一为 1 万元。村干部的解释似乎合乎情理。但应看到，很大程度上是因为村民的不知情，才产生了他们彼此的猜疑和不满。

另一个典型的例子是农民缴纳 3000 元押金的问题。陈寨村规定，农民在建新房之前，需要交纳 3000 元的押金。一些村民说，在拆旧建新中不但得不到补助，而且还要缴纳押金；在交押金时许诺新房建成后就返还，但却没有返还。对于农民的这种抱怨，村干部的解释是：收取押金主要是出于两个方面的考虑。一是督促农民建房的进度，如果不按期建房，就没收押金。二是防止农民把新房修建起来后，不拆旧房。如果没有一定的约束，农民搬入新房居后，会以各种借口不拆除旧房。所以，陈寨村规定，农民应在新房的主体完工一个月内将旧房拆除，否则就不退还押金。而且，2012

年，陈寨村已经取消了收取押金的规定。村干部的这种解释也有合理性。但是，农民没有参与政策的制定，对于交押金的缘由不清楚，也就自然会产生怀疑村干部是否借机敛财的念头。

（三）村庄整治中的融资困难及村集体欠债

资金从哪里来是各地村庄整治中所面临的普遍问题，陈寨村也不例外。即使不考虑对农民的补偿及补助，仅仅基础设施建设就需要巨大的投入。据郏县有关人员介绍，一般的新型社区基础设施投资需要1200万～1500万元。如果按照河南省的村庄整治标准，则需要3000万元。

郏县新型农村社区基础设施建设投资经费主要来源于各种项目资金，把诸多项目资金捆绑投放到新型农村社区。2011年，全县累计捆绑水电路气、学校、卫生室等8类共89个项目，涉及资金4000余万元。例如，每个行政村有1万元的村级卫生室建设经费，但非中心村（被合并村）的1万元经费被捆绑到了中心村。

但是，政府投入仍远远不能满足新型农村社区基础设施建设的实际需求，村集体仍需要投入较大的资金，从而形成了新的村级债务。据介绍，陈寨村在实行村庄整治的过程中，村集体共花费了大约217万元。其用途分别是：①修建小学，40万元。该小学修建共花费90万元，其中平顶山市侨联投资50万元，陈寨村配套了40万元。②文化教育基地建设，100万元。③旧房拆除及树木等附属物的赔偿，77万元。在拆旧建新中，农民的宅基地、旧房屋没有得到补偿。但是，农民不用自行拆除旧房，而是由村集体进行拆除。对于附属物的补偿，陈寨村对宅院中的幼树给予一定补偿，每棵幼树5元。由于陈寨村集体没有收入来源，这些支出均为借债。债务结构是：向银行（信用社）贷款60万元；村干部垫资72万元（均为村支书垫资）；拖欠工程队款85万元。

四　结语

村庄整治直接影响到农民的命运，因此农民最有资格决定是否应该拆旧建新及如何拆旧建新。政府及村干部总是说，村庄整治是实现城乡统筹的切入点，是实现三化协调发展的着力点等。这些说法是有一定道理的。但是，与农民命运攸关的利益相比，这类虚无缥缈的说辞微不足道。如果不考虑农民的利益，政府也许能够在较短时间内建成若干政绩工程、形象工程并从中得到诸多经济（例如用地指标）上和政治上的好处，但也将会由此失去民心。我们并不否认进行村庄整治的必要性，但在村庄整治中，应尊重和维护农民的合法权利，尊重农民的选择权利。在具体的工作中，应在条件成熟地区有序地开展。条件成熟与否的标准，包括农民拆旧建新的意愿与能力，包括政府的财政能力，也包括村级组织的治理状况等。

案例3 舞钢市枣园社区枣林村

一 基本情况

(一) 枣园社区拆旧建新基本情况

枣园社区位于舞钢市枣林镇，是舞钢市"两集中"所确定的四个中心镇所在地之一。规划的枣园社区将多村集中，于2010年11月开始建设，一期和二期占地400余亩，目前已经完成一期279户联排房屋建设，并以成本价579元/平方米全部卖出，其中12套卖给枣林村具有新分宅基地资格的农户，267套卖给本镇其他村农户。

枣园社区制定了激励农户搬新社区的措施。对于前30名购房者，给予7000元的奖励；对于第31～100名的购房者，给予5000元的奖励。奖励资金在交付购房款时减免。对于在枣园社区购买了新房，并对旧房拆除的农户，枣园镇政府给予5000元的奖补，但这一资金还未兑现。

枣园社区采取以租代征方式占用枣林村和黄庄村各200亩的耕地和坑塘，由镇政府按照每亩每年1000斤小麦（或折价）的标准对农户进行补偿。枣林村是规划中枣园社区（枣林中心镇）的中心，待中心镇成规模时，将进行城中村改造，届时补偿额度会比现在高很多。本镇其他村社农户与镇上签订三年退出宅基地的协议后，可以宅基地置换方式自行在社区购房。

按照舞钢市四个中心镇的规划，枣园社区被舞钢市定位为专业建材集散区，由武汉一家建筑公司负责建设69套、每套130平方米的门面房，建成后以每平方米1390元的价格出售，最终形成专业化的建材市场。

(二) 枣林村拆旧建新情况

枣林村是枣园社区所在地，全村总户数280户，总人口约1200人，其中"五保"户4户，低保户8户。枣林村经济发展水平在全镇属于中等水平，村民主要收入来源为外出务工，全村 400 人左右的劳动力中有 300 多人全年在外务工，几乎没有劳动力全年在家务工或在本地从事非农就业，农民人均纯收入约为 6000 元。全村有耕地面积 1000 亩，2007 年在乡党委号召下，140 户农户的 500 亩耕地流转给外地大户种植，租金为 800 斤麦/年（或以此为标准折价）。

1975 年发洪灾后，枣林村建成排房，农户宅基地面积统一为 260 平方米，也因此村里一户多宅现象并不普遍，但有约 10 户农户的宅院因外出工作而常年空置。村庄占地面积 220 亩，除 110 亩宅基地和道路等基础设施外，烧砖后留下的坑、塘及荒地占了较大比重。按照规划，枣林村是枣园社区最后一批拆旧建新村，目前本村还未开展拆旧建新项目，但村民几乎已知晓。据村委会张书记介绍，当前实施的集中居住和土地流转是配套的，本村外出务工人员较多，大多愿意把土地流转出去，而且这些人在外工作后眼界开阔，更倾向于在设施较为完善的新社区居住，但 60 岁以上的老人对集中居住的热情不高，因为他们不愿意把土地流转出去，认为搬入新社区后对他们种地肯定会产生负面影响。

治理机制方面，枣园社区成立了社区管委会，负责社区内清洁卫生等公共服务。多村合并后，每个村书记都在管委会有任职，枣林村书记同时还兼任社区管委会的经济发展中心主任。基层自治方面，目前社区中大多数村民来自多个村，每个村来新社区的农户数量都不大，对各个村的治理还未产生重要影响，村上各项事务的讨论和决策都会用电话等方式通知社区居民回村参与。

二　枣园村村庄整治的启示和借鉴

（一）村集体的立场对农民利益保护产生重要影响

枣园村暂不进行拆旧建新，以及将来的城中村改造是村集体与镇政府讨价还价的结果。以枣园村张书记的理解，城镇化是必然的，按照现在枣园村的情况，年轻的外出务工者将来肯定希望居住在各方面条件较好的地方，但因为个人素质和能力不同，"自然城镇化至少需要一代人"。当前舞钢市大力推动的"两集中"到底好不好，"十年内不能定论"，因为村庄整治是要以农业产业化和农民非农化为支撑的，而枣园村现在还不具备这一条件。所以如果现在就进行拆旧建新，由于补偿额度不高，农民投入大，对于很多人来说不仅不能够提高生活质量，反而会影响正常的生产生活，而且农民没看到集中居住的好处，预期不明确，积极性不高，拆旧建新必然面临巨大障碍。因此拆旧建新需要"农民自觉性和政府强制性"相结合，等条件成熟的时候再推动能够事半功倍。在这种发展理念下，枣园村与政府达成协议，等条件完全成熟时，按照城中村改造的方式进行，相对于现在的拆旧建新补偿方案，城中村改造"至少要按照房屋面积1∶1的比例补偿"，可以大幅降低农民负担。

枣园村集体为农民争取较多利益的做法表明，作为一个社会组织，农村集体因了解农民真实需求而天然地具有决策效率和组织效率，但这种决策和组织作用是否能够发挥出来以及在多大程度上发挥出来，则取决于两个因素：村干部是否具有保护农民利益的动力（也就是村干部站在政府还是农民立场）和村集体在多大程度上能够参与拆旧建新的整个过程。枣林村集体能够为村民最大限度地争取利益的原因在于：①书记思路清晰，对于村庄整治的优劣有自己的认识，而且作为枣林村一员，为村民争取权益的同时也是在为自己争取利益。②枣园社区建设需要占枣林村的地，得不到村集体的支持则整个项目无法开展，村集体自然而然地进入新社区选址、利益补偿等方案设计中来，从这个意义上来说，目前的这种利益格局也是政府对枣林村的一种退让，但是村集体的参与止步于此，村集体被排除在商业开发、农民就业等进一步的利益分配之外。

（二）"一事一议"制度设计与拆旧建新存在矛盾

按照新的农村"一事一议"制度规定，每个村在开展一事一议项目后，如果验收合格，财政将按照1∶1的比例进行奖补。近两年枣林村和周边村社都有一事一议"指标"，即每年必须完成2万~3万元的筹资及修建基础设施任务，这一"指标"任务从何而来并不清楚。上年枣林村为完成任务，经调查村民需求意愿，筹资修了几公里的硬化道路，据村书记估计，如果按照这个进度，老村的基础设施条件改善，村民进入新社区的积极性必然降低，以后的工作会越来越不好做。而且集中居住后，老村的宅基地和硬化路面等都会复垦，这是典型的浪费。

"一事一议"是在农村自治基础上的制度设计，目的是解决村里所需的公共产品供给问题，由于公共产品的非排他性，村民往往有"搭便车"心理，在操作中存在利益量化和分割的现实困难，由农户自行筹资十分困难，因此出台了财政奖补的激励措施。但是这种以"指标"形式而非农户主动需求产生的"一事一议"项目实质上违背了政策出台的初衷，不仅不能形成激励，反而出现了枣林村的问题。之所以形成这种格局可能的原因是"一事一议"财政奖补部门与拆旧建新规划部门之间的沟通衔接存在障碍。事实上，不只"一事一议"，还有村卫生室、村小学建设等一系列政策对于新社区建设都存在不适应性，这实质上是中央政策和地方实践的矛盾。

（三）补偿多少是合理的

在拆旧建新中，占用了枣园村农户的耕地，有一户农户因对补偿不满意而上访，据村支书介绍，镇上与村签订协议按照 1000 斤麦/年的标准给予被占地农户补偿，这个补偿标准高于当地产量，也高于一般的土地流转租金标准，所以绝大多数农户是同意的。这位上访农户认为所占耕地是用于商业开发，因此应按照商业开发标准给予补偿，如在耕地上所建门面房的所有权应属于自己或异地赔一套等面积住房。在这位农户的带动下，其他少数被占地农户也拒绝签协议，上访至北京，后来经干部和亲朋劝说后不再上访，接受原协议。书记说，在此过程中村上不少农户认为这位农户的要求不合理，所以不支持他，这对于问题的解决起到了很大作用。

那么，这位农户的补偿要求是否合理呢？在其他几个村调研的时候也出现了占用农民耕地以修建新房的做法，补偿标准都不高于 1000 斤麦/亩年，为什么没有在别的村出现这种所谓的"不合理"要求呢？书记认为是这一农民外出务工多年见识较多引起的，在比较多地情况排除这一因素后，笔者认为原因是被占的耕地是采用以租代征形式进行商业开发，农民认为这一做法是不合法的，而且商业开发的利润远高于农民获取的利益，如果占地是为了农民自己盖房居住，恐怕此农户就不会提出这样的要求。尽管最终的结果是此农户妥协了，但不能因此认定此农户的要求不合理。

（四）过渡期耕地面积减少

枣园社区是多村合并的新型社区，采取先建后拆的方式，外村农户只需与政府签订 3 年退出宅基地的合同就可以搬到社区居住，因腾出的宅基地成片才能进行复垦，而是否搬入社区则是农户的个体行为，因此从搬进新居到旧宅基地复垦短的需要一年多时间，长的就很难估计了，加上枣林村和黄村被占用的耕地，过渡期本镇的耕地必然是减少的。

（五）关注 50～70 岁农户的现实需求

据张书记介绍，枣林村的年轻劳动力无论男女大都已将土地流转出去外出务工，年轻人对搬入新社区的积极性非常高，70 岁以上的人除了"五保"户可以集中供养外，基本都不需务农，由子女赡养，所以搬入新社区问题也不大。难度最大的是 50～70 岁的村民，他们的主要收入都来自农业，包括种地、庭院养殖等。按照政策规定，搬入新社区后土地都要流转出去给大户经营，新房也未配置牲畜圈舍等生产用房，因此这部分农户的生活会非常困难。

（六）荣誉称号对开展工作有一定影响

枣林村有"红旗支部"的荣誉称号，这是舞钢市对村委会最高级别的表彰，村干部十分珍惜这一称号，对于政府交办的任务都会积极完成，因为"如果完不成任务红旗支部的称号会被取消"。

案例4　舞钢市张庄新型农村社区

一　村庄基本情况

舞钢市尹集镇张庄社区位于当地著名旅游景区石漫滩龙凤湖南岸，定位是休闲度假型社区，为多村合并社区。张庄行政村位于丘陵地区，全村共由 8 个自然村组成，村庄整治从 2009 年 11 月开始，目前已经完成村庄整治的是张庄自然村。2011 年全村有 295 户，其中劳动力 580 人，农民人均纯收入 5200 元；低保户 53 户，"五保"户 7 人。张庄村的经济水平在尹集镇属于中等水平，村党支部曾获得市级先进党支部称号，该村获得过全国绿化小康村等荣誉称号。

二　村庄整治的主要过程和基本情况

2008 年，张庄村中有一个组开展了扶贫搬迁项目，共有 36 户以统规自建方式搬入现在的新社区。2009 年 11 月，为响应舞钢市"两集中"政策，张庄村在政府号召下，以统规统建方式开始建设新社区。张庄村开展的拆旧建新项目全部采取先建后拆的方式。截至目前，共完成 235 户房屋建设，尚有 44 户因贫困或补偿不满意而未迁入新居。

由于拥有优越的区位，张庄村在整治前已是舞钢市旅游度假区，村内有 14 家农家饭店，村庄用地面积为 1400 亩，其中宅基地面积 270 亩，户均 1 亩。整治后村庄用地面积减少到 510 亩，其中宅基地 60.5 亩，户均占地 0.3 亩，经过土地综合整治项目节约 890 亩建设用地。社区占地主要为耕地、坑塘以及废弃地等，所占耕地采取 800 元/年的方式"租用"，社区计划条件成熟时（约 5 年）以 5 万~6 万元的价格一次性将所占耕地买断。

（一）基础设施及房屋建设

张庄村在基础设施建设上已经投入 595 万元，全部由财政拨款，其中：

给排水管网 120 万元，道路 240 万元，绿化 100 万元，电力 120 万元，戏台等设施 15 万元。此外，村集体还欠施工队工程款 1400 万元，由于村里没有集体收入，这笔欠款何时以何种方式偿还还是个未知数。

新社区有两种类型房屋：一类是农民用于居住及发展第三产业的宅院，共 235 户，每户宅基地为 0.3 亩。有两种户型，即联排和独栋；按房屋建筑面积分类，252 平方米的有 18 户、240 平方米的有 163 户、235 平方米的有 18 户。房屋外形基本统一，内部结构略有不同。由于紧邻龙凤湖风景区，农户可用于发展农家乐、便民超市、旅馆等。属于移民搬迁项目的农户按照统规自建方式建设新房，其余为统规统建，农户以 650 元/平方米的成本价购买。新房装修并入住后，旧宅基地交给村集体统一复垦。还有一类是商业用房，规划建筑面积 15000 平方米，引入几家开发商建设，用于建设较高档次的饭店、旅馆，以长期出租（50 年）的方式出租给本村或外村人。

（二）补偿与奖励方案

张庄拆旧建新过程中的现金补偿方案有三类：一是针对扶贫移民搬迁的 36 户，每户得到扶贫移民补助 2 万～3 万元；二是针对其他农户，政府给予先搬迁奖励，具体办法为：以自然村为单位，一次性搬迁超过 70% 的村庄农户可以获得 5 万元/户的奖励，零星搬迁的村庄农户可以获得 1 万元/户的奖励；三是村上有 7 户农户获得了拆旧房补偿，补偿标准为 2008 年由市制定的统一标准，砖混房 470 元/平方米、土瓦房 360 元/平方米、砖瓦房 420 元/平方米，这 7 户获得补偿的原因是集中居住前所建的"农家乐"、鱼塘等是符合政府要求的正规经营，另有 7 户"农家乐"因未拆旧或本身没有正规经营许可而未得到相应的补偿。

此外，张庄村还采取了一系列措施激励或敦促农民搬入新区。如搬进新区的农户可以在保留耕地的基础上，自由选择城市户口或者农业户口，土地证和房产证都免费发放。但不搬迁的农户不能享受养老保险，也没有宅基地证。

（三）新社区治理结构和管理方式

新社区的治理分为四个层级：一是成立了社区管委会和党总支，管委会为副科级单位，由 1 个主任和 2 个副主任组成，三人均享受副科级待遇；

总支书记由党委派出，各村支书任总支副书记。社区内公共服务和社会管理（如保洁、治安等）由社区管委会负责。二是原有村党支部、村委会、村民小组保留，但职能发生了一些变化，主要是村党支部和村委会不再负责集中居住区的公共服务和社会治理，村民小组的职能与集中居住前一致，集体资产、宅基地、耕地等相关权益由原小组负责。三是 2011 年 11 月乡政府成立了民富园城镇建设开发公司，公司董事长是乡常务乡长，公司主要负责社区账户，包括收取农户购房款、商业用房出租、土地开发等。四是成立了农家乐协会，负责农家乐经营户的管理协调工作。

三 社区建设顺利推进的主要原因

（一）定位清晰，有利于集中区农户增收

张庄社区定位为休闲度假新型社区，并围绕这一主题开展了一系列工作：一是在规划之初就以此为标准进行风貌设计，有多种户型和位置可供农民选择，农户可以自主选择农家饭店、农家旅馆、小卖部等多种经营形式。调查了解到，因为在最初就知道规划，所以不少农户在选择是否搬进新区时都认真考虑了将来的生计问题，也由此决定了户型选择和装修，如葛天玉家与李春晓家虽然是邻居，但房屋户型并不完全相同，装修风格更是大相径庭，能够满足不同的游客需求。二是社区联合市旅游局聘请专职老师，免费开展农家乐相关知识培训，并组织一些农家乐经营户到外地参观学习，使其掌握基本技能。三是成立农家乐协会，对农家乐经营进行指导、监督。按照游客要求推荐到不同的农家乐，能够有效避免农家乐经营户之间的恶性竞争。

张庄社区的这一定位能够显著增加经营户的家庭收入。葛天玉家每日能接待游客 20 多名，每张床位每天收费 30～40 元，在旅游旺季（每年 5 月到 10 月）每月毛收入超过 1 万元，淡季也能有 3000 余元。据介绍这一收入水平在社区处于中等地位。

（二）搬迁动员和激励措施效果显著

村组织在推动村庄整治过程中遇到的第一个困难是农户不理解，除了移民搬迁农户外，大多数农户因为对补偿不满意而不愿意搬迁。为此，社区采取了两种方式动员：一是把村组干部、农户代表带到新乡、郏县等地

参观，参观后的结论是"连平原地区都集中居住了，我们山区更要改善条件"，这是使拆旧建新工作顺利开展的重要原因。二是先搬迁奖励，若 1 组超过 70% 的农户搬迁，则每户能够得到 5 万元奖励，零星搬迁只能得到 1 万元奖励。这样就有效调动了搬迁农户的积极性，除村组干部外，这部分农户也会自觉地做不愿意搬迁农户的动员工作。此外，先搬迁农户可以先选户型，对希望从事的经营活动也有更大的选择权。

（三）农户带地转城镇户口

作为一项激励措施，农户搬进社区后可以选择城镇户口，以此享受比农村更高水平的养老保险、医疗保险等福利，且能够免费获取宅地的土地证和房产证，同时还能够保留集体土地承包权。

四　社区建设中存在的问题

（一）农户对拆旧建新项目的态度存在较大反差

张庄社区农户前后搬迁的批次差异并不大，几乎是同时建设，但是是由扶贫移民搬迁项目和土地综合整治项目两个不同的项目完成的。由于政策差异，两个项目在实际操作中有很大差异：一是所涉及的农户补偿、奖励方案不同。前者虽然也是整组搬迁，但却不能享受后者整组搬迁的 5 万元奖励，这部分农户认为补偿不公平，对此十分不满意。二是建设方式上，移民搬迁项目农户只能选择社区西边的一小块地方修建新房，其他农户在社区东边，户型选择范围更宽。实地调研中也发现社区东边的户型、绿化环境相对更好。而且，扶贫移民搬迁项目的农户是从山上搬迁下来，本身经济基础较弱，新社区也没有出台相关的补助措施，这也是这部分农户不满的原因。

因此，调查中出现了两种截然不同的态度，路西的农户对拆旧建新有诸多抱怨，而路东的农户因为有更多的农家乐等经营机会，收入大幅提高，对目前的生活状态十分满意。

（二）社区内公共财产收益不规范

总体来说，张庄社区在方案制定、村民动员、补偿、奖励措施等方面是较为规范的，农户的知晓率较高，也在一定程度上满足了村民的要求

（如在村民的要求下搭建戏台），但在财产性收益归属问题上存在不规范的情况。社区内的商业用房以2000元/平方米的价格对外出售（50年出租），收益归民富园公司所有，暂且不谈在农村集体建设用地上建设商业用房用于对外出售（长期出租）是被明令禁止的事实，这种收益制度安排是否合理合法也值得商榷。舞钢市文件（舞发〔2011〕9号《关于以新型城镇化引领"三化"协调科学发展的实施意见》）规定，"在村庄整治过程中，要通盘考虑，合理规划集体经济发展的项目，有效增加集体经济收入，提升村庄整治的内在动力"，可见舞钢市允许农村集体建设用地用于商业开发的目的是增加集体经济收入。但民富园公司由乡政府成立，村集体既非公司股东也不能参与公司管理，也无法享受收益，对来自社区内的相关收益的支出分配也无权过问，村集体并未因集中居住增加收入，违背了舞钢市的政策初衷。

（三）新社区风貌问题

张庄村位于半山区，旁边尚未拆迁的曹巴沟村建在坡地上，房屋大多是成排的青瓦房，布局错落有致，掩映在成荫的绿树中，与对岸的石漫滩龙凤湖相辉映，景致独特，具有不同于城市的清新气息。而新社区位于山下的一块平地，与城市社区类似，成排的房子整齐划一，道路完全硬化，一些苗木花卉点缀其中，可以说是一个漂亮的村庄整治点。然而新社区的城市气息显然不如老村浓厚的乡村气息有吸引力。此外，新社区修建占用了原有耕地，老宅地虽然尚未复垦，但也可以预见位于山坡上的老宅地复垦后耕地难以进行规模化经营，耕地质量也是未知数。

（四）新社区管理问题

张庄社区是多村合并，虽然成为一个村，管理体制尚在探索中，但不可否认，与过去的管理相比，当前的管理体制已经发生重大变化，存在一些问题和风险：①社区公共服务存在不可持续风险。目前社区公共服务名义上由社区供给，但实质上是有赖于民富园公司的出资，而民富园公司的资金主要来源于社区商业用房的开发。一方面民富园公司没有社区公共服务供给义务，可以随时终止支付公共开支；另一方面民富园公司所开展的业务处于土地管理灰色地带，一旦被界定为非法则公司有破产的风险。无论哪种可能性都会造成社区公共服务不可持续。②乡村关系发生变化。根据《村民委员会组织法》，村委会是基层群众性自治组织，乡与村之间是两个平等主体之间指导和被指导、支持与被支持的关系。但张庄社区里，社区管委会是有着明确行政级别的组织，且由乡政府代管，而村委会被定位为"协助社区办理事务"，村委会承担更多的行政职能，其自治功能存在弱化甚至消失的风险，农村自我治理成为空谈。

上述两个问题目前看来并无大碍，但随着多村合并的深入，当公共服务筹资遇到困难时，由于村委会自治功能弱化，村民议事和决策能力必然受到严重影响，如不进行制度完善，农村公共服务和社会治理可能会陷入无序、失范甚至萎缩的境地。

案例5 舞钢市丰台新型农村
社区：杨泉村

一 丰台新型农村社区的基本情况

舞钢市辖 4 镇 4 乡 8 个办事处。全市的人口规模大约为 32 万，其中城市人口 12 万左右，农业人口 20 万。全市的耕地面积大约 30 万亩。全市共有 190 个行政村，共 834 个自然村，1421 个村民组。

舞钢市村庄布局调整的规划是，将现有的 190 个行政村整合规划为 4 个中心镇，17 个中心社区，其中，18 个村进入中心城区，72 个村进入中心镇，100 个村进入中心社区。舞钢市计划在 2012 年 6 月底前全面启动 17 个中心社区建设，到"十二五"期末，实现三个"80%"的目标，即土地规模经营面积达到 80%、农村转移人口达到 80%、城镇化率达到 80%。按照规划，新建社区用地面积必须小于拆旧面积，户均占用集体建设用地面积由原来的 1.1 亩降到不超过 0.4 亩，全市 190 个村占地面积由原来的 7.11 万亩缩减到 3.53 万亩，腾出土地 3.58 万亩。据估算，腾出的这些土地可为舞钢提供 20 年的发展用地指标。

舞钢市政府通过采用经济和行政等多项干预措施，强力推动新型社区建设。例如，舞钢市规定，从 2009 年起，将不再新批宅基地。在行政约束机制方面，舞钢市出台了目标考核制度，在总分为 100 分的考核范围中，村庄整治这一项占了 70 分。其他所有的工作加在一起只有 30 分。相应的，乡镇政府对各行政村也实行严格的目标考核。

丰台新型农村社区就是舞钢市所规划的 17 个中心社区中的一个，位于八台镇政府所在地。2011 年底，丰台新型农村社区一期完工，可以容纳 800 多户。目前，丰台社区二期正在建设之中，能容纳 890 户。

丰台新型农村社区属于多村合并后的社区。杨泉村是这些被合并村庄中的一个行政村。该村约有 170 户，580 人。截至 2012 年 4 月下旬，已经进入集中居住区的农户有 69 户。村庄整治前，杨泉村的村庄用地面积大约 380 亩、宅基地面积 150 亩，按照规划，村庄整治后的人均用地面积（含宅基地和道路等公共用地）0.16 亩，村庄用地面积减少到 140 亩，宅基地面积减少到 70 亩。也就是说，经过村庄整治，杨泉村可以结余出 220 亩土地。

二　村庄整治的制度和政策

（一）建设方式

丰台新型农村社区属于统规统建的新型社区，由农民购买。房屋类型分别是独院、2 层，独院的宅基地面积大约 190 平方米，建筑面积为 156 平方米。每套独院的售价是 13.8 万元。另外，社区还修建有高层建筑，满足老年人等群体不需要大面积的需求。

（二）补偿政策

舞钢市对农民拆旧没有补偿，在建新方面，舞钢市出台了激励性政策。对于选择集中居住的农户，舞钢市给予每户 1.5 万元的奖励。其中舞钢市财政承担 1 万元，乡镇财政承担 0.5 万元。在这 1.5 万元中，1 万元在购房时扣除，即房屋的售价是 13.8 万元，农户只需要支付 12.8 万元，0.5 万元在农民的旧房拆除后再予以兑现。

（三）基础设施建设资金来源

丰台新型农村社区的基础设施建设由政府投入。八台镇财政大约投入了 1400 多万元，其中贷款 1000 万元，镇财政投入 400 多万元。舞钢市财政投入近 300 万元，均为各部门的专项资金。主要包括环境连片治理专项资金约 120 万元，污水处理厂及配套设施资金 50 万元，扶贫项目中道路建设专项资金 50 万元、振兴路 50 万元、水厂 30 万元。

（四）新型农村社区的管理

进入新型社区后，杨泉村的原有组织仍被保留了下来。但是，丰台社区新成立了社区管理委员会。八台镇的副书记兼任管委会主任，杨泉村的村支书兼任管委会的副主任。兼职后，村支书的经济待遇提高了，其工资由每月的 590 元提高到了大约 1000 元。

新型社区的物业由乡镇水利站管理。农户的用水、用电费用都由其负责收取。由于杨泉村农户搬入新型社区的时间较短,农户都还没有缴纳物业管理费。对于将来是否缴纳物业费,尚未清楚。

三　村庄整治中的问题

(一)　农民贷款难

据调查,杨泉村农民在购房中普遍存在自有资金不足的困难。该村的村支书介绍说,他家的经济条件在村里属于上等水平。2009 年,他投资 130 万元,与他人合伙购买了挖掘机。但是,即使像他这样的富裕家庭,在买房时也向亲戚朋友借了 3 万元,月息 1 分。他说,贷款手续烦琐,也不容易贷到。

缺乏担保和抵押是影响农民得到银行贷款的重要因素。为了解决这一问题,舞钢市进行了探索。其做法是给那些在新型社区建房和购房的农户,颁发农村集体土地使用权证,也颁发房屋所有权证。但这种做法的效果是有限的。这是因为从时间序列看,农民建房或购房在前,事后的贷款不能解决建房或购房时的资金困难。尤其是,舞钢市的做法在操作中遇到了法律障碍。舞钢市的村庄整治大都属于多村合并。由于农村土地属于集体所有,只有集体组织(村集体或村民小组)的成员才有资格得到宅基地的使用权,给那些并入村的农户发放农村集体土地使用权证与现有法律相悖。为解决这一困境,舞钢市采取的变通做法是,在本村农民自愿同意的情况下,给并入村的农民发放宅基地使用权证。但调查发现,得到全体农民的一致同意是很困难甚至是不可能的。舞钢市还曾与金融机构协商,希望由政府担保来解决农民贷款问题,但这种建议没有被金融机构接受。金融机构认为,政府没有担保资格。

据八台信用社信贷员介绍,信用社在向农民发放贷款时,需要有担保、抵押或质押。信用社对担保人的规定是"有经济实力的在职公职人员",每人最高只能担保 10 万元,信用社的利率是 12.57%。所谓质押主要是指定期银行存款的存折,存折可以用本人的,也可以用其他人的。显而易见的是,在一般情况下,如果农民有存折,就不用向信用社贷款;而借用他人存折作为质押,在实际操作中也难以行得通。

（二）　新型社区建设中的土地问题

郏县冢头镇前王庄社区、陈寨社区的建设方式是边拆边建，不用新占土地。舞钢市的村庄整治大多选择新址（大多为乡镇政府所在地或其他地方）。新址的用地来源，主要有两种途径。一是由政府划拨集体建设用地，二是通过土地增减挂钩获得土地。但是，从申请增减挂钩项目到被批准的周期长，最快也需要 2～3 年。这会影响村庄整治的顺利推进。另外，在多村合并中，村与村之间的土地所有权的调整存在着很多法律和政策障碍。

（三）　资金问题

村庄整治的基础设施投资很大。据测算，丰台社区的建房投入 4000 万元，而基础设施投入为 1600 万元。舞钢市出台了资金整合的指导意见，整合各类支农、惠农资金打捆使用，集中投向中心镇中心社区。但是，资金整合受到现有政策的限制。例如，农村"一事一议"财政奖补政策规定，农民每人每年筹资 20 元，国家将补助（地、省、中央）60 元。但按照现有政策，"一事一议"的资金不允许用于新型农村社区建设，只能用于老村的建设。

（四）　农村土地流转后的"非粮化"现象突出

舞钢市把村庄整治与农村土地流转结合起来，制定了促进土地流转的激励和约束政策。2010 年舞钢市规定，对凡集中连片流转土地面积 500 亩以上，且流转期限 5 年以上、符合新一轮土地利用总体规划和产业发展布局的流转项目，经市、乡验收合格后，第一年与第五年各奖补当年商定租金的 30%，第二年至第四年各奖补 15%。2011 年又规定，从该年起新增土地流转项目采取实物办法予以奖补，在符合若干条件的情况下，连补 5 年。舞钢市市委、市政府把土地流转工作纳入乡镇和相关部门年终目标考核。年终对土地流转工作进行严格考核，对于完成任务好、经营环境好、成绩突出的前三名乡镇，分别给予 5 万元、3 万元、2 万元的奖励。

与其他乡镇相比，八台镇农村土地流转的比例相对较低。据估算，全镇的土地流转率大约为 20%。但据介绍，与舞钢市其他乡镇相同，八台镇农村土地向大户、公司、合作社流转后，土地利用形式出现了从生产粮食作物向生产非粮食作物转变的现象。八台镇约有 5000 亩规模化经营的土地，均不从事粮食生产。其中晚秋黄梨基地面积 1000 亩，主要繁育树苗，由舞钢市的一个公司经营；露天蔬菜 2000 亩，由大户经营；大棚黄瓜 400 亩及日本毛豆 1500 亩，由平顶山市的一个公司经营。

规模经营土地的非粮化是粮食生产比较效益低的反映，是市场经济条件下必然出现的现象。但还应该注意到，这种现象与地方政府的逆向干预有一定的关系。舞钢市 2011 年的土地流转实施意见指出，"2011 年起新增流转项目种植普通粮食作物（小麦、玉米、大豆）和从事良种繁育的，不予奖补"。规模经营土地（山区、丘陵地区以 400 亩为起点，平原地区以 700 亩为起点）得到补偿的范围主要是，"全年种植蔬菜（含水生蔬菜）、烟草、牧草、红薯（深加工）、果树、花卉、中药材等作物"。而且，"优先重点扶持特色优势项目，对于发展融观光、采摘、种养、餐饮等为一体、规模在 2000 亩以上的高效农业观光示范园，市'两集中'领导小组采取'一事一议'的办法给予特殊奖励"。

应该说，土地规模经营主体（大户、公司、合作社、集体等）及地方政府的行为都是理性的，也是合理的。但不可回避的问题是，这种做法会影响国家的粮食安全，是中央政府所不希望看到的。如何解决中央的要求与地方政府及规模经营主体非粮化行为之间的矛盾，将是农村新型社区建设中亟待解决的问题。

案例 6　滑县锦和新城：睢庄村

　　滑县位于豫北平原，总面积 1814 平方公里，耕地面积 195 万亩，辖 1 区 10 镇 12 乡 1019 个行政村，总人口 131 万人，其中农业人口 115 万人。滑县是全国粮、棉、油百强县。根据该县 2011 年 6 月确定的县域村镇体系规划，全县将在 10 年左右的时间内建设 209 个社区，其中新型农村社区 172 个，城镇社区 37 个。锦和新城就是其中的一个新型农村社区，计划整合 33 个行政村，可容纳 4 万多人居住。完全整合后，村庄占地面积将由 9500 亩减少到 3925 亩，预计节约土地 5575 亩。锦和新城的一期工程整合 18 个行政村，4737 户，1.9 万人。

一　村庄整治的基本情况和制度安排

（一）项目进展

　　睢庄村原隶属于滑县城关乡，因滑县产业集聚区发展需要，2009 年 4 月被纳入滑县锦和新城集中居住区。2009 年底全村开始启动村庄整治工程，开展宣传发动工作；2010 年 5 月，新区房屋正式动工；到 2011 年 9 月，完成全村 335 户农民全部入住新区以及老村旧房的拆迁任务，从宣传发动到整村搬迁耗时不足两年。

　　睢庄村旧村占地 1200 亩，其中村庄建设占地 110 亩，耕地 1090 亩。项目实施之后，村庄占地约 150 亩。集中居住后，睢庄旧村不需要进行复垦，因为锦和新城集中居住区采用滚动开发模式建设，睢庄新村 2/3 的面积是占用先期实施集中居住的暴村旧村的土地，1/3 的面积是占用本村旧村土地，而睢庄旧村剩余土地则用于锦和新城内其他村庄的集中居住区建设。

（二）建设方案

　　新村建设采用统规统建的方式，并提供两套住房方案供农民选择：一是高层楼房（7层，带电梯），一是联体别墅（2层，独院）。村民自行上报所需房屋类型，位置抽签决定。高层楼房由新区管委会统一建设并执行统一售价，每套面积167平方米，定价800元/平方米；联体别墅由村委会按新区标准统一建设，售价由睢庄村自行确定。宅院占地面积0.288亩，房屋建筑面积220平方米，初期定价为126300元/套，但实际以155300元/套的价格成交。最终睢庄有105户选择"上楼"居住，242户选择了购买联体别墅。

（三）补偿标准

睢庄村拆旧建新实行先建后拆，拆旧建新执行拆迁还建安置办公室统一的补偿方案，对农户的旧房屋、宅基地及拆旧建新过渡期都给予了一定补偿。旧房屋按照砖瓦、一层砖混、二层砖混的不同结构，分别给予100元/平方米、150元/平方米、200元/平方米的补偿。旧宅基地补偿以0.29亩为标准，并与所选新居类型挂钩：旧庄地面积超出0.29亩的部分，按3万元/亩的标准补偿；0.29亩以内的部分，对选择楼房居住者按30万元/亩的标准补偿，而选择别墅者相当于抵扣新宅地面积，不予补偿。同时，新区还按旧房面积，支付每户3元/平方米共6个月的过渡期补贴。房屋面积、结构及宅地面积均以实地测量为准，由拆迁还建安置办公室、村委会、拆迁户三方面确认签字。此外，进入新区农民即转为非农户口，纳入城镇居民社会保障体系。上述补贴均由新区政府提供，村集体在拆旧建新中并无额外负担。新区公共设施建设也无需村集体和农民配套资金，包括睢庄村委会新房都由新区出资建设，同时对原村委会房屋还给予了7万元补偿。

农户耕地交由村集体统一流转，租金为每年1000斤麦/亩。出栏生猪不予补偿，未出栏的能获得约2.5元/斤的补偿。

（四）组织管理

睢庄成立有专门的建新理事会，成员由3个村民小组各公推出5名村民代表组成，负责建新过程中的原料采买、工程进度监督、房款管理等工作。此外，还有两名专业技术人员，分别由村委会和新区雇佣人员分派到睢庄，负责建新过程的技术指导和监督。

二 主要成果

(一) 农民拆旧建新负担较轻

在走访的众多新型农村社区中，锦和新城对农户拆旧建新的补偿标准最高。按照上述补偿标准，睢庄农民拆旧所获补偿能抵消购新房一半以上的花费。特别是上楼农户，购房基本没有额外负担，补偿款还能略有结余。购买别墅的农户依靠自有资金也基本能完成建新。和睢庄村一样，锦和新城农民建新负担普遍较轻，因建新产生的负债较少，其他社区较普遍的"建新谁家没几个窟窿"现象在锦和新城并不多见。

(二) 公共设施齐全，农民生活环境显著改善

睢庄新区道路宽阔、整洁；房屋整齐划一，美观大方；路边花池种有各色花草，绿化精心。旧村污水横流、垃圾随意堆放的景象不复存在。社区内公共服务齐全。

(三) 农民非农就业收入增加

集中居住之后，睢庄农民都不再种地，领取每年 1000 斤麦/亩的补贴，基本能够保证种地农民的农业收入不受影响。而锦和新城建成后，新区保洁、园艺、保安等物管工作为本地农民创造了就业机会。这些工作较为轻松，并且相对工作量来说，工资也较为合理。除此之外，集中居住区所依托的产业集聚区，也能吸纳部分本地劳动力，特别是不少过去赋闲在家的妇女也开始"上班"了。但据农民反映，目前集聚区引进的企业效益并不太好，因而吸收就业能力也较为有限。

三 几个问题

总体来说，由于滑县对产业集聚区内村庄合并制定了较为规范的搬迁办法和补偿方案，睢庄等集中居住村农民的利益得到很大程度的保障，各项工作也都有章可循。但睢庄集中居住过程中仍暴露出一些较具普遍意义的问题，值得重视与深思。

（一）规划多变，缺乏前瞻性、稳定性

睢庄村拆旧建新中遇到的最大困难在于旧村房屋普遍较新，而且以砖混的二层小楼居多。据估算，旧村 60% 的房屋都是近十年内修建的，甚至有村民被拆掉的"旧房"是刚刚盖好、连装修工作都还没做完的新房，一天未住就又被拆掉在锦和新城重盖了。因而拆旧时农民怨气大，工作难开展。

睢庄村的局面与新区规划缺乏前瞻性、稳定性有关。锦和新城 2004 年最初的设计规模是 12 个村庄农民的集中居住区。由于规划较早，以暴村为例，在 2009 年集中居住项目实施的前 5 年就已经严格控制在老村建新房。到 2009 年 4 月，新区规划村庄扩展到了 24 个，规模扩大一倍。睢庄村就属于第二批规划村庄，并且按照规划实施进度，睢庄又是第二批村庄中最早的集中居住项目区，当年 12 月项目就正式启动。整个安排令睢庄的干部和村民都措手不及，也给拆旧建新工作带来了很大困难。

新区规划的多变在楼房改建一事上也有所体现。最初新区规划的统建楼房是 6 层，各排房的间距也是依据楼高测算的。后来考虑到 6 层以上楼房才允许安装电梯，新区政府又决定改建 7 层楼房。但此时新区整体规划都已做好，农民的联体别墅也已经动工，无法再另作规划。由于临时加高了楼高，与楼房区相邻的第一排联体别墅就完全无法采光，由此还引发了农民的上访。

（二）集中居住有一定强制性

睢庄村从进入新区规划到完成整村搬迁，耗时不足 2 年。从宣传发动拆旧建新到农民签署搬迁协议也仅用了一个月，村主任说期限是新区统一规定的。村民也反映，搬迁是必须的，"谁能不搬？不搬到时候就给你断水断电"。相邻的暴庄旧村也以同样惊人的速度从中国的版图上迅速消失，实现了农民的集中居住。暴庄村村民介绍，暴庄 20 天内就将原村房屋拆除干净。一户农民还介绍，他家阴历二月初六迁出旧宅，二月十六建新房打地基，但具体的补偿协议是阴历三月份才签的。这种不规范的工作流程也显示，地方政府主导着项目的决策和实施，而农民则处于较被动的接受地位。

（三）补偿标准与农民的预期有差距，补贴发放不规范

尽管睢庄村农民拆旧建新的负担较轻，但是很多农民认为他们并未得到合理的补偿。该村的唐莲云介绍说，她家的旧宅是两层楼房，共 12 间，建筑面积 260 平方米；新宅院是统一规划的，面积为 0.3 亩。旧房修建于 2001 年，当时花费 10 多万元。据她的丈夫介绍，现在如果再修那样的房子，30 万元也修建不起来。但按照赔偿标准，只赔偿了 6 万元。

补偿款资金流动更像是在社区内构建了一个小型信用支付体系，补偿款以新区开具的支付凭证的形式，在农民、村委会、新区和房屋建造商之间流转，不发生实际现金交付。对新区而言，这种补贴发放模式，好处不仅在于简化了交易程序，而且可以缓解新区建设资金周转的压力。通过凭据的流转，补贴资金的实际交付时间就由项目实施之前顺理成章地延迟到项目临近尾声之时。

对于如何发放这笔补偿款，新区的创新远没有止于此。为了更大限度地缓解新区建设资金压力，以贷款代补贴的"创意"应运而生。新区利用政府提供给农民的贴息贷款政策，让农民以个人名义申请 5 万元的 3 年期贴息贷款，三年后由新区代为偿还。相当于用这笔贷款抵消了相应的拆旧补贴，把现期的支付压力转移到三年之后。

（四）干群矛盾激化，社会稳定状况堪忧

集中居住后，睢庄各种矛盾逐渐浮出水面，特别是干群矛盾突出。从农民反映的情况看，他们认为村干部克扣拆旧补贴、挪用建新房款，并且在新房分配中给自己更多好处。村民与干部对抗情绪严重，并采取集体行动维护自身权益。经过多次向上反映问题，被克扣的补贴款已经如数发放。2011 年村委会换届选举，村支书仅获一票，被村民合力选了下去。但不知为何，几个月后上级政府又让其官复原职了。

睢庄村干群矛盾激化的导火索可能与新房采取了统一建设方式有一定关系。睢庄村是锦和新城统规统建方式的试点，别墅区由村委会联系建筑公司承建。但由于选择不慎，协议的公司只是一个空壳，它又将项目分包给三个工程队建设。项目尚未完工，建筑公司就卷款逃跑，工程队只能向睢庄村索要工资，还将村委会告上法庭。统规统建的房子，质量差，价格

高。睢庄村的农民反映说统一建设的房子是豆腐渣工程。我们在调查时也看到，新修建不足 2 年的房子已经裂缝，农民找施工队维修，施工队推脱责任。

按照 2011 年的物价水平，农民自行建房，把框架建造起来，仅需要 9 万元。有自己修建的，就是这个水平，如果简单装修，不足 12 万元即可入住。但是，通过对在新区内走访的暴庄、五里铺对比分析可以发现，睢庄村的矛盾归根结底还是村庄治理基础差，干群信任早已缺失。集中居住前，就有不少村民对村干部行事颇有微词，认为其处事不公、以权谋私。基于首因效应，村民倾向于沿着既有思维逻辑解读村干部的行为。比如，村干部本着"村组干部尽量不介入建新具体工作"的想法组建了建新委员会，但村民的解读却是"连组里都不让插手了"。拆旧建新过程中的信息不透明、方法不得当，加剧了农民与干部间的博弈对抗，致使矛盾扩散、升级。

（五）老年群体利益或受侵害

针对 60 岁以上的老年人，锦和新城做了"人前一子"的规定。具体说，假如老人有两个儿子且都是本村村民，那么集中居住后，他们在新区只能购置或建造两套房屋，老人必须跟其中一个儿子住（通常情况是在几个孩子家轮住）。除非该老人是严格意义上的四世同堂，即两个儿子都有孙子/女，才能获得购置新房的资格。据新区工作人员介绍该政策是为了方便子女照顾老人。

这种政策规定的不合理之处是显而易见的。第一，剥夺老年人购置房屋的资格是对老年人居住权利的侵犯。当然，也许即使允许老年人购置房屋，一些老人也可能会基于经济或其他考虑而放弃购买新房，选择与子女同住，但并不能因此就剥夺他们选择的权利。第二，两代人一同居住不仅会造成生活上的不便，也容易产生一些摩擦，对于选择楼房居住的农户尤为不便。第三，轮流供养成问题，特别是部分实现四世同堂的老人。他们要在几个儿子家轮住，儿子又要在孙子家轮住。如此情况下一家人就要接受两代四个老人轮住，压力巨大。第四，老年人在生活上只能更依附于子女。一旦遇到与子女存在矛盾的情况，老人不知该如何自处。

据暴庄村某村民小组的组长介绍说，他曾无意识地了解到，村里有一个媳妇不让老年人在家里居住，结果老年人被迫把子女告上法庭。这个老年人共有两个儿子。在集中居住前，她单独居住。集中居住后，被迫轮流在两个儿子家中生活。但她的大儿子及儿媳不让其在家里居住。理由是怀疑老人偏向小儿子，可能把征地款和土地流转租金给了小儿子。

四　结论与建议

从睢庄的调查情况看，滑县土地整治和集中居住有助于统筹城乡土地资源配置，有效缓解城镇化发展的用地压力，也为地方产业发展提供了空间。同时，在负担不太重、各项权益有保障的情况下，农民也有改善居住环境、提高生活质量的愿望。可以说，如果利益分配得当、工作方法适宜，土地整治和集中居住是一件合作共赢的事情。为此，对完善土地整治和集中居住工作提出如下建议。

（一）新区建设应量力而行

新区建设以多大规模为宜需要经过科学的测算，既要符合实际，又要有一定前瞻性。一方面要考虑当地人口规模、结构和流动趋势，避免规划新区在长期发展中又成"空心社区"；另一方面要考虑新区公共服务的供给效率，规模过小不利于实现公共服务规模效应，规模过大又会导致公共服务供给短缺。除此之外，新区建设者还应充分考虑自身的资金能力，量力而行，不应为新区建设过度举债。

（二）重视农村出现的干群信任危机

睢庄的案例揭示了农村干群信任问题的重要性。睢庄的干群矛盾呈现出从小范围不满扩散到大范围不满，从对干部不满上升到对政府不满的趋势。如不引以为戒，基层政府的社会动员能力和社会的稳定都将受到影响。

睢庄村的干群信任危机是我国目前农村治理状况的缩影，造成这一现象的原因是多方面的。随着农村社会的发展和变迁，以宗族威望、人际关系维持的治理基础严重衰退，取而代之的是行政化的关系。村民更多地将村干部视为政府的代言人，追求自身利益的自利人，而不是所谓的公仆或自己利益的代理。而且长期以来，部分村干部出于行政任务的压力或是自身利益的考虑，在很多事务的决策上并不完全征求全体村民意见，村务公开范围也不够，无形中也让村民觉得干部办事不民主、不透明，使最终决策结果难以信服。

从推动村庄整治工作这一角度考虑，政府在选择村庄整治试点村时，应把该村甚至其所属乡镇的治理状况作为重要的参考依据。

（三）以民意为基础，提升工作透明度

在集中居住过程中，农民的诉求不仅体现在要求物质利益有保障上，也体现在对决策程序的正义性和透明性的要求上。在工作中应该把尊重民意落到实处，一是要把群众是否支持作为能否实施土地整治的重要依据；二是广泛征求村民组织和农民对补偿、安置等与其利益息息相关的方案的意见；三是在宣传发动中要做好耐心、细致的讲解，要让农民知道为什么要这样做，而不仅仅是告知其该如何做；四是做好信息披露工作，各类政策文件、工作进展、财务状况等信息都要及时公示，接受群众监督，降低农民心中的猜忌和不安；五是建立完善的利益表达和反馈机制，使农民有合法渠道表达自己的诉求。

（四）以法律为依据，增强工作规范性

土地整治和集中居住涉及农村集体和农民的多项基本权利，因而要求集中居住的各项工作都应严格遵循有关法律法规。要明确制定方案的法律依据，而不能单纯考虑地方惯例。在推动项目实施过程中，也要保证工作方式和流程规范、合法。这不仅能够更好地保障农民权益，也有助于减少或避免一些不必要争端，且一旦日后出现争议，也能做到有据可查、有法可依。

（五）建立合理的收益分配机制

目前，滑县政府对集中居住农民的旧房屋、宅基地、过渡期、承包地、社会保障等方面都有一定的补贴。但这些补贴只是对农民失去的权益的一种补偿，而在土地未来收益分配中尚未体现农民作为收益主体之一的地位。农民是实施农村土地整治工程的重要主体，在拆旧建新和集中居住过程中本来就做出了很大的牺牲。因此，应该建立一套合理的收益分配机制，让农民从中得到看得见、摸得着的实惠，而不能把目标仅限于农民利益不受损害。

案例7　卫辉市焦庄新型社区

一　村庄整治的过程

焦庄新型农村社区的前身是焦庄行政村，在行政上隶属于卫辉市城郊乡。其建设过程分为两个阶段：第一阶段是从2004年到2006年底的缓慢进展阶段；第二阶段是从2007年开始的快速推进阶段。截至2012年3月底，焦庄村90%的农户已经在新型社区居住。

2004年，焦庄村请卫辉市土地局做了新村建设规划。当时，焦庄村由两个自然村组成，共有3个村民小组。全村有220户，1000多人。新村的规划属于统规自建。为了不新占耕地，新村建设地址选在了该村一个自然村的宅基地上。农民只要拆除旧房，就可以在新的规划区得到一处宅基地，并按照规定的面积、高度和建筑方式在新址上自行修建新房。考虑到将来人口增加的因素，焦庄村共规划了300户宅基地。据介绍，焦庄村引导村庄整治的动因是农民对改善居住和生活环境的需求。当时，焦庄村的村内道路弯弯曲曲，村民出行很不方便，而且各户之间在宅基地问题上的纠纷不断。村干部设想通过改变农民分散居住的现状来满足农民对居住质量的需求。

但是，由于诸多因素的影响，焦庄村农民拆旧建新的进展较为缓慢。在2004～2006年的3年中，全村拆旧房建新房的只有约50户。这些农户基本属于房子过于破旧、结婚娶媳妇等急需修建新房的农户。村庄整治缓慢会引发许多问题。一是不利于基础设施建设；二是随着建材等建筑材料和劳动力工资的涨价，农民修建新房的费用越来越高。因此，焦庄村决定从2007年开始，强力推进新型社区建设。2007年4月，焦庄村家中有村干部和党员的20多户率先拆除旧房，8月基本全部拆完。到2008年，全村出现了拆旧建新的高潮。但是，仍然有16户不愿意拆迁。村干部认为，如果不实行强制措施，就会影响其他农户拆旧建新的正常进行。所以，由新农村建设理事会出面，带着村民代表，用一天时间把 16 户强制拆除了。到 2012 年 3 月底，焦庄村 90% 的农户都已经在新型社区居住。

二 村庄整治顺利推进的原因

焦庄村是一个纯农业村，没有集体收入。在拆旧建新中，政府和村集体没有给农民拆除旧房的补偿，也没有给农民新建房屋的补偿，更没有对老宅基地的附属物及地基的补偿。但是，总体来看，焦庄村的村庄整治较为顺利。调查发现，这与该村干部的动员能力较强以及其制定的拆旧建新的规则有一定的关联。

（一） 新型社区的条件好

调查发现，农民之所以愿意拆旧建新，很大程度上是因为新型社区改善了居民的居住和生活条件。卫辉市政府共计整合了农业、交通、土地等部门的涉农资金 1000 多万元，用于新型社区的道路、管网、绿化等基础设施建设，从而使得新型社区具有较好的居住条件和生活环境。

（二） 新型社区的规划制定和实施的时间较早

2004 年，焦庄村即实施了新村规划，2008 年焦庄村农民集中修建新房。由于近年来建筑材料的成本及人工成本的上升幅度远高于农民收入和积蓄的上升幅度，因此，当时修房相对来说更加容易、更加合算。据介绍，2008 年修建一套新房需要花费 7 万 ~8 万元（不含装修），到 2012 年初，则需要花费 13 万 ~14 万元。

另外，多数农户难以仅仅依靠自身的积蓄修建新房，还需要从金融机构贷款或者向亲戚、朋友借钱。焦庄村农民大规模修建新房的时间早于周边的其他村，所以他们更会借贷。据村干部介绍，当时周边很多村庄的钱都能会集到焦庄村。

（三） 干部和党员带头

为了推动新型社区建设，焦庄村制定了村干部和党员带头拆迁的规定，并得到了很好的执行。这种做法给村民传递的信息是村里所推行的拆旧建新是"当真的"，从而有助于促使那些犹豫不定的农户早下决心。而且，焦庄村规定，在新房的位置选择上，村干部和党员不能与群众争好位置（临街），都被安排在社区后排，村支书家的新宅被安排在社区最后一排。

（四）对先拆旧建新的农户给予一定的激励

焦庄村制定了激励农民拆旧建新的措施。一是较早拆迁的农户可以优先选择位置更好的宅基地。二是由村两委协调，这部分农户能赊销一部分建筑装修材料。据介绍，这两项措施取得了较好的效果。这是因为，在农民知道所有的农户早晚都要拆迁的背景下，农民比较看重在新型社区的位置，从而更有可能选择尽早拆迁。赊销的措施，也缓解了那些经济不很宽裕的家庭在修建新房中的资金压力。

（五）村拆旧建新理事会发挥了较好的作用

为了推动农民拆旧建新，焦庄村成立了农民理事会。理事会成员共有 5 人，其中有 2 人为村两委干部，属于村两委指派；其他 3 人是村里德高望重的老党员，由农民选举产生。

在拆旧建新的过程中，理事会在两个方面发挥了作用。一是宣传发动；二是协调农户之间在拆旧建新中的矛盾。由于焦庄村的新村建设是在一个自然村的原址重建，这就会引起一些矛盾纠纷。例如，A 户在拆除了老的宅基地后，其新的宅基地则是 B 农户的宅院。如果 B 户不愿意拆除旧房，那么 A 户就不能修建新房。在这种情况下，由村理事会出面协调解决这一问题。通常的解决办法是对 B 户做工作，如果有住人的户，先拆一间，不影响别人住。

村理事会的成员在村民中享有较高的威望，由他们动员农民拆旧建新和处理各户之间的纠纷，农民会更加容易接受。

（六）过程公正、结果公平

最初有拆旧建新的想法时，村干部就组织农民到外村参观学习，之后的规划、方案制定、决策、强制拆除旧房等全程公开，所有的村民都能够了解决策和实施主体。同时，农民有问题可以直接与理事会、村干部沟通解决，因此全村自始至终没有一例因集中居住而上访的情况。

（七）新居设计符合农民需求

焦庄新社区按照每户 234 平方米的标准划分宅基地，房屋结构为两层联排，每户房前有 10 多平方米的院坝，可以堆放农机具。每年收割时，硬化路面专门辟出一部分供农民翻晒粮食，受访农民表示"生产比过去方便多了"。

三 结论与讨论

焦庄的实践证明，缺乏政府补贴、集体没有经济实力的纯农业村也能够实现农民的集中居住。其成功的核心因素在于村干部对趋势的把握有一定的前瞻性、比较务实团结，并制定了较为公平合理的规则。从这个角度看，焦庄实践在其他地区的复制性是有条件的。而且，焦庄实践中的一些做法值得进一步探讨。较好的结果并不表明其所有做法的合理性。

（一）如何看待拆旧建新中的"自愿"

据调查，焦庄村多数农民的拆旧建新行为是自愿的。但是，这种自愿性在很大程度上是无奈的选择。在村集体建设新型社区的背景下，老村庄的基础设施建设基本上处于无人过问的状态。这样，农民选择拆旧建新就成为他们唯一的选择。

（二）是否应该对经济困难家庭进行倾斜对待

与全国多数地区一样，焦庄村各户之间的经济分化较为明显。据介绍，焦庄村有 5 户"五保"户、有 20 多户低保户，还有不少因病、各种突发事件而导致生活贫困的家庭。在拆旧建新过程中，焦庄村对"五保"户住房的安排是，"在村上位置不太好的地方建几个小房子让他们住"。但这种做法对"五保"户的生活质量有两个方面的不利影响。一是"五保"户享受不到新型社区更加便利的生活设施和生活环境；二是"五保"户与一般群众关系更加疏远。焦庄村没有针对低保户和其他经济困难家庭的特殊政策。但对于这些家庭来说，改善住房和生活条件是他们相对靠后的需求，超出其经济能力的住房消费，可能会使得他们生活更加困难。

（三）农民的财产权利

焦庄村在没有给予农民补偿的情况下，较为顺利地完成了新型社区建设。但是没有补偿与是否应该补偿是两回事。农民拥有的宅基地使用权是有价值的，理应得到一定的补偿。宅基地上的附属物品是农民的私产，更应该得到补偿。在实地调查中有的农民反映，他们之所以没有要求补偿，只是因为"大家都是这样"，但在内心里认为，村集体或者政府应"或多或少"地给予一些补偿。

（四）村社、农民有能力作为主体实施集中居住项目，但需要政府支撑

焦庄的实践表明，以村社为主导、以农民为主体的集中居住项目也能够顺利开展。这样做一是减少了外来者与农民的交易费用，矛盾和冲突更容易解决；二是由村社推动建设的项目更加符合农民需求，所建小区更能够满足农村生产生活的需要。

然而没有政府的技术、财力支撑，以农民为主体的集中居住项目难以完成。焦庄村的集中区规划是由县国土局完成的，焦庄村本身不具备做规划的能力；在完成拆旧建新后，焦庄村还欠施工企业工程款200万元，由于集体经济缺乏收入来源，这笔欠款还不知如何还；如果没有政府在饮水、道路等方面的项目配套，新区建设也不可能完成。

（五）常年全家外出户是否需要保留宅基地

焦庄村规划了300户的宅基地，当前实际使用的有220户，多出的宅基地一方面为将来增加的人口准备；另一方面是为村里几户常年全家外出的农户预留的，这几户农户旧房拆除后并未盖新房，将来回村时还能够获得宅基地。从保护农民利益的角度看，这种考虑具有现实意义。然而集中居住后村集体的建设用地指标被城市占用，由于对未来预期难以把握，只能在规划时预留，但这种预留缺乏科学依据，不利于土地节约利用。《关于支持河南省加快建设中原经济区的指导意见》提出允许河南省探索开展"人地挂钩"政策试点，类似于焦庄村这几户常年外出户有条件也应该"挂钩"出去。然而需要探讨的是，"挂钩"出去后能否再回村是一个关键问题，毕竟他们的承包地还在，而且他们的自由迁徙权也应该得到保护。因此，在拆旧建新的政策中应加入农村集体建设用地的进退机制设计，只有确保农村集体建设用地的使用预期，村社在当前的拆旧建新过程中才能有更多的动力去节约土地，也能够最大限度地避免"预留"。

案例8 卫辉市倪湾新型农村社区

一 村庄整治的方式

2008 年，倪湾村开始实施新农村建设规划，不再新批宅基地。2009 年，卫辉市强力推动村庄整治，城郊乡政府在倪湾村的地域范围内，规划建设新型农村社区。按照该规划，新型农村社区将容纳包括泥湾村等周边 9 个行政村的 9800 人。2009 年 7 月，倪湾村庄整治正式起步，2010 年有部分农民入住。

倪湾新型农村社区属于统规自建。农民在自行拆除旧宅后，可以在新型社区得到一处宅基地。各户无论人口多少，所能得到的新宅基地的面积是相同的。新房的建筑样式统一，建筑面积为 252 平方米。

政府在新型社区建设中投资了 2000 多万元，主要用于路面硬化、污水处理等基础设施建设以及修建办公楼、幼儿园、小学等服务设施建设。

拆旧建新的成本主要由农民承担。政府和村集体对农民拆旧建新没有补偿。对于旧宅中的附属物也没有补偿。但是城郊乡政府给拆旧建新的农户每户 10 吨水泥，价值约 3000 元。为了顺利推进村庄整治，泥湾村成立了"拆迁小组"，其主要职能是发动宣传。泥湾村还许诺在"低保"、入伍、入学、计划生育指标等方面，向集中居住者倾斜。

二 村庄整治中存在的问题

（一）分配规则缺失

政府推动新型社区建设的核心目标是得到建设用地指标。倪湾村农民的老宅基地平均每处大约 1 亩（有的达到 2 亩）。通过拆旧建新，全村可以节余出 440 亩耕地。有了这些指标，地方政府就可以征用城市周边的土地，并得到数额较大的土地出让收入。对使用这些土地的企业，政府在招拍挂时征收了新增建设用地使用费。从这个角度说，农民通过拆旧建新所节余的用地指标是有价的。卫辉市的相关政策也对"指标价"有相应的规定。但是，对这一资金在不同主体之间进行分配以及使用领域的界定等方面的规则是有缺失的。倪湾村的干部说：知道国家的"土地增减挂钩"政策，对于复耕的土地，国家返还一部分补助。但他们不知道补助的数额，也不知道什么时候会得到这一补助。如果将来村集体得不到其预期的补助，就有可能产生村干部甚至农民群众对政府的抱怨、不信任。对于一般群众来说，他们基本不知道土地增减挂钩政策，更不知道土地复垦后所节余土地的"指标价"。他们选择在新型社区居住，主要是为了能够得到更好的居住和生活条件。同时，多数农民对于在拆旧建新中得不到任何补偿的政策原本就很不满意。如果他们将来知道了"指标价"问题，就更有可能产生对政府及村干部的抱怨。

（二）农民缺乏融资渠道

调查发现，融资困难是影响村庄整治的重要因素。据泥湾村的干部介绍，由于新社区的居住和生活条件比原来的情况好很多，所以绝大多数村民都愿意拆迁。但是，新建房屋的费用超过了多数家庭的承受能力。按照2011 年底的建筑材料和用工价格，每户新建房屋的成本超过了 20 万元，其中房屋框架建起来需要花费约 17 万元，装修费用要 3 万 ~ 5 万元。

长期以来，向邻里、亲戚借钱是农民建房的主要融资渠道。但是，由于各家各户都面临着修建新房的问题，这一传统的融资渠道不再能够行得通了。单个农户向农村信用社、农业银行等正式金融机构贷款则面临着缺乏担保的问题。村干部介绍说，想在银行或信用社得到贷款，"只有存折抵押，才能有用"。

在这种情况下，倪湾村及其他 8 个村希望银行、农村信用社向修建新房的农户统一发放房贷。泥湾村的干部介绍说，这些金融机构也有意给农民建房贷款。农发行、农业银行和农村信用社均希望垄断这一数额可观的贷款业务。农村信用社把利息从通常的月息 1.1 分降低到了 7.9 厘。农发行许诺的利息则低至 4.3 厘，并保证在 3 天之内发放贷款。因为农发行的条件更优惠，倪湾村及其他 8 个村都决定由农发行承担农民建新房的贷款业务。但是，后来农发行要求村集体给予一定的业务费用。因为村集体没有积蓄，所以农发行给农民建房放贷的许诺也就不了了之了。

(三) 规划的设计缺乏灵活性

倪湾新型社区属于统规自建型。在新房的修建上，各户不论人口多少，其宅基地面积和建筑面积没有差异，建筑样式也完全统一。但是，倪湾村与其他农村地区相似，各户之间的人口数量存在着差异性；在家庭人口数量相等的情况下，各家人口的内部结构及其就业和居住的常住地呈现出较大的差异；在经济分化的背景下，各户之间的经济条件有各不相同。这种差异会形成农户之间对新房面积需求的差异。例如，家庭人口较少的家庭、常年在外打工人员较多的家庭、老年人口较多的家庭所期望的新房面积可能相对较少。针对这种情况，我国一些地方探索了多种多样的解决办法。例如，四川省成都市所辖的崇州市在统规自建型新型社区的规划中，明确规定了不同人口规模家庭的宅基地面积和建筑面积。河南省商丘市夏邑县顺河新型农村社区实行统规统建，但设计了针对老年人口家庭的"老年房"。而倪湾新型社区的规划缺乏针对家庭人口状况等负面差异性的考虑，从而降低了一些家庭拆旧建新的积极性。

(四) 农民从事农业生产的便利程度有所降低

倪湾新型农村社区位于 9 个行政村的中心。各村到新型农村社区的距离大都不超过 2 公里。但是，农民的承包地通常距离其居住的村庄有一定的距离。这样，有的农民在新型社区居住后，到承包地从事农业生产的距离超过了 4 公里。另外，新型社区没有安排置放农具以及粮食晾晒的场所。这两个因素有可能降低农民对农业生产的精心程度，形成或加剧农业的粗放经营。

(五) 宣传发动的方式仍不完善

在动员农民拆旧建新中，倪湾村采取了依靠村干部带头的宣传发动方式。这种方式是有局限的。一是有的村干部并不想拆旧建新。作为利益主体，村干部也必将在拆迁的得与失之间进行权衡。如该村某干部原来修建房屋花费了 6 万~7 万元，现价值 10 多万元，最后只得到了 9000 多元的象征性补偿，而他仅拆房的工钱就要好几千元，所以不愿拆旧建新。二是潜藏着干群矛盾的隐患。在彼此信息不透明的情况下,一些农民怀疑干部之所以带头拆迁是因为他们在其他方面得到了政府的好处。

三 完善村庄整治的建议

(一) 循序渐进地推进村庄整治

政府从得到建设用地指标的目标出发,会追求拆旧建新的进度。因为,只有农民的老宅基地复垦并验收后,才能在城郊地区置换出建设用地指标。但是,对于农民来说,由于农户对改善住房条件的迫切性、家庭经济条件等方面的差异,他们在拆旧建新中的行动难以在时间上统一。在没有补偿的前提下,政府的目标就应屈从于农民的选择,没有理由为农民的拆旧建新制定时间表。

(二) 理顺相关主体的利益分配关系

有多种理由支持政府对农民的拆旧建新进行补偿。仅从村庄复垦后的指标收益这一角度看,农民获得补偿也是有根据的。一种观点认为,政府在村庄整治中所投入的资金已经远远超过了复垦土地的指标价,因此也就没有必要对其进行利益再分配。这种观点值得商榷之处在于,政府所投入的资金在来源上是各种涉农专项资金,并不是新增费。而按照政策要求,新增费中的大部分是应该返还农村的。

(三) 营造有利于村庄整治的政策环境

村庄整治是实现城乡统筹发展和"三化"同步发展的重要手段。但农民居住和生活方式的转变是一个渐进的长期过程,村庄整治的意愿受制于影响村庄整治的制度和政策环境。从我们对四川省成都市所辖的崇州市的调查看,该市农民的集中居住率已经超过了30%。这一成效在一定程度上得益于该市近年来所实施的农村土地确权及产权制度改革、农村土地流转及经营方式的改革、农村公共服务制度的改革等多项改革措施。

在农村产权制度改革中,崇州市对集体土地所有权、集体建设用地(宅基地)使用权、土地承包经营权、林权、房屋所有权进行了确权,农民拿到了"四证"。这种改革对新型社区建设的促进作用表现在,这"四证"可以作为得到银行贷款的抵押品,可以或多或少地缓解农民在拆旧建新中的经济压力；有助于以土地流转的形式来弱化农民与土地的关联，从而为村庄整治奠定基础；可以降低农民对宅基地复垦后利益受损的担心程度。

崇州市通过建立健全农业规模经营服务配套体系（包括农产品公共服务品牌、农业科技推广服务机制、农业社会化服务机制、农村金融服务机制等），为农村土地流转及农业经营方式奠定了基础，有相当比例土地流转给了土地承包经营权股份合作社、大户、公司等新型农业生产主体。

在村级公共服务和管理体制的改革方面，从 2009 年开始，由成都市的市、县两级财政安排每个村（涉农社区）每年不低于 20 万元的专项资金，对近郊区（县）按照市/县两级财政 5：5 的比例，远郊县（市）按照 7：3 的比例分级负担。2011 年调增为最低 25 万元。而且为了解决专项资金不足问题，成都市规定村（涉农社区）可以按照核定的专项资金数额向市小城投公司最多放大 7 倍进行融资，投向交通、水利等村民民主决策所产生的公共服务和公共管理设施建设项目，村（社区）需要承担 2% 的年利率。这些改革举措，在一定程度上解决了村庄整治后的生活和服务设施配套问题。

在农村治理方面，崇州市的所有行政村都成立了村民议事会。与其他地区相比，崇州市（及成都市的其他农村地区）村民议事会是一个常设机构。在村民议事会的人员组成上，每组不少于 2 人，一般不少于 21 人，村组干部不能超过 5%。据调查，崇州市这种规范的村民议事会制度在促进村庄整治中发挥了较好的作用。

从某种程度上说，倪湾村甚至整个河南省在村庄整治中所面临的困难正是其农村相关政策和制度改革滞后的反映。因此，河南省应结合自身的实际情况，把着力点放在营造有利于村庄整治的制度和政策环境方面，进一步深化各项改革。

（四）提高新型农村社区规划的科学性

在新型农村社区的规划上，一是坚持以需求为导向，兼顾不同类型家庭对居住面积需求的差异，不追求面子工程；二是对人口将来的变动趋势有前瞻性把握，避免出现新的空心村；三是充分考虑农民生产和生活的便利性，安排置放农具以及晾晒粮食的场所。

案例9　光山县江湾新型农村社区

一　村庄概况

（一）区位人口特征

江湾村地处光山县孙铁铺西北部，位于光山、息县、罗山三县交界处。交通较为便利，312国道穿境而过。全村辖区面积3.5平方公里，辖16个村民组，11个自然村，565户，2460人，是以江姓为主姓的村。2011年农民人均纯收入约4600元。本村是河南省新农村建设示范村和河南省农村土地综合整治试点村。

江湾村是典型的劳务输出大村，全村劳动力1070人，劳动力流出占全村劳动力的50%~60%，全村劳务输出年收入保守估计有2000多万元。本村还有8个建筑队，为部分劳动力实现本地非农就业提供了机会。

（二）集体经济状况

江湾村每年的集体经济收入为几十万元，主要来源于村办的沙场、林场、资金互助合作社和土地信用合作社。此外，本村正在引进一个福建的食品加工厂，向其出租厂房也能获得一定收入。江湾村固定资产总额约为1184万元，包括村办公楼、敬老院、学校、广场等。

（三）合作组织发展状况

1. 土地信用合作社

江湾村外出务工人员较多，弃农现象较为普遍。2009年3月27日，在村两委的牵头下，由62户农民组成的土地信用合作社正式挂牌成立。这也是河南省第一家农村土地信用合作社。合作社成立之初，为了促进土地流转，全村对承包地进行了一次组内调整，将愿意分散经营农户的耕地调至一处，将愿意进行土地流转农户的承包地集中到另一处。

农民将土地存入合作社，合作社支付农民 300 元/亩的租金，而贷出土地费用为 350 元/亩，其中 50 元的差价作为合作社运营费用和集体经济收入。截至调查时，全村共流转土地 3300 亩（含退耕还林 1000 余亩），94.7% 的土地流转后规模经营。实现了产业结构调整，建立了优质水稻示范基地、油菜高产示范基地和小麦高产示范基地。

2009 年 10 月 12 日，由江湾土地信用合作社发起，带动周边的刘渡、蒋楼、周乡、金大湾四村五家土地合作社，自愿响应成立光山县江湾农村土地信用合作社联合社。联合社拥有社员 200 余人，完成土地流转 11000 余亩。至此，以江湾为代表的土地合作经营规模及土地流转质量跃上了一个新台阶。

2、资金互助合作社

江湾村资金互助合作社仅面向本村内部提供服务，本着"贷小不贷大，贷内不贷外"的原则，主要支持本村农业、手工业及加工业发展。每年存贷规模在 200 万元左右，贷款利息 9 厘。合作社存款主要来自村委会和村里两个大户，按投入资金额度分红。资金互助合作社在县里有备案注册，但一直无法在金融系统注册。

3. 农机专业合作社

土地流转后，种植大户都渴望新技术、新品种，以提高产量、提高效益，农业机械得到更广泛的运用。为此，土地信用合作社购买了 10 余台大型农机设备，成立了"光山县江湾农业机械化专业合作社"。通过农机械化专业合作社，将原先分散在各家各户的农机具充分利用起来，进行大规模的机械化作业，既提高了生产效率，又降低了生产成本，同时也为农业实用技术的推广应用提供了便利。

（四）村庄公共服务设施

依托政府项目资金和社会捐助，江湾村投资 2000 余万元建设了敬老院、学校、卫生室、自来水厂、广场、大型超市等公共服务设施。江湾村小学有生源 300 余人，教育质量位列全县十佳；敬老院建于 2006 年，总投入逾200 万元，其中村集体投入 180 万元，民政部门投入约 30 万元。初建时有房屋 76 间，现扩建到 100 间，人多时基本可以住满。江湾村自来水厂可为周围几个村庄提供自来水。

二　村庄整治基本情况

（一）村庄整治过程

江湾村村庄整治始于 2007 年 4 月，新区所在位置最初是一片沼泽地，1998 年开展村村通工程时，江湾村将此片沼泽地垫成平地，并萌发了在此处建设村庄整治新社区的设想。为此，同年起本村就不再新批宅基地，也不再允许农民在旧村翻建新房。这一思路经村两委讨论同意后，又在党员、村组干部会上征求意见。在思路和方案通过后，2010 年，江湾村着手筹划解决建新区的土地问题。在全村各组之间内进行了一次土地调整，预计用两年的时间调整出 180 亩土地，其中 140 亩用于新村建设使用。

2008 年江湾社区集中居住一期工程正式展开，一期工程采取统规自建的方式，建造（7.12 × 14）平方米的二层小楼。但在一期农民自建过程中，由于各户经济情况不同导致了建房想法不同，资金较充裕的农户想建好点，资金紧张些的又有自己的想法，所以工程质量无法保证，新房标准也难以统一。所以在二期开始建造时，村里决定实行统规统建的方式，由村集体请工程队统一建造，农民分三期将工程款付清即可交钥匙入住。

（二）村庄整治现状

村庄整治前，原村占地 3482 亩，其中宅基地 800 亩，耕地 2412 亩。按照规划，村庄整治后宅基地面积将缩小到 140 亩，计划节约建设用地 660 亩。旧村 800 亩宅基地将进行复垦，截至调查时已完成 120 亩宅地的复垦。江湾村拟通过"三平一整"和村庄整理，节余出不低于 1000 亩的建设用地指标。

江湾新农村社区，拟实现村内全部 565 户的集中居住。集中居住区房屋分为两类，一类是联排独户楼房，每套面积 225 平方米（2 层），售价 20 万元/套；另一类是小区楼房，每套面积 93.6 平方米，售价 14.8 万元/套。截至调查时，全村已有 380 户进入新区居住。

农民拆旧建新采取先建后拆方式，对于旧房拆迁有一定补偿。具体补偿方案为：2008 年以前，根据旧房结构不同，分别给予土房 1000 元/户、砖房 2000 元/户、平楼 3000 元/户的补偿；2011 年至 2012 年拆迁补偿统一为 4000 元/户。上述补偿资金全部由村集体负担。但在与农户访谈的过程中我们了解到，这部分补偿款至今还未兑现。

三 江湾村村庄整治的主要经验

(一) 领导班子热情高、凝聚力强

支部书记江世军是一个有想法、有魄力的干部。1998 年村里搞村村通修路时，他就设想通过建设新区、集中居住来改善江湾村村民的居住条件，建设村庄的公益事业，方便村民生活。在工作中，江世学书记认为应该消除私心，一碗水端平，党员干部不搞特殊，通过踏实的工作树立威信。除了担任村支书，江世学还与其他两个合伙人共同开办了一家砖厂。

江世军书记强调领导班子的凝聚力，强调按照章程开展工作。在村庄整治过程中，充分发挥村组干部和党员的带头作用。通过与江湾村几位组干部和党员的访谈可以发现，组干部和党员群体在拆旧建新过程中确实承担了许多宣传、动员的工作，也身先士卒地拆旧房、建新房。然而我们同时也发现，组干部和党员群体虽然对各种实施方案内容有较为全面的了解，但他们并未能实际参与方案制定，这一群体更多的是扮演着决策"执行者"的角色。

(二) 血缘宗亲关系舒缓了部分矛盾

为建设江湾新区，江湾村曾于 2007 年在全村范围内进行过一次较大规模的强制性土地调整。由于原来的土地均归各小组所有，因此这次土地调整不仅涉及个人利益，更涉及各个村组的整体利益。调查中也了解到，新区建设占用了后巷组的土地，又从其他组划拨了部分耕地补充进来。经调整，后巷组组员的耕地由过去 1.1 亩/人变为现在的 0.7 亩/人。几位后巷组组员为此十分不满，即便事情已过去 5 年，他们谈起此事情绪仍然激动。由此可推知，当初的土地调整必然受到一定阻力。但在这种情况下土地调整仍能顺利完成，一方面要归因于江湾村较强势的治理方式；另一方面则与江湾村作为一个主姓村，具有较为紧密的血缘宗亲关系有关。特别是江湾村外出打工劳动力多是受雇于村中几个主要老板，利益联系错综复杂。以受访的后巷组某村民为例，其儿子儿媳就是跟随本家一江姓老板在北京打工，所以对于一些问题也是敢怒不敢言。

（三）广泛吸纳社会资本参与村庄建设

在江湾村外出务工经商的人群中，不乏资产上百万、千万甚至过亿的"成功人士"。支书江世军的兄弟江世学资产上亿，手中流动资金就有4亿元。他所成立的建筑企业已经注册了国家一级建筑资质，曾经承担过许多省级、市级站台的建设，包括北京西客站的吊顶也是由他的公司承包建设的。江湾村村庄整治的第一笔近200万元的启动资金正是由江世学提供的。除了江世学外，江湾村还有十几位资产上千万的老板，他们多年来一直捐助资金帮助家乡建设。江湾村每年都要召开成功人士座谈会，开展大型建设项目时都会向各位成功人士"化缘"。近年来，成功人士为江湾村的村庄建设提供了约200万元的资金支持。

（四）土地流转与土地整治形成良性互动

一方面通过土地综合整治，耕地质量显著提高，同时将细碎的小田块合并成大田，有利于土地的规模经营和大型农机设备的操作，从而吸引更多公司和种粮大户。目前全村耕地机械覆盖程度已达到100%。另一方面，土地规模流转便于各项农田水利设施的配套和管护，提高了土地整治的质量。土地流转和综合整治为江湾村产业调整、品种调优创造了条件。例如2012年，江湾村引进了几百亩粳稻，其亩产比优质杂交稻要高出150~200斤，且米质也更加优良，市场价格比优质杂交稻每斤要高1~2角。

四 未来发展中的问题

（一）土地复垦面临资金约束

将旧村腾出的土地复垦，不仅是国家占补平衡政策的要求，也是江湾村村民的期盼。江湾村从2009年就开始复垦旧宅基地，据介绍，复垦耕地不仅产量不会降低，反而比一般农田还要高一些，因为它的土质没有被破坏。但是宅地复垦的花费比较高，平整一亩土地的成本平均要1000~2000元，这其中包括捞、运废渣，翻地等费用。土地平整为基本农田以后，还要考虑灌溉问题。灌溉要从耕地边的湖里引水，现在面临的问题是村里的三个电站电力供应不足，再加上渠道多年失修，水利方面要下大力气改善，因而对资金需求也较大。目前，江湾村待复垦土地约为580亩。

（二） 建设用地节余指标归属问题

在发展的过程中，江湾村的村干部意识到了建设用地指标的价值，因而坚持将节余指标留在本村使用。据保守估算，经过土地整治，江湾村至少可以整理出 1000 亩建设用地。有了土地供应保障，下一步村里一方面打算招商引资，进行产业结构调整；另一方面将在建设村办工厂，发展集体经济。

但城镇发展同样需要建设用地指标，乡镇政府也在索取这部分节余指标。整理出的建设用地指标究竟该归谁所有？对通过土地整理置换出的土地，国家明确要求要首先应复垦为耕地，其次给今后的农村发展留下足够的非农建设用地空间，最后节约下的指标才可以转为城市建设用地。但在实际操作中，"足够的非农建设用地空间"尚无明确衡量标准，而地方政府在用地指标约束和土地财政的刺激下，容易做出重城镇、轻农村的决策，出现挤压农村未来发展空间的情况。

鉴于此，我们认为，在节余建设用地指标的使用上，应充分尊重农村产业发展需求和意愿，给予村集体更大的自主权。而不宜过多地用于挂钩置换，从而剥夺农村发展机会。

案例 10　光山县上官岗新型农村社区

一　上官岗村基本情况

上官岗村位于信阳市光山县城西郊，距县城仅 1 公里，河南省道 338 线和 213 线穿村而过，十分钟即达沪陕、大广高速。村域面积 5.7 平方公里，辖 24 个村民小组，34 个自然村，有 850 余户，3300 多人。该村先后荣获"全国先进基层当组织"、"全国文明村镇创建先进村"、"全国农业旅游示范点"、"全国双百市场"、"全国文明村"等五个国家级荣誉称号。曾三次入选全市县域经济工作会议参观点，是河南省新农村示范村之一，市级河南省综合改革试验区建设示范新村。

自 2003 年以来，上官岗村通过对垃圾堆放场、葬坟岗等整治和村庄整治等手段实现建设用地集约利用，根据规划，将建成以中心村为核心、主导产业为辐射的大型综合园区。主导产业涉及物流中心、建材市场、农批市场、家具市场、农资市场、机动车交易市场、乡村旅游园等。通过系统的综合整治建设并搬迁，目前已经完成二期，建成单联体别墅 112 套、商住楼 48 套、农民公寓 176 套，引导 200 户村民入住。正在规划建设中心社区三期，竣工后，可以引导村剩余 350 户村民整体搬迁入社区。

由于区位优势以及强劲的发展势头，该村已经获得了较快的经济增长。在光山县的 300 多个行政村中，上官岗村农民的年人均纯收入名列第一，村集体年纯收入也名列第一。

二　土地整治情况

（一）综合整治搬迁政策

1. 搬迁安置方式及补偿标准

该村二期主要采用先建后拆的形式，搬迁安置采取宅基地以及宅基地上的房屋产权置换多层公寓楼房产权方式进行。置换标准按照被搬迁户房屋宅基地面积 1∶1 置换成安置房面积。安置户宅基地面积统一标准为 147 平方米。被搬迁户房屋为一层结构，建筑面积为 90～147 平方米，置换 147 平方米左右的楼房；建筑面积多于 147 平方米的，除了置换 147 平方米的楼房外，多余部分给予另外的货币补偿（砖混：600 元/平方米；砖木 400 元/平方米）。被搬迁户为两层及其以上结构的，一层面积在 90 平方米以上的，除置换 147 平方米楼房外，二层及二层以上给予货币补偿（砖混：600 元/平方米；砖木 400 元/平方米）。所有地上其他建筑物如树木、地坪、水池等及其他附属物不给予另外的补偿，并同主屋一起自行拆除，村委会验收，由村委种上树木。

2. 土地管理

被搬迁户房屋被拆除及附属物清除后，其宅基地使用权和产权归村委所有和使用。被拆迁的村民可以将田地流转给村委统一经营，年流转标准为田 400 元/亩、地 200 元/亩；以后每三年根据物价上涨指数调整一次。

（二）整治后土地利用情况

1. 用于置换

该村新农村建设用地是通过城乡建设用地增减挂钩解决的。该村的基本思路为：在"四个确保"（确保基本农田总量不减少、建设用地总量不增加、土地政策和法规不违背、农民利益不侵犯）的前提下，积极开展土地流转，试办土地股份合作社，即在稳定家庭承包的基础上，动员农民自愿以土地承包权入股，以承包证换取股权证，然后由合作社进行土地整理，再由合作社组织开展"土地指标双向异地置换"。例如，在建设商贸物流园时，将园内的基本农田保护任务等量异地置换到农区，再将农区节约的建设用地等量异地置换到商贸物流园，通过建房出租、取得收入后再对入股农民按股分红。该村利用区位优势，发展房地产、物流园区等高附加值产业。

2. 用于农业

该村把建设现代农业园区、在园区内招进农业科技企业、实施现代农业科学技术、发展现代农业，作为新农村建设的重中之重。2010 年，该村与闽籍企业家、深圳中联银担保公司签订协议，该公司投资 6 亿元，带动村民流转土地 3000 亩入股，建设包括现代农业种植园、乡村旅游示范园、商贸物流园和教育产业园在内的上官岗综合产业园。该村已流转集中土地 1500 亩，正在建设一个现代农业园，目前已投入资金约 400 万元进行土地平整、道路修建、水利维修、育秧工厂等工程建设，并将北大未明集团凯拓公司水稻高分子育种信阳基地和台湾鸿恩种业（蔬菜）公司成功落户在此园区中。目前已完成整理的土地农业园区里主要种植花卉苗圃。

（三）整治后村收入使用情况

村纯收入为 400 万元左右，大部分用于村民福利发放。一是用于基础设施建设，包括建设建筑面积 600 平方米的社区服务大厅；已建成安置房 2 万平方米，可容纳 140 户拆迁村民；修建混凝土硬化村域道路 10 公里；新建一台 250KV 变压器；建设 6000 米安全饮用水管道；建设社区污水管网和县城污水管网对接等。二是用于社会保障。为 600 名失地村民办理社会养老保险，村里出资为 60 岁以上老人提供健康体检服务。三是大力发展农村文化事业。投资兴建了 4000 平方米的文化大院，阅览室、戏迷俱乐部、农村党员干部现代远程教育中心、老年棋牌室，购置科技、文艺书籍近万册，同时配备文体器材。

三 政策落实情况及存在的问题

（一）搬迁补偿问题

根据村里规定，老宅基地一层房屋面积超过 147 平方米和两层及以上房屋的第二层以及以上面积应按房屋结构差异 600 元或 400 元的标准补偿，但是据村民反映补偿没到位。根据村规定，除了宅基地及其房屋外，青苗和其他附属物不给予补偿。按照河南省《土地管理法》实施办法第五十一条规定，乡（镇）办企业建设经批准使用集体所有土地的，除妥善安置村民生产和生活外，青苗补偿费和土地上附着物的补偿费，按本办法第三十条的有关规定执行（征用耕地包括果园、鱼塘、藕塘、苇塘、茶园、苗圃等，省辖市郊区按年产值的六倍补偿；其他市郊区、工矿区和县辖镇按年产值的五倍补偿；其他地区按年产值的四倍补偿）。目前各地土地整治补偿标准不一，也没有统一的政策和法律依据，土地整治补偿标准应参照什么法律依据制定，这个问题值得重视。但在发展过程中，应始终不能脱离"维护农民的物质利益"这根主线。

（二）集中居住后相关问题

1. 房屋面积问题

二期安置房面积统一为 147 平方米，但是在实际调查中发现这些安置房是由两部分构成的。正如 55 岁郭某所述，这 147 平方米的房子实际上由两部分构成：120 平方米的房屋面积和 27 平方米的车库，而不是村干部笼统说的房屋面积。而 51 岁的曹某进一步说，车库太窄了车停不进去，无奈只能停在小区路上。村委统一的 147 平方米的标准但没有具体说明，这是否合理？如果不是村民的意愿，那么政策的制定者是否又违背了农民利益？

2. 房屋产权问题

据了解，本村集中居住房屋与原宅基地权属一致。蔡正兵住到新区后家里人明显感觉到生活成本增加，特别是电费上涨，但这并不是集中居住后蔡正兵最担心的问题。让他担心的是两个与权属相关的问题：一个是新房子没有房产证，"没房产证这房子就不归你，只是让你暂时住这而已，这个事不解决心里就不踏实"。村民的担忧也不是完全没有道理，从拆迁政策上看村委没有对集中居住的房屋权属问题给予解释与说明，而当村民给村委提意见村委也没有任何解释而是不了了之，这无疑加深了村委与村民的矛盾，这种看似快速发展背后的非民主治理模式，将会给这个希望较快较好主动城市化的上官岗村带去更深层次的矛盾。

（三）土地问题

国务院 47 号文要求将农村建设用地整治过程中节约的指标优先用于农村发展，从这点上来说，光山县能够自主利用建设用地指标符合国务院文件精神，但对大多数其他农村地区来说不完全具有可复制性。在县城扩张过程中，上官岗村实际已经与县城的建成区融合，加上省道 338 线和 213 线穿村而过，因此具有优越的区位和交通条件。这些条件使得上官岗村的土地无论是作为工商业用地，还是作为住房建设用地，都具有较高的开发价值。但是，在此过程中，也出现了以下一些问题。

1. 增值收益的分配与监督问题

节约出的建设用地仍属集体所有，其增值收益也应由集体成员分享。

但是，除了"以房易房"的拆旧建新补偿外，农民并没有得到其他增值收益，对于这部分收益的使用、管理与分配农民也缺乏话语权和监督权。不患寡而患不均，信息不透明加上客观存在的一些不公平，使得群众产生了一定的怀疑与不满。

2. 集体土地用于商业地产开发与其土地属性之间存在固有矛盾

我国的《宪法》、《土地管理法》、《土地管理法实施条例》和《关于加强农村宅基地管理意见》等有关法律、法规规定：宅基地属于集体所有，农户只具有暂时的使用权；任何组织或者个人不得侵占、买卖或者以其他形式非法转让土地；符合申请农村宅基地条件的人口限于集体经济组织成员，农村村民建住宅需要使用宅基地的，应向本集体经济组织提出申请，并在本集体经济组织或村民小组张榜公布；农村村民出卖、出租住房后，再申请宅基地的，不予批准；农村村民一户只能拥有一处宅基地，其宅基地的面积不得超过省、自治区、直辖市规定的标准①。村庄整治过程中，农民住房发生迁移，获得了新的宅基地，这也意味着原来的宅基地使用权自动失效，应由集体收回。虽然村内有节余的建设用地指标，但这些指标不再具有用于住宅建设的权利，更不能是为集体组织成员以外的人建设商品住房。根据《河南省农村宅基地用地管理办法》规定，严禁城镇非农业户口居民个人私自向村民委员会或村民小组购地建房；买卖或者以其他形式非法转让土地建房的，由县级以上土地管理部门没收非法所得，限期拆除或没收买卖和以其他形式非法转让的土地上新建的建筑物，并可以对当事人处其非法所得 50% 以下的罚款。法律上面临的困境实际已成为农村建设用地开发利用的主要障碍。

3. 耕地流转到集体统一经营

村里将流转过来的耕地进行平整，并改善灌溉等生产条件。不过，这些耕地除了小部分用于建设蔬菜大棚和种子基地，其他大部分地都种上了

---

① 《河南省〈土地管理法〉实施办法（修正）》第四十八条规定，农村居民建设住宅，每户宅基地用地标准为：（一）城镇郊区和人均耕地一亩以下的平原地区，每户用地不得超过二分；（二）人均耕地一亩以上的平原地区，每户用地不得超过二分半；（三）山区、丘陵地区，每户用地不得超过三分。占用耕地的，适用本款（一）、（二）项的规定。1982 年 7月 23 日《河南省村镇建房用地管理实施办法》实施前已占用的宅基地，每户面积超过本办法规定标准一倍以内而又不便调整的，经当地县级人民政府批准，按实际使用面积确定使用权。

苗木，一方面因为苗木经济效益更高，另一方面因为缺少劳动力原来就存在抛荒问题，种苗木比抛荒还是更好一些。抛荒违反了《土地管理法》严禁荒芜耕地的规定，但是，大规模种植苗木也违背了对耕地用途的限制。《河南省〈土地管理法〉实施办法（修正）》就规定："未按规定批准不得改变土地的用途……不准以建果园、挖鱼塘等手段变耕地为非耕地……一次改耕地一百亩以上的，须经省人民政府批准。"集中居住过程中伴随着耕地流转，再将集中的耕地用于粮食种植以外的用途，加快了耕地的"非粮化"、"非农化"进程。这一现象在上官岗以外的其他地区也不同程度地存在。如果在集中居住过程中不能严格落实对耕地的用途管制，避免规模化的非粮化、非农化倾向，那么集中居住过程就将成为我国粮食生产能力快速下降的过程。

案例 11　息县方老庄新型农村社区

一　村庄概况

方老庄村位于息县东北部的岗李店乡，是岗李店乡政府所在地。方老庄村处于半平原半丘陵地区，全村面积 7000 余亩，土地整治前，村庄占地 1300 余亩，耕地 5956 亩。下辖 10 个自然村，21 个村民小组。全村共有 936 户 3679 人，其中劳动人口 1986 人，全年在外半年以上劳动力 1093 人。方老庄村是典型的纯农业村，村内无其他产业。2011 年农民人均纯收入 2300 元，是河南省农村改革发展试点村、国家的土地整治项目试点村。

二　村庄整治与集中居住实施情况

方老庄村庄整治项目是息县耕地储备项目的一部分，整个项目投资约 1000 万元，涉及包括方老庄在内的五个村庄的整治。2003 年，方老庄村得知本村已被纳入土地整治项目，就开始限制旧村建房、拆迁老坟、平填坑塘，为集中居住做准备。为了增加耕地面积，将全村分散的 900 多座老坟集中迁至两处，占地仅不足 20 亩。2005 年，国家土地综合整治项目正式落户实施，改造了村内的田间电网、道路、农林配套及其他许多公共设施。

2007 年 8 月，方老庄村庄整治和集中居住工作正式启动。新区规划在岗李至正阳路以南，东至李楼村杨桥，西至谷鲁店自然庄以南，南至李楼村民组。新区土地也是从上述四个村组中调换出来的，具体操作方案是：首先，新区所在的方老庄、谷鲁店、李楼、李大庄四个自然村结合处的土地用于建设，然后将四个自然村剩余土地打乱重分。新区房屋宅基地统一为 0.4 亩/户，如果选择入住新区，在耕地分配时则相应少获得 0.4 亩地。上述四个庄的村民在新农村居住点集资联建时不再支付土地使用费，其余六个自然庄村民凡入住新农村集中居住点的，可以通过向被征地的四个自然村群众缴纳土地出让金或以土地置换的方式入住。

新村居民点分为四个大部分，原组居民集中居住到一起。一期集中居住工程采用集资联建的方式，3~4 户一起在村里报名，联合建设。截至调查时，一期项目现已基本完成，全村共有 110 户农民入住新区。二期项目尚未开工，因为乡镇政府可能不再允许集资联建，具体要求采用怎样的建设方式，还在等上级政府的具体政策。

在村庄整治和集中居住过程中，村集体共花费 7.2 万元，主要用于配套设施建设和旧房拆除补偿。所有资金均来自借债，其中干部垫资 4 万元，向私人借款 3.2 万元。

在推进集中居住的同时，方老庄村旧庄复垦也在进行之中。村庄计划复垦旧庄面积 1200 亩，目前完全腾出的有两处旧庄，复垦出耕地 80 亩。旧村整理复垦属于息县"空心村"整治项目，所有复垦工作及资金均由项目解决，方老庄村只负责将旧村腾空。旧村复垦之后，方老庄获得 80 亩耕地，而相应的建设用地指标全部由县里调走。未全部复垦的村庄，村民自己耕种自家宅地面积上的土地；全部复垦的村庄，复垦耕地由村集体统一流转，收益按组内人口平均分配。

按规划，整治后村庄实际占地面积将由过去的 1300 亩减小到 350 亩，可节约 950 亩建设用地。土地综合整治后方老庄村耕地数量增加、质量提高，配套设施日趋完善，发展环境优化，为方老庄村后期发展创造了条件。方老庄村目前正在酝酿与广州某药材生产企业的合作项目，在本村发展药材生产产业。由公司提供技术、种子、化肥和农药等，村集体提供土地和劳动力，并以约定的保护价格将药材出售给公司。届时，村民收入将有所提高，集体经济能得到一定充实，还能解决部分劳动力就业问题。

三 村庄整治中存在的问题

从调查情况看，方老庄村在村庄整治和集中居住过程中采取了较为民主的推动方式，尊重农民的客观情况和主观意愿，农民的参与度、知情度、满意度都比较高。但在项目实施过程中也存在一些问题。

（一）集体经济实力较弱，村庄整治进展缓慢

方老庄村没有集体经济收入，因而在拆旧建新过程许多涉及资金问题

的困难都无法解决。比如一些困难农户确无能力负担建新费用，旧房拆除就会无处居住。对于这类群众村集体也没有能力给其提供补贴，只能任其居住在旧村房屋中，因而老村很难全面腾退，旧庄复垦也无法进行。

（二）村庄整治完全依靠项目支持，村庄发展主动权丧失

长期以来，方老庄村的发展完全依靠政府项目建设，村庄整治也不例外。近十年来政府投在方老庄的项目主要有 2001 年的农改、房改以及 2014 年的农业综合治理项目。上级政府只投项目不投钱，村里要负责做好协调工作，提供保障项目实施的环境。由政府主导土地整治，村集体虽然不用承担过多费用，但也失去了村庄发展的主动权。

（三）政府推动阻力较大

从基层的实际看，由政府主导的村庄整治在推动过程中困难重重，阻力较大。一类情况是政府规划因农民不配合而无法实施。政府的新区规划需要对部分村组的土地进行调整、置换，一旦遇到项目区有村民不配合，整体工作就无法推进。另一类情况是农民按照自己的需求在政府规划之外建房。有些甚至是违法建筑，政府也难以控制，因为作为管理者的国土部门没有强制执行的权力。如果走行政诉讼程序，时间太长，成本也太高。此外，信访制度也走形，在这样的环境下，政府推动村庄整治也是束手束脚。

案例12　息县李楼新型农村社区

一　李楼村的基本情况

李楼村位于信阳市息县项店镇，共辖19个自然村，487户2360余人，耕地面积6000亩，是一个不邻城市、不靠集镇、不沿公路的"三不靠"村，也是一个靠种植业为主的传统农业村。李楼村集中居住主要采取"统规自建，五户联建"的模式。即统一规划，村民自愿结合够五户后自己出资按规划建房。2006年，村委托开封市规划设计院对新村建设进行整体规划，制定了"一带、一心、五轴、四组团"的中长期规划，并通过土地置换解决了新村建设用地。"一带"即沿新村出口建设一条长800米、宽32米的景观大道；"一心"即建设包括村委会、学校、文化大院、体育场、卫生室、敬老院和中心超市等公共设施在内的村民活动中心；"五轴"即沿主要道路建设5条绿化景观带；"四组团"即遵循道路格局，建设4个相对独立又相互联系的居住组团。2007年把新村规划图、住房效果图以及建设新村告示张贴公布后农民主动报名并集中居住的有60户，2008年搬迁96户，2009~2010年达到220户。全村共规划建房478户，分5期实施，目前已进行到第3期。新村全部建成后，可节约1400~1500亩地。

二　拆旧建新的几个方面

（一）社区建设资金多为自筹

本村土地集中整治资金主要来自两个方面：一是由村民们自筹资金，解决住房建设的问题；二是公益性设施建设和土地复垦项目，则由国家的惠农资金统筹解决。村民主要负担两个方面的资金，包括集中居住建房、装修和小区建设配套费，如修道路、下水道等。集中居住建房由于物料、人工费等的上涨，造价有差异。就第三期而言，所调查的农户花费14万~18万元不等；配套费用 2.7 万～3 万元，因房屋朝向有差异，由于习俗的关系房屋朝南的配套费相对高些。而由于村民支付能力的限制，已经集中居住的村民基本都借债，从几万元到十多万元不等。

（二）集中居住前后农业生产状况基本未变

目前已搬迁的旧宅基地已经复垦，约 40 亩，2011 年已经种植水稻，亩产 1000 多斤。计划三年将旧宅基地复垦完。本村没有集中流转土地，由于本村外出劳动力较多，但兼业有 700～800 人，多数村民仍然经营原来的田地，少数土地流转多为私下流转。本村没有对田地进行集中改造，因为地理资源禀赋不同，在集中居住前后机械化程度没有太大差异，除了插秧以外，基本已实现机械化，但是灌溉方式还比较落后，90% 用机井，种植的农作物主要还是小麦和稻谷。总体上，集中居住对于本村农业生产基本没有影响。

（三）农民对社区建设满意度较高，但生活压力增加

集中居住后，多数村民对社区满意，村民说："道路变宽了，路灯亮了，大家在一起住娱乐活动多了，打牌都方便多了。"根据意愿和支付能力，我们可以将村民分为四个群体，有意愿有支付能力群、有意愿没有支付能力群、没有意愿但有支付能力群、没有意愿也没有支付能力群，由于本村是自愿联建，目前集中居住的村民主要是有意愿且有支付能力和有意愿没有支付能力者，因此调查显示邻里关系比较和谐。但是受多数村民支付能力的限制，因为集中居住生活成本增加对生活影响也比较大，在调查中发现，多数村民家里除了自来水外，还另外备有水井。大部分生活用水不是自来水而是水井里的水，这样可以节约水费。同时，由于建房时候的借债，多数村民感觉生活负担重，正如案例黄某家，因为集中居住借债，家里母亲癌变而无钱治疗遗憾离世。集中居住后，闲暇时间村民集中更方便了，但是闲暇活动很单一，女性多照看孩子，娱乐活动以集中打牌为主。

（四）贫困户面临生计问题

调查中发现，本村贫困户比较多，对于集中居住完全没有支付能力，且目前生活很困难。按村规定，旧村不允许再翻修旧房，这就将本来就贫困的村民排斥在权利之外。例如李清杰家，46 岁的他自幼患小儿麻痹症，行动不

便，其妻患有自笑痴呆症，自 2010 年走失后至今未找到，留有一子李浩（8岁），由李清杰独自抚养。李清杰干不了重活，出去打工也无人雇佣，只能靠着家中的三亩二分地为生，再加上低保收入，一年结余两千余元，还要供养儿子上学读书，家中日子过得十分窘迫。李清杰和儿子至今仍居住在 20 世纪 70 年代修建的三间土房里，由于年久失修，房子四处漏雨，外墙上的裂痕触目惊心。李家想翻修一下旧房子，但村里不允许在旧庄里再建新房，李清杰没想也盖不起太好的砖瓦房，他甚至不求房子能挡风遮雨，只希望住着安全就行。这种情况不是个案，89 岁的黄某也同样处于集中居住带来的困境中，老两口无劳动能力，家有一女家境也欠佳，在调查时甚至对笔者说"最大的愿望是吃顿肉"。按村养老院政策有子女者不能入内，因为他有后代所以被排斥在养老院之外，按规划他家要拆迁，但是连几万元都无法支付，那么拆迁后他家将何去何从，我们不得而知。

三 对李楼村拆旧建新的思考

（一）值得借鉴之处

1. 自愿联建

李楼村采取的五户联建模式有以下几个方面的优势：①节约成本。因为村民房屋彼此依靠，邻里可以共用两面墙，这样节约了成本；同时，根据需要自己可以投工，减少开支。②邻里关系更容易相处。邻居根据自己的意愿选择，这样集中居住后邻居无论在心理上还是在实际距离上都是较近的，因此邻居关系相处更容易，集中居住后适应性更好。

2. 提供老人房

由于拆旧建新中遇到这样几类情况，一是由于生活习惯等原因，不愿意与自己子女住在一起；二是子女不愿意老人与自己住在一起。本村采取建老人房的方式解决此类问题，这些房子面积小，一般是两室，但是房子价格低，几万元则可以购买。这代老人使用后，后代还可以继续使用，与目前城市的廉租房类似。

（二）存在的问题

1. 集中居住时机是否成熟

本村由于集体资金有限，村民支付能力有限，近 3 万元的配套费以及高

额的建房和装修费用，给村民增加了不少负担。生活环境是改善了，但是
生活成本的增加是否真正增进了农民的福祉，是否真正提高了农民的幸福
指数尚不明确；集中居住是否一定是土地整改的必然选择？如果集中居住
不能保证农民的物质利益，那么集中居住时机成熟与否值得商榷。或者即
使是集中居住，那么特殊群体生存权益又怎样保证？

2. 社区治理对农田环境的保护问题

调查中发现，由于村民大多采用水窖水而不是自来水，直接排污现象
严重。集中居住社区房屋后面多为农田，污水对田地土壤质地的改变以及
直接对农作物的烧毁将会出现叠加效应，直接降低土地生产率。

3. 社会化服务体系有待完善

集中居住后本村出现种植大户和养殖大户，他们面临的最大问题主要
有资金、技术以及市场的不稳定性等。某养猪专业户说"疫苗老是不知道
哪个疫苗好，相应市场的药太多，几千种，几百种，你说用哪一个。他说
打那个，他说打这个，就是这样，他卖这个药说你打这个好，卖那个药说
你打那个好……"给猪做抗体要将血抽到信阳市，极其不方便。22 岁的黄
某也说，如果能低息贷款，他将承包更多土地进行规模经营而不选择出去
打工。虽然早在 1986 年中央 1 号文件都提及了社会化服务体系，但到目前
还存在需求与供给脱节、服务体制死板等问题，社会化服务体系需要完善。

案例 13　兰考县董堂新型农村社区

董堂社区位于兰考县城东北部的许河乡，与山东曹县接壤。社区总面积 4500 亩，户籍登记农户为 662 户 3220 人。2011 年农民人均纯收入约为 5200 元。先后获得"全省五个好党组织"、"市五好党支部"、"县五好党支部"等荣誉称号，2010 年被确定为省市县新农村建设示范中心村、"省级生态文明村"。

董堂社区有 2 个合作社，分别是养殖和种植合作社，养殖合作社现有社员 82 人，年出栏猪 2 万头、牛 2000 头，存栏母猪 700 余头。种植合作社现有会员 194 人，通过流转土地规模种植蔬菜、瓜果等经济作物 650 亩。村内现有 1 家循环农业公司和 11 家小型板材生产企业，能够吸纳"40"、"50"、"60"年代的劳动力 300 多人。

一　新型社区建设基本情况

董堂社区是一个自然村，改革开放以后被分成董东、董西、董中、董南 4 个行政村，2010 年开展新型社区建设时，4 个村又被合并为一个新型社区。截至 2011 年末，董堂社区户籍登记有 662 户，加上未分家等情况，实际户数 760 户。按照规划，新社区将容纳 800 户，建成后村庄占地面积将从 964 亩减少为不足 400 亩，新增耕地约 600 亩地。2012 年 5 月，在建的和已经完成的有 151 户，其中 79 户为原址重建。

（一）建设方式

2009 年，为响应兰考县新型社区建设的号召，董堂村计划开展村庄整治。最初的设想是新占 200 亩耕地采取先建后拆的方式进行，但考虑到建成后拆旧房困难、过渡期内村里耕地会减少等现实问题，最终采取了原址重建方式。第一批 42 户农户位于社区中央，采取先拆后建方式；第二批 37 户在社区周边，由于有少许可利用地，采取以 5 户为单位、先建后拆方式。这 79 户农户的旧宅基地上建设了 151 套房屋，解决了新增人口的建房需求。

新社区采取统规统建方式，有三种户型：①四间两层，面积约为 260 平方米，占地约为 4 分，适合父母与子女同住的农户；②三间两层，面积约为 194 平方米，占地约为 3 分，适合普通农户；③两间两层，面积约为 130 平方米，占地约为 2 分，这种户型主要是为解决困难农户的居住问题。

（二）补偿及新房出售方案

董堂社区建设的补偿方案分为四类：①旧宅基地：以 0.35 亩为基准线，对于旧宅基地的超出部分按照每亩 5 万元的标准进行补偿；②旧房：以 2010 年为界，由县国土局下属评估所对 2010 年以前建成的旧房进行评估，按照评估价格，每平方米旧房可获得 100 元到 500 元不等的补偿，补偿款直接抵扣新房款；③过渡期：对第一批农户采取先拆后建方式，过渡期约为 1 年，一部分农户借住亲戚朋友家，另一部分免费住在由村委赵书记出钱购买的帐篷里。

新房价格包括：①宅基地价格：以 0.35 亩为基准线，农户旧宅占地面积小于 0.35 亩的或新建房者，按照每亩 10 万元的标准购买；②新房价格：新房采取统规统建方式，建成后按照成本价出售给农户，第一批（2010 年）普通住房出售价格是 550 元/平方米，门面房为 650 元/平方米，第二批（2011 年）普通住房出售价格为 650 元/平方米，今年（2012 年）由于成本上涨出售价格提高为 750 元左右。

董堂社区的旧宅占地面积几乎都大于 0.35 亩，因此在这种情况下，农户只需再支付 4 万~6 万元就能入住新房。

（三）基础设施建设

新社区基础设施建设投入来源主要有：①财政资金：县农办已经投入 195 万元用于道路、下水道、文化广场、洗浴中心的水管建设，2012 年 7 月有 115 万元用于循环农业园的沼气入户管道建设项目。国土部门土地综合整治项目资金 490 万元，用于社区绿化、道路和广场硬化、老年公寓等项目建设。②宅基地收入，主要用于补助低保户建房、公共占地的地价等。③村委赵书记个人捐赠，用于道路拓宽等。

（四）社区管理

新社区设立党总支，原村委会保留，党总支书记由董西村书记赵合地担任，其余三个村书记兼任总支副书记。凡是各个村自己的事情如邻里纠纷等问题由原村书记负责解决，涉及社区的事务则由 4 个人共同商议解决。由于 1998 年以来赵合地书记出资 78 万元扩四个村的路、支持四个村的教育等多项举措，赵书记在这四个村里都享有较高威信，加上这四个村是一个自然村，因此新社区治理的职权划分并不存在大的矛盾。

（五）对低保户的特殊政策

董堂村现有 22 户低保户，他们无力承担建新成本，赵合地书记在新社区修建了两间两层房屋，这类农户可通过宅基地置换方式获得，即旧宅基地面积超出 0.35 亩部分不再获得 5 万元/亩的补偿款。

二 新社区建设顺利推进的原因

（一）较大的资金支持

董堂社区从 2010 年开始动工，两年间在原址拆除 79 套农房，建成 151 套新房，且农户的满意度较高，与社区党总支书记赵合地大规模地垫资、投资存在必然联系。据赵书记介绍，旧宅基地及旧房补偿、基础设施建设占地补偿、困难户的房屋建设三部分补偿款，平均到每户农户有 4 万元左右，总额约 2400 万元，新增宅基地款抵扣后不足的部分由赵书记垫付。此外，评估费、购买第一批 42 户农户的过渡帐篷等开支也由赵书记支付。

据赵书记介绍，他自愿垫资开展新型社区建设的主要原因是两个：一是村社占地面积每年递增，使农业生产面临不可持续风险。近年来农民旧宅院随意扩大、新增农户占地修房、闲置宅基地无法回收等问题使董堂村庄占地面积每年约增加 20 亩，耕地数量越来越少，新型社区建设不仅能够解决新增人口占地问题，还能够节约出约 600 亩耕地，这对于当地的循环农业发展至关重要。2004 年，在种养两个合作社的基础上，赵书记成立了合地循环农业生态公司（生态园），采取"猪、牛＋沼＋大棚蔬菜＋电"的循环模式。养猪场自 2004 年成立，之后数次扩大养殖规模，并在 2008 年成立了肉牛养殖场，在养殖规模持续扩大时，必然要同时促进种植规模的扩大，保持并扩大村社耕地面积是循环农业生态园能够扩大规模的基础。二是政府动员，在中央和河南省出台增减挂钩试点的文件之初，兰考县就着手探索新型社区建设，并于 2010 年在董堂村召开了土地综合整治现场会，将董堂村作为全县的建设试点，将财政资金重点投入，包括新社区道路、下水道，同时也给生态园投入了价值约 200 万元的沼气项目。

（二）划分人群提高各类人群的积极性

董堂社区将农户划分为五类，针对不同人群的特征制定拆旧建新方案，以激励农户。①客观评估旧房价值，作为房屋面积较大、屋况较新农户的补偿依据。按照拆旧进度，每年请第三方机构公正公开地评估旧房价值，以此为依据给农民补偿，评估内容包括房屋新旧程度、结构、材质、区位等，已经拆旧的 79 户农户获得最高补偿为 500 元/平方米。同时，对旧房所占宅基地在抵扣新房的 0.35 亩面积后，按照 5 万元/亩的标准补偿。这一方面激励原有房屋较新、价值较高的农户的拆旧建新意愿，另一方面也能够在一定程度上解决有拆旧建新意愿但支付能力不足的农户的现实困难。调查显示，因为旧宅基地面积往往都大于 0.35 亩，农户几乎都能得到宅基地补偿，加上旧房补偿，每户农户能够以 4 万~6 万元的价格住进三间两层的新房。②对于农村低保家庭或者处于低保边缘的家庭，在无偿上交旧房宅基地后，能够分批免费获得两间两层的新房。③村里的"五保"户全部纳入集中供养。④针对没有旧宅基地但有新建住房需求、符合新批宅基地政策且有支付能力的农户，如对于家庭中年满 18 周岁的第二个男孩，可按照 10 万元/亩地的价格将宅基地卖给他们，允许他们随时购买新房。⑤对于不愿意与子女同住且在 2010 年以前与子女分户的老人，可以在新社区单独购房；未分户的老人不能单独购房但可以与子女共同购买四间的两层住房。

（三）为 40 岁以上的农户提供非农就业机会

40 岁以上的农民外出就业机会有限，集中居住后因无法开展养殖业，会使收入大幅减少，为了让这部分群体能够在集中居住后收入不减少，赵书记利用私人关系招商 11 个微型企业，解决了 300 多人的就地就业，人均每年能获得 1 万元以上的非农收入。此外，只要身体健康无论年龄多大都能够在生态园和赵书记的路桥公司获得就业机会。

（四）较长的过渡期能够缓解大量矛盾

虽然是兰考县新型农村社区的试点，但董堂村并未规定短期内必须完成拆旧建新工作。据赵书记介绍，有强烈拆旧建新意愿且有支付能力的农户，会在短期内完成，但必须照顾困难群体的现实需求，"村里10户里有3户就是困难群众，现在有房子住着，不欠外债，如果盖新楼就会欠债"，因此要循序渐进地在农民有了支付能力或者未来能够有足够的储蓄后才能开展，"也许这个过程要8～10年"。在这种尊重农民承载能力和心理接受度的发展理念下，当前董堂村旧村改造并未遇到太大阻力。

（五）传统地缘关系发挥重要作用

对2010年以前所建旧房进行价值评估是董堂村拆旧建新的重要环节，因为一次性评估的费用过高，董堂村采取按拆迁年度分年分批评估，在避免村民为获得更多补偿款而在短期内扩大房屋面积的投机行为基础上，董堂村采取群众监督、预评的办法，凡是被村民举报并查实是在2010年以后扩建的房屋都不属于评估对象。

三 思考

董堂村在拆旧建新过程中，政府、农民、社会资本、集体之间形成了一种新的利益格局。新型社区建设需要大量的资金投入，在财政投入不足、农民支付能力有限的情况下，社会资本进入是缓解资金压力的有效途径和必然选择。舞钢市、夏邑县、睢县等地采取的是引入开发商，将集体产权房屋长期出租获取的收益补偿农民安置房（如老年房）和基础设施建设的资金缺口，董堂村案例是另一种社会资本进入新型社区建设而获益的尝试。赵书记作为董堂村人，对村里怀有深厚的感情，这是他自愿为新社区建设垫资的重要因素，而政府各项优惠政策则是他大力推动新社区建设的决定性动力。一是政府项目投入，2010年、2011年政府为合地生态园共计投入200万元建设沼气项目，给村澡堂（澡堂所有权归赵书记）提供了几十万元经费用于管道建设等；二是支持合地路桥工程公司的发展，提供工程建设项目机会；三是即将出台的支持政策应该是赵书记垫付巨资修建董堂社区的决定性因素，兰考县一份正在起草中的支持农村新型社区建设的文件中提出："城乡建设用地增减挂钩结余指标可有偿流转到城镇使用，要尽量安排经营性用地，以获得更多的土地增值收益。对在增减挂钩和综合整治过程中节约的建设用地指标，县财政每亩补助 20 万元（仅限于村庄整治），其中 5 万元用于农户旧房拆除补偿，15 万元用于土地补偿。对由投资商采取增减挂钩模式进行社会建设投资的，在严格按照规划设计和住房质量的要求建设安置房，且在安置房以成本价交付给村委的基础上，投资商在县城规划区内可获得 50% 的挂钩周转指标，用于房地产开发。土地使用招拍挂方式进行，摘牌价与评估价的差价部分全部返还给投资商，用于新型农村社区的基础设施和公共设施建设。"此外，赵书记还获得了一系列荣誉称号，如省人大代表等。如果赵书记消极开展或者不开展新型社区建设，他所获得的财政奖补支持和政治荣誉是否受到影响不得而知，但据赵书记介绍，与政府相关部门所保持的良好关系至少是他积极推动社区建设的重要影响因素。

在这种安排下，政府、村社干部（赵书记）、农民、集体形成了互动，即"政府利用公共资源为赵书记个人发展提供机会，并提供新型社区建设预期→赵书记将收益的一部分用于新型社区建设→农民获得合理补偿→旧村改造、先拆后建→新增耕地、节约用地"。在这种新的利益格局下，政府获得部分结余建设用地指标，通过增减挂钩实现土地增值收益；农民获得补偿，以能够接受的方式改善了生产居住条件；社会资本具有获得 50% 在县城增减挂钩指标的预期，并且积累了社会关系，增加了获利机会；村集体获得 600 亩新增耕地用于规模流转，增加集体收入。这实质上是政府以 50% 土地增减挂钩的增值收益通过开发商预支给集体和农民，使农民、集体、政府以及开发商都能享受到新增建设用地的增值收益，这是值得肯定的利益分配方式。但是值得注意的是，相对于直接将土地出让收益中的一部分返还农村而言，这种方式较为隐晦，可能存在一定风险。例如，当前农民愿意拆旧建新的前提是认为村干部是公平公正的，一旦他们了解了村干部实际上通过增减挂钩获得大量收益，会不会认为自己受到不公平待遇？又如在制度不完善和建设标准不明确的情况下，如何确保开发商将土地增值收益全部用于新型农村社区的基础设施和公共设施建设？再比如，村集体（或农民联合体）是否也可以作为开发主体享受各项政策进行新型社区建设？这些都是需要进一步明确和思考的问题。

案例14 睢县龙王店新型农村社区

商丘市睢县位于河南省东部，全县 549 个行政村，82 万人，农业人口占全县人口的 80% 以上。2009 年启动农村土地综合整治工作，龙王店社区作为省级第一批土地综合整治试点项目，于 2010 年 3 月开始启动建设。

龙王店社区位于商丘市睢县县城西北 20 公里的蓼堤镇，地处睢县、民权、杞县三县四乡交界，自古以来就是当地的商贸中心。2010 年 3 月开始新型社区建设，将 10 个行政村 26 个自然村的 3370 户 13870 人合并至此，新社区规划占地面积 3301 亩，节约建设用地 1079 亩。截至 2012 年 5 月，已经建成 312 套商住两用房、206 套独栋的农民安置房，8 栋 7 层电梯公寓也已开建。

龙王店村是龙王店社区的所在地，有 2 个自然村 11 个村民小组，全村总户数 530 户，总人数 2010 人，其中劳动力 1200 人。过去，龙王店村私搭乱盖现象严重，户均宅院面积 1.1 亩，同时旧宅院不收回，新宅院在旧村边建设，"儿住瓦房孙住楼，老头老婆住地头"，导致旧村不断外扩，闲置房屋持续增多，全村约有 100 户闲置宅院。2003 年村委新班子上台后，决心解决农民宅地问题，2006 年开始全面禁止农民在老村建房，同时为了鼓励农民拆掉闲置房屋，提出"谁腾出的耕地归谁"的口号。2008 年龙王店社区开始规划，2010 年正式开建。经过村庄整治，户均宅地面积将从 1.1 亩减少到 0.4 亩以下，约结余 370 亩建设用地。耕地全部转为社区建设用地，部分农户可通过调地方式从其他 9 个村获得耕地。

一 新型社区建设制度安排

（一）建设方式

龙王店社区房屋建设方式有三种：①统规自建住房，农户按照报名先后次序以抓阄方式确定建房位置，按照统一设计图纸自行修建 2 层 180 平方米的独栋住房，这种建设方式仅限于第一批报名的 206 户农户；②开发商统一建设的商住两用房，多为沿街商铺，规划区内的 10 个村农户以及规划区外的"能人"均可以 1200 元/平方米的价格购买，这类房屋共有 312 套；③统规统建住房，包括 8 栋 7 层的电梯公寓，和一批 2～3 层专供老年人居住的小户型公寓。

（二）补偿政策

龙王店社区对农民旧房及附属物没有补偿，宅基地补偿有两种方式：①在安置小区内购房的农户，按照每亩 1000 斤小麦的标准向镇政府缴纳宅基地补偿费，待旧宅基地复垦完成后，按照实际占地面积调地。②商住两用房，由开发商按照 26000 元/亩的价格一次性买断宅基地使用权。此外，有部分商住两用房占用了 3～4 户农户旧宅基地（主干道两边），按照土坯房 300 元/平方米、砖混房 400 元/平方米、两层框架房 500 元/平方米的价格给予补偿。

（三）基础设施建设

龙王店社区已经发生的基础设施建设投入有两类：①政府项目投入1620 万元，其中国土部门 510 万元，农办 680 万元，环保部门 50 万元，发改委 380 万元，主要用于道路、绿化、小学及幼儿园、下水管网、堤坝等基础设施建设。②开发商负责建设文化娱乐广场、便民服务中心等。

（四）社区治理

龙王店社区成立了社区管理委员会，蓼堤镇副镇长任管委会主任，镇副书记任管委会党总支书记，10 个村委会书记任管委会副主任，联合办公。当前社区只入住很少农户，因此目前村委会都还存在，其职能也未发生变化。

二　主要发现和思考

（一）旧宅基地是否能够顺利复垦

关于旧村复垦，龙王店社区并没有明确的时间表。龙王店社区采取的是先建后拆的建设方式。根据李镇长的介绍，按照"蓼堤镇总体规划"、

《关于尚屯等 16 个乡镇总体规划的批复》（睢政文〔2010〕61 号）、《关于对睢县蓼堤镇龙王店土地综合整治试点项目规划的批复》（商政〔2010〕129 号）等，龙王店社区新占的 2350.5 亩耕地已经变性为建设用地。按照相关规定，规划区 80% 的农户入住后开始旧村复垦，但是农户的异质化使"80% 入住"这个指标并不容易完成。从农户类别看，有"刚性"购房需求的农户约占农户总数的 1/3，例如年满 18 岁但未划宅基地的男孩、因结婚或房屋破旧本来就打算盖房的农户，当前在新社区购房的 206 户大多是这种类型。第二类是"可买可不买"的农户也占农户总数的 1/3，包括具有较强支付能力的农户、村干部或党员等先进分子，经过动员后也能够搬入新型社区。第三类是经济基础较差的困难农户（如低保户）或者刚投入大量资金在老村修建新房的农户，在新社区购房远远超出其支付能力，如果没有高额补偿或强制拆迁，这部分农户基本不可能在短期内入住新社区。在一些先行建设的新型社区，我们调查发现，正是第三类农户使旧村复垦遥遥无期。一部分社区"骑虎难下"——新社区建成而旧村无法复垦，另一部分社区则采取"拖"和暴力拆迁的办法，导致民怨累积、干群矛盾尖锐甚至群体上访等影响社会稳定的重大问题。

建新社区不仅是地方政府显而易见的政绩，而且是带来新的利益增长点的希望，而旧村复垦后收益少且权属归村集体，如若采取先拆后建或边拆边建方式，必然会因各种因素而影响建新社区进度，在这种情况下政府更倾向于先建后拆。睢县尚处于拆旧建新的初级阶段，当前的主要任务是尽快把新社区建立起来形成示范，对旧村农户起到引导带动作用，因此建新社区成为最主要任务，至于旧村是否能复垦、什么时候能复垦以及以何种方法复垦并不是当前的任务重点，因此睢县并未就此设定时间表和计划。这种先建后拆以及没有准确时间点的建设方式更符合现实要求，容易被农民接受，是在短时间内集聚大量资金完成新型社区建设的有效手段。但是必须清醒地看到，第三类农户搬迁困难直接导致过渡期耕地总量大幅减少，一方面对粮食生产产生负面影响；另一方面也直接减少了农民农业收入，必须引起足够的重视。破解这一困难的思路应当在三个方面：一是在社区建设规划之初就将规划公之于众，使农民有明确的预期，那些准备盖房的农户可暂缓盖房，减少农民拆旧损失；对于过去已经购买砖瓦等建筑材料的，可采取市场价回购。二是采取资金奖补或确定复垦后旧宅基地归属等方式，激励农民拆旧复垦。三是针对困难群众制定特殊政策，如调房、提供保障性住房等方式解决其住房需求，尽快实现搬迁。

（二）新区占地是否应由农民"埋单"

社区内有宽阔的街道、大量的商住两用房、三个广场、一所中心小学、一所中学以及一个幼儿园，已经入住的 206 户农户户均占地达到 0.49 亩，节地效果不显著。因此，按照新型社区建设思路，社区内将不再建独栋房，全部建成 7 层电梯公寓，这样户均占地面积可降为 0.15 亩，节约出建设用地用于招商引资发展产业。调查发现，多层住宅在农村具有不适应性，一方面使农业生产不方便性增加；另一方面也不符合农民长期以来的生活习惯，大多数农民表示不愿意入住多层房屋，而且多层电梯公寓的建设成本和维护费用都较高，会大幅增加农民入住后的生活成本。

尽管干部们强调商住两用房的开发商会将收益的大部分用于社区公共设施建设，而且工业园能够创造非农就业机会，但是不容忽视的是，商住两用房、工业园和豪华的公共设施（如政务服务楼、广场）造成了与农民"争地"、赶农民"上楼"的后果。应当加强监管，避免华而不实的"形象工程"，规范所谓的商住两用房建设，不应让农民在"被自愿"拆旧后再为占地"埋单"。

（三）旧村农民是否拥有生存发展权

据蓼堤镇李镇长介绍，龙王店社区拆旧建新采取的是"疏堵结合"的方式，即疏通农户到新社区买房的路、堵住农民在旧村居住的路。具体做法是将老村盘规划成农用地，任何人在此建新房都属违法建设，同时将政府所批的公共设施建设项目调到新社区。例如，2012 年所批的两个 50 万元的旧村道路建设项目，通过向县上申请，已经调整到社区里做道路硬化。可以预见，不久以后旧村将变成基础设施极其落后的"贫民窟"，农户将"被自愿"搬迁。事实上，在夏邑县也同样存在这一问题，调查时有农户反映，为使他家"自愿"拆旧房，家里的水电都被掐断，房屋边的电线杆也被铲松，一旦下雨就会倒塌砸到房屋，因此不得不搬迁。

"疏堵结合"堵住的不仅是旧村农民的发展权，甚至是生存这一基本权利，从本质上说，是公共财政分配不公的表现，是建立在剥夺了一部分人公平地享受公共资源权利的基础上。这种做法虽然在一定程度上有利于拆旧建新在短时间内的顺利推进，但从"以人为本"的科学发展观审视，这种做法的利弊有待检验。

（四）设想的调地方案是否可行

社区建新区占用的宅基地商住两用房采取一次性买断方式，农户住房是按照每年每亩 1000 斤小麦的标准进行补偿，直到拆旧区完成复垦后在项目区统一进行土地权属调整。据村干部介绍，未来集中居住后土地可以规模流转，农户按照承包地合同，能够获得流转收益，并不会产生地块质量、远近等矛盾。但是应当看到，一方面，这种做法是在失地农民没有选择权的基础上实施的；另一方面，这种打破原有土地界限重新调整土地权属的做法不仅违反了我国农村土地集体所有的法律规定，而且还会引起部分愿意从事农业经营农民的不满。

（五）庞大的新型社区如何管理

龙王店社区建新区的房屋分配办法为：由 10 个行政村收集农户搬迁申请，按照申请递交先后次序一排排地分配房屋，原有村组集聚格局被打乱，过去建立在"熟人"间长期合作博弈的社会管理模式将难以为继。新社区建成后模仿城市社区管理模式进行管理将成为必然选择，与传统的按照乡规民约，村民间互相监督、合作的农村自治模式相比，新的方式可能会降低管理效率，增加管理成本，主要表现在三个方面：一是对流动人口的监管难度增加，在现有户籍管理制度下，城市社区采取网格化管理对流动人口监管，即便投入大量人财物，效果依然不佳。更不要提农村社区本身就缺乏投入的情况了。二是对农村中弱势群体特别是低收入群体的确定难度增加，直接关系到惠农支农政策的落实。三是集中居住后，"熟人社会"被打乱，居民之间、干群之间交流沟通减少，彼此的隔阂和不信任会增加，在利益博弈中的投机心理容易被激发出来，"仇官"、"仇富"等负面情绪也更容易被煽动，不利于农村长治久安。

从调研情况看，龙王店社区的社会治理机制和投入方式并未认真规划，未来可能面临严峻考验。

（六） 依靠博物馆保护传统文化

龙王店社区所合并的 10 个村具有悠久的历史，新社区建设意味着过去的 10 个村将完全消失，李镇长表示将建博物馆以挖掘并传承传统文化内涵。博物馆是保护和传承有形文物的有效手段，但对于传统制度和民间文化等无形资产的传承则效果不佳。

案例15 睢县周堂乡丁营村村庄整治

一 行政村基本情况

丁营村由 1 个自然村，8 个村民小组组成，全村共有 420 户，1579 口人。全村有低保户 47 户，51 人；"五保"户 1 户，共 1 人；全村 60 岁以上老年人口约 180 人；劳动力总数约 1060 人（约占全村总人口的 67%），其中，全年在外半年以上的约有 630 人（约占全村总人口的 2/5），常年在家的劳动力约有 400 人。2011 年，本村农民人均纯收入约 5340 元。全村农户主要由四个大家族构成，其中，两个姓刘，各有 200 多人；一个姓李，有240 多人；一个姓白，有 200 多人。

全村实有耕地 2140 亩，在政府征收农业税时期上报的耕地面积是 1581亩。从第一轮耕地承包（1983 年）以来，村里就基本没有对承包情况做过调整。只有一个组 2004 年对承包地自发做了调整，原因是地块太小，想通过调整让农户的地连片。当时该组的一个村民（支书口中的"愣头青"）反对调地，最后只能由派出所出面，说是要抓人、罚款，这个反对的村民就不得不同意了。村支书认为如果现在村里出现类似的事情，派出所采取这种行动来支持村里。村里给农民都办理了土地承包证，但没发给农民（支书表示都让他给处理掉了）。

丁营村没有规模经营的农业大户，耕地全部流转出去的也只有 5 户左右。经营面积最大的一户仅种了 13 亩，还是因为原来子女多（有 7 个女儿2 个儿子）的缘故。开展集中居住过程中也没有对耕地组织流转。

丁营村共有村干部 4 人，党员 15 人，支书、主任由李聚红一人担任。村书记李聚红 1972 年出生，河南大学经济管理专业 1993 年的大专生。李书记大学毕业后在郑州承包工程，干了一年半后回到村里，1995 年（4 月 28日）开始担任村支书，后来政府提倡支书、主任一肩挑，就又兼任了 8 年村主任。李支书言谈中让人感觉是比较强势、有执行力的村干部。这点可以从他对村内选举的态度看出。在支书、主任一肩挑的时候，丁营村没有人出来与他竞争村主任，而另一个村的支书就没能选上主任。访谈时，他表示"如果他选不上村主任，支书他也不会干了"。村支书也是由留在村里的13名党员选举产生，他表示，"如果13张选票他少一票，支书也不干了"。但是，从村里集中居住的实际开展情况看，李支书还是能够正视矛盾，逐步推进工作。可能因为在集中居住及引进农业项目过程中，受到的阻力太大，李支书强烈地希望能够将土地的支配权收归集体。

二　集中居住开展情况

（一）总体情况

丁营村的集中居住工程开始于2009年12月，由政府发起，当时称为新农村建设，计划覆盖全部420户。农民在村里自建房自那时开始受到控制，只能按规划建设。在这之前，丁营村于2006年开始开展了"空心村"治理工作。2010年，丁营村获批成为省级土地综合整治项目试点村和新农村建设试点村，得到县里分配的土地综合整治指标。截至调查时，丁营村已经完成267户的集中居住工作。

为避免耕地浪费，丁营村集中居住项目采用了旧村翻建的形式，由县里请人做了村庄规划。集中居住前村庄占地495亩，集中居住后规划占地295亩。集中居住的节地潜力源于两个方面：第一，丁营村一户多宅情况普遍，而且很多宅院处于闲置状态。集中居住前，全村一户有两处以上宅院，且至少有一处闲置的农户占到总户数的70%，约85户。另外，本村有房，但常年不住的还有30多户（李聚红的大哥以前在县城工作，但是占了村里的祖宅，现在还想回到村里建房）。为解决一户多宅问题，村里曾收过宅基地有偿使用费，收了两年就停了。李书记觉得应该征收"农村宅基地闲置税"。第二，集中居住前农户宅基地超标严重。集中居住前丁营村宅基地面积处于随意占的状况，一户占1亩以上也很常见。集中居住后每宗宅基地的面积限定为0.25亩，420户的宅基地占地将减至105亩，村庄规划占地中另外的190亩将作为公共设施用地。

丁营村推动集中居住得到了村民的认可。首先，在此过程中能够得到政府投资，村庄基础设施建设改善了农户的生活条件；其次，集中居住后农户各家院落条件一致，能够避免很多麻烦和矛盾；最后，农户根据形势判断，集中居住势在必行，先接受就能够先得好处，比如得到更有利的位置等。不过，李支书认为，强迫老百姓上楼十年之内没法开展，因为农户"每家每户都有地，每家都有人种地"，上楼后农业生产将面临困难。

随着政府规划转向建设新型社区，将有 3 个行政村、8 个自然村并入丁营村，建成丁营社区，合并形成的社区总人口将达到 8200 人，目前社区总人口已有 1641 人。2012 年，政府为了整合资金推动社区建设，由县里报批，丁营村成为河南省的扶贫村。

（二）组织情况

虽然是在旧村中逐步翻建，集中居住过程中农户建新房子所占的宅基地也需要通过购买方式获得。2012 年开始，新宅基地的价格调整为每分地2000 元，0.25 亩合计需要 5000 元，在这之前则是每分地 1500 元。

调查时，正在建房的有 21 户。为了保证旧房能够按规定拆除，集中居住主要采取了先拆后建的形式。农户需要先拆旧房，再选宅基地并交 15000元押金，然后建新房。在集中居住开展之初，施行的是先建后拆，即可以先建新房再拆旧房。但是，老百姓思想陈旧，虽然建新房时承诺会拆旧房并为此交了押金，但是建好新房以后就普遍不愿拆旧房子，押金起不了什么约束作用。起初押金定为 7000 元，收了 6～7 户，之后提到 13000 元，还是不能发挥作用。在先建后拆的总计约 75 户中，没拆旧房的就有约 50 户。最后，村里只能将项目推进方式改为先拆后建，并将押金提高至 15000 元。但是，农民仍然在旧房拆完后就将旧庭院围起来，种上庄稼，不肯交还给集体。

改为先拆后建后，农户在过渡期的居住场所由自己解决。政府用危房改造资金在村里建的 50 套房被用作过渡房，目前住了 11 户先拆后建的农户。

另外，为解决老年人住房问题，村里计划用土地综合整治项目资金建设老年公寓。老年人入住老年公寓按年龄大小确定优先序，都只是租住，产权归集体所有。另外，入住老年公寓需要交押金（初步定为 1 万元），以此确保：第一，老人去世前要搬出公寓；第二，不能改变房子结构；第三，设施在归还时要完好。

　　村里为集中居住工作成立了由 4 名村干部、8 名村组长组成的议事会，由议事会商议决定项目推进的相关事宜。在推动工作过程中，村里没有得到政府的奖励。

（三）政府项目投资

　　集中居住过程中，丁营村得到了大量的政府投资，以下是近年得到的政府项目的投资额、资金来源与建设内容。

　　2009 年，县里一个副书记帮助筹集资金建设了村室，投资 15 万元。

　　2009 年，县里土地整理项目，总投资 1800 多万元，涉及 2 个乡 19 个村，丁营村是其中一个村。

　　2010 年，没有得到财政项目投入。

　　2011 年，县新农办投资 80 万元，修村内道路、下水道和绿化池等。

　　2011 年，以奖代补资金 40 万元，修建了广场、2 个公厕、下水道、路、路灯（37 个），还做了村室装修。

　　2011 年，县发改委，投资 40 万元修了 547 米的村内主干道，是为了迎接市委书记来村里检查工作。

　　2011 年，县扶贫办，投资 45 万元用于修建村内道路。

　　2012 年，县财政扣在市里的押金，投资 140 万元用于修建道路、绿化池、下水道等。往年，县里为了应付市里关于新社区建设的检查，即使在新型社区建设方面没有实际投资，也会汇报投了多少钱。面对这种情况，市里就每年从县财政中扣下 600 万元作为押金，要求将这些钱投到新型社区建设中，如果县里不搞新社区建设，这些钱就由市里划拨用于其他县的新型社区建设项目。

　　某县长说："社区建设要真金白银，各县要搞新型社区建设，连规划费都拿不起。"

　　2012 年，土地综合整治项目，投资 400 万元，用于老年公寓、下水道、道路、绿化（花草）等建设，正在招投标。

　　县里曾许诺，丁营村如果能从"模范村"上升到"红旗村"（市里的评奖级别）就奖励村里 5000 元，结果牌子（奖）拿回来了县里却没兑现奖励资金。

（四）农民奖补

整体上，集中居住过程中农民拆旧建新得不到补偿。但是，为了加快项目的重点推进，县里拿出 60 万元对项目区内 21 户的拆旧建新进行了补偿。补偿内容包括：①每户补贴 20 吨水泥（合 6000 元）；②拆房费，补贴标准为 7000 元、5000 元、3000 元、800 元不等，主要根据房子的情况。补贴的实际只是拆的成本。③新房用瓦补贴 1500 元，鼓励农民统一瓦的颜色。对这 21 户进行补贴是因为如果不尽快完成这些户的拆建，别人就没法建房，影响整体规划的实施，政府希望用这 60 万元来撬动社区建设。调查时，政府也只兑现了 12 万元。21 户中还有 2 户没拆，但与规划执行不冲突。

关于拆旧建新的补偿，李支书觉得应该有所补偿，如果有的话项目也可以推动得更快一些。没有补偿，一户多宅的拆旧问题就没办法解决。

三　面临的主要困难

（一）土地问题

项目开展中面临的最大困难就是宅基地问题。农民或者不愿拆旧房，或者拆了旧房不愿将旧宅基地交给集体。农户都认为宅基地是自己的，是他们爷爷奶奶传下来的。李支书的说法是，"集体当不上家"、"把老百姓惯得太狠了"、"毛主席时吃不饱还说共产主义好，现在'三高'了也说共产党不好"。

（二）村集体没有收入

与其他项目村共同面临的一个问题是，村集体没有收入来支撑需要集体负担的支出。为推动集中居住，村里累计欠下 6 万多元，都是向私人借款。借款主要因为两个项目：①发改委投资在村里修路，领导来视察时觉得路太窄，就又拓宽了一米，为此村里借了 4 万多元；②修路需要填水塘，村里为此欠了 2 万多元。另外，丁营村还欠信用社 14 万多元，这是 20 多年前办学校、修电等欠下的，当时本金只有 4 万多元。

李支书认为，"集体没经济，任何一个村委班子都领导不好农民"。在丁营村，干部们工资的 20% 被扣出来作为集体办公经费。

（三）部分农户没有集中居住（建新房）的意愿或需求

如果一户不参与集中居住，不拆旧房，就会影响到周边 4～5 户农户建新房。农户不愿意建新房的原因主要有以下几个。

（1）经济困难的农户负担不起。村里一贫困户的房子建了一半，县委书记来了见到后觉得不好看，让信用社给该户贷了 2 万元建房，四年过去了这笔贷款都没能还上。

（2）部分农户因为孩子还小，暂时不需要建新房。

（3）一女户、二女户也没有建房需求。

（4）搬进新社区会引起一些不便，限制建房需求：一方面，打乱了原来的居住格局，邻居不是一个姓（家族），觉得面生；另一方面，离承包地远了，农业生产管理不方便。

四　农业生产情况

丁营村已完成复垦的旧宅基地共 34 亩，其中 15 亩已经验收。进村马路的南侧以前都是住房，2010～2011 年完成拆迁复垦，但因为不在项目区，所以没有计入验收面积。复垦的旧宅基地仍归各户分别所有。

政府提倡土地流转，各村就都上报已完成土地流转，但实际根本没有完成（按李支书的话，"县里也明白这种状况"）。李支书认为，现在集体根本没能力调地，土地承包关系已经制约农业生产的发展。地方政府想引进郑州一企业到丁营村建设温室大棚，投资 2 亿元，为此需要 200 亩地。村里召集村民开会，80%～90% 的农户表示同意，但最终因为个别农户不同意，项目受阻。李支书认为，"根据老百姓意愿啥事也办不成"。

当地小麦、玉米的亩单产都在 1000 斤左右。复垦地第一季麦子单产约700 斤/亩，比正常水平低 300 斤，要 2 年才能恢复到正常水平。2012 年小麦出售价格 1.06 元/斤（2011 年是 0.98 元/斤）、玉米 1.03 元/斤（2011 年刚收上来时水分大，只能卖 0.95 元/斤）。作物生产的投入情况如下。

（1）机耕：45～50 元/亩。深耕再多 10 元，由国家补助。

（2）机种：15～20 元/亩。

（3）灌溉：一季要浇两遍水，灌溉用电 10 元/（亩·次），水不要钱。

（4）施药：种的时候施底肥（复合肥）50 公斤，追肥（尿素）30～50

公斤；还要施锌、硼等微肥，合 3 ~ 5 元/亩。

（5）农药：农药投入合 8 元/亩，除草剂 2 元/亩。

（6）机收：2012 年是 60 元/亩，2011 年 45 ~ 50 元。小块地和大块地收割价格要差 5 ~ 10 元/亩，地块太小提供机收服务的农户就不愿去。2011 年麦子倒了，机收价格就要 80 元/亩。

（7）投工：每亩平均还要投 3 个工。

种子投入方面，玉米每亩投入约 40 元（2.5 斤/亩×15 元/斤），麦子约 60 元（25 斤/亩×2.3 元/斤）。不考虑投工成本，一亩麦子的纯收益也还在 600 元以上。

土地整理对农业生产的作用主要在于可以节省劳动力，能够改善灌溉条件。但是，丁营村的土地整理项目实施情况并不理想，没能结合当地实际情况。主要问题是，地埋的引水管道在有些地方坏了，"地是各家的，坏了一家就全不能用了"。因此，以后想改成各户走各户的管道，但是暂时没有经费支持改造。另外，土地整理项目是 2007 年投标确定的价格，2009 年中标，因为价格上升快，工程就没法施工，但又不能不干。

集中居住前有 80% 以上的农户养鸡，有约 30% 的农户养猪，每户能养 3 ~ 5 头猪。新型社区中没有规划养殖区，使得养猪变得非常困难。

案例16　夏邑县岐河乡蔡河村村庄整治

一　行政村概况

蔡河村由5个自然村7个村民小组构成，全村约480户1500口人，分地人口1247人。全村享受低保的有7户7人；享受"五保"的有30户30人，"五保"补助标准为每人每月50元；全村60岁以上老年人口约170人；劳动力总数约700人，其中，全年在外半年以上的约200人。没有劳动力全年在家务农。劳动力在当地务工的报酬约70元/日。

蔡河村农民人均纯收入约4000元，村集体没有收入，目前还是市级贫困村，政府不给资金补助，但是在涉农项目分配上会有所倾斜和照顾。村里共有村干部3人，分别是村支书、村主任和会计，共有党员25人。集中居住前全村共有耕地2159亩，承包地在1996年调过一次。在集中居住前，村内有住房但常年不住的约有70户。这可以作为推动集中居住的有利因素，也可以作为推动集中居住的必要性之一。

村支书葛文杰，现年47岁，1989年开始在乡里打工，1999年回到村里任会计，2002年开始任村支书。除了在村里任职，葛书记还承包经营着村里的新型墙体材料厂。

二　集中居住开展情况

（一）项目进展

2007年，蔡河村成为新农村建设试点村。2010年成为夏邑县44个土地综合整治试点村之一，集中居住工作于2010年2月开始动员，3月正式启动。按计划，要将5个自然村的480户都集中到一起。集中居住前，全村村庄占地面积约750亩，合49.49公顷，户均超过1.5亩（其中包括了公共地、废弃地和一户多宅等情况）。集中居住前村民的宅基地分配没有统一标准，可以说是随便占，一处宅院的平均面积在 0.6 亩左右，集中居住后户均占地约为 160 平方米。根据集中居住工作整治规划，蔡河村的居民点面积将从 49.49 公顷减少到 20.23 公顷，结余出 29.26 公顷建设用地指标，节地率可以达到 59.12%，在 44 个试点村中节地率排在第 12 位。

2012 年蔡河的土地综合整治项目又统一改为新型社区建设，并且从原来的单村集中居住变为多村集中，将包括郑楼、张桥、杜庄、申庄在内的四个行政村并入，建设成为蔡河社区。新社区涉及的五个行政村现有人口 14110 人，规划后的社区人口为 0.9 万人，规划用地 81.0 公顷。

新型社区建设的布点规划虽然已经做好了，但是还没有真正实施，地的问题怎么解决没有具体方案，目前仍停留在单村集中居住的状态。截至 2012 年调查时，全村的 5 个自然村都有村民搬进集中居住区，其中 3 个自然村已经完成整体搬迁，有一个自然村搬过来的农户较少。截至调查时，已经搬入新社区的农户大约有 220 户，已经拆迁但还没有进入新社区的有 260 户。

新型社区的聚居点实际是在新农村建设时期就选定的。当时政府立项给村里修路，村里讨论后决定路不往老庄子修，而是选了新村址，也就是新社区建设的聚居点。选定新址后，村里就搬过来 100 多户，土地综合整治项目启动后又搬来 100 多户。

陈庄是蔡河村的一个自然村，136 口人占了 100 亩地。但是因为较远，所以还没有在这个村子推进集中居住。据支书说，由于该庄的村民有很高的要求，所以准备在该村子旧址翻建，统一建五层的楼房。

（二）用地与宅地分配

集中居住区的地是通过租的形式从农民那里得来的，租金为每亩每年 1000 元，10 年租金一次付清。按商丘市的统一规定，新社区用地的标准是：社区人均用地面积不能超过 120 平方米，户均不能超过 167 平方米。目前，新社区内宅基地的实际标准是 160 平方米（10 米 × 16 米），在 2008 年新农村建设时期则达到了 211 平方米（13.2 米 × 16 米）。

农民获得新宅地需要付钱，并分摊了公共设施用地的土地成本。第一拨建房的宅基地每宗要交 7800 元；第二拨建房的宅基地虽然更小，但是因为有文化活动图书室、村室等公共设施，分摊的公共地较多，每宗宅基地要 8000 元。

村里计划，在村民集中居住过程中，对老庄子进行连片复垦，然后村里统一发包，租金则在村子里平分。在建房用地租期满了之后，再用复垦地归还建房占用的地。如果届时不用复垦地来还，就做其他调整，但是怎么调村里还没有明确想法。目前，已完成拆旧的面积有 260 多亩，农民分别复垦，并在自家老宅基地复垦所得的地上种植蔬菜、棉花、花生等作物。在秋季种麦子之前，这些地将由县政府统一推平，再完善相关配套设施，包括打井（50 亩一口）、送电、修路等。复垦土地算进政府的补充耕地库，走占补平衡项目，实现建设用地指标转移。从质量来看，复垦地比一般农田的单产低 30% 左右，需要 3 年才能恢复到正常水平（与周边地区差不多，当地小麦和玉米的亩单产都在 1000 斤左右）。因为不在政府的项目区内，集中居住过程中，政府并没有对当地的原有耕地进行整理。

（三）项目组织

蔡河村的集中居住是政府设计与发起的，为此，市里组织了村干部去河南其他几个地方考察，并且自新农村建设开始后就逐步限制在老庄子里建房。第一批建房的时候村民不是都愿意搬迁，村干部就动员关系好、面临建房需求的农户。

集中居住过程中，为解决老年人住房问题，单独建了共 32 套 96 间供 65 岁以上老年人居住的老年房，每套包括 2 间正房和一间厨房，正房每间约 20 平方米（3.3 米 ×6 米），厨房约 10 平方米（3.3 米 ×3 米）。老年房是政府用危房改造资金出资建设，施工是由村里找的施工队。集中居住项目建设拆到哪个庄子，庄子里年满 65 岁的老人就可以申请进老年房居住，但需要按 350 元/平方米的价格缴纳押金（合 17500 元）。如果之前和子女住在一起，并且只有一处旧房，要了正常宅基地后，也可以申请老年房。按规定，老人在过世前要搬出来，通俗地说就是说不能死在老年房中，房子由村里收回并退还押金。后来政府又让盖第二期老年房，村里没实施。老年房的用地也是租来的，这部分支出准备用复垦地的租金来负担，那么，家里没有老人占老年房才可以分到租金。

村里的中年人通常都是跟子女住在一起，现在因为关系很差不能住一起的情况已经很少了。村里每年搞"十佳好媳妇"、"十大好公婆"、"好妯娌"和"十大孝子"等评选活动。

在集中居住过程中，也同步实施了一些基础设施建设项目。2007 年，政府给村里修了前文提到的路。2009 年，政府又补助 5 万元建了有 12 间房的新村室，建村室用的砖瓦是从村里的砖瓦厂赊来的。

按支书的说法，本村推动村庄整治主要是为了改善农民的居住条件和生产条件。政府并没有因此给什么奖励，但是涉农项目的分配会有所配套倾斜。例如，如果进入土地整理项目区，政府就可以优先考虑本村。据县国土局的田主任说，已从省财政的新增建设用地有偿使用费中安排了 210 万元，用于在当地修路，由县国土部分负责使用。

三 开展集中居住过程中面临的困难

第一，难以获得集中居住区建新所需的土地。集中居住区目前已经占了 120 亩地，把本村农户全部搬出来集中居住还需要 100 多亩地。但是，现在是规划用地没有用，农民不愿转让，强行收农民的地害怕导致上访。虽然现在很多在旧庄子中的农户想搬出来进集中居住区，但是没有地给他们盖房子。租不来地主要还是因为缺乏资金。现在农民把地给人种，如果是因为自己不想种，租金只需要 300 ~ 400 斤麦子/（亩·年）。但是，如果是别人主动去收地来种，租金要 1000 ~ 1200 斤麦子/（亩·年）。葛支书的想法是，最好能把地大调一次，调出 300 亩地，外村人进来居住就要收宅基地钱，然后分给农民或者搞基础设施建设。但是，没有政策支持不敢干。他觉得，现在的社区规划让他来做工作肯定做不了，需要上级政府出面推进。但是，如果政府能提供租金来租地，工作会好干得多。

第二，拆旧建新的补偿问题。蔡河村在推进集中居住过程中，建新没有任何补贴，拆旧也只是政府象征性地给几百元补贴，每户给 200 ~ 300 元，其他就再没有任何补偿。虽然近年已经限制在旧庄子中建房，但是村里原来盖的新房就比较多。从执行情况看，平房（老房）补不补都无所谓，拆下来的旧砖还可以用于盖房，楼房如果不给补偿就拆不了。具体来说，拆旧要按建筑面积补偿，但也不能按新房的建筑成本补，否则已经搬进新区的农户肯定不能接受，这就涉及这部分农户如何补偿的问题。另外，村里原来的学校建得比较好，如果拆了群众的损失也比较大。同样，葛书记觉要把其他村并进来，通过卖宅基地补偿农民损失也是一个办法。

第三，困难户救助。村里没有专门针对困难户、"五保"户、低保户的帮扶措施，也没有这个能力。如果能够有这块补助，集中居住就会更好地推进，因为越到后面工作越难做，剩下的都是困难户，思想很难做通。支书觉得，国家的粮食补贴不应该好的、差的都补了，如果要补，就只补给困难户和弱势群体。

第四，建新过程中村集体发生的支出缺少收入支撑。蔡河村的砖厂由私人（村民的说法就是支书）承包，每年给集体 3 万元承包费，除此以外村里没什么集体收入。这笔收入在过年时按本村分地人口，每人 20 元的标准发给了农民，另外还替一部分群众缴纳了合作医疗。在集中居住过程中，村集体的花费主要包括几个方面：打扫卫生（迎接领导考察）、请客吃饭、跑项目、修路工人慰问等，已经花费了 3 万～4 万元，目前这些支出全部由村干部垫付。支书觉得，粮食直补农民拿去后，"有的花了，有的玩了，啥事也办不成"，如果把这些钱留在集体，别补给农民，就可以用于公共设施建设和生活医疗方面的救助。支书算了个账，亩均 100 多元的补贴，2000多亩每年就 20 多万元，可以用来修下水道、路等。

四　讨论

第一，农民参与不足问题突出。与其他由政府发起集中居住工程的村庄一样，蔡河村村民在整个集中居住过程中的话语权是很有限的，村里也没有为集中居住设立专门的村民议事会。这也意味着，与村民利益相关的各项事务或者是政府说了算，或者是村干部说了算。在补偿方面，蔡河村的拆旧、建设用地的节约农民都没有得到直接的补偿，仅得到了 200 多元的搬迁补贴。因为政府投入有限，在公共服务质量方面的改善效果也不很明显。对这样的没有补偿的补偿方案，村民与村干部实际都只能是被动的接受者。葛书记本人就认为现有的补偿方案是不合理的，但是政府要求出政绩，村里也不得不干。与大多数受访的村干部一样，葛书记听说过"增减挂钩"，却不知道具体指什么，以及与本村的集中居住有什么关系。

再就建新过程中的公共地分摊来说，与其他开展集中居住的村庄相比较，蔡河村的分摊面积是比较大的。第二批农户的宅基地面积为 160 平方米，按照 1000 元/（亩·年）的租金，十年的租金也就 2000 元左右，但农民为此实际需要支付 8000 元。按其他项目村的做法，多出来的部分就是为了分摊公共设施用地的租金，那么蔡河村的这个分摊比例就太高了（因为农民将来实际是要拿拆旧宅的复垦地来归还所占的新宅基地，所以不存在购买的问题）。但是，这个分摊面积或比例的确定农民既没有参与决策，也不知道决策依据。

第二，完成搬迁与拆旧复垦的时间。万事开头难，但是群众看别人动了就也想动。这应该说是各个项目村开展工作的重要出发点，项目启动后，一旦有部分村民搬迁集中居住，并形成规模了，就会带动后面的农户。比较有代表的是，面临结婚需求的年轻人通常都会先搬进新社区，往往"搬进新社区"也会成为当地年轻人成婚、择偶的基本要求。但是，总会有一部分群众，通常占到农户总数的 1/3 或 1/4，因为补偿问题、生活习惯问题或经济负担能力问题，而不选择集中居住。在自觉自愿、遵循规律的情况下，一个村庄完成整体搬迁，需要 5~10 年的时间（从这个意义上说，蔡河村选择一次性支付 10 年的租金是有其合理性的）。但是，这与政府通常规划的三年之内完成项目是相矛盾的。不能按时完成集中居住、拆旧复垦，就可能出现耕地的新一轮浪费。但是，在没有足够补偿以及信贷等支持政策的情况下，不遵循规律强行加快集中居住的进程，就可能导致强拆等违背农民意愿的情况，引发社会矛盾。

第三，落后地区土地补偿缺少来源。在商丘这样的落后地区，因为产业基础薄弱，区位条件、自然资源也都一般，所以缺乏产业吸引力。通过集中居住节约出来的建设用地指标虽然也都用于招商引资，但往往以零地价转让给企业，并不能给政府带来财政收入的实际增加，而这些招商引资活动却可以给农民带来长期发展、摆脱贫困陷阱的机会。在这种情况下，是否还面临其他地区讨论的土地增值收益以及增值收益分配问题？

案例 17　夏邑县太平镇三包祠村村庄整治

一　行政村概况

三包祠村由 1 个自然村 4 个村民小组组成，全村共有 330 户 1070 人，与大多数地区一样，分承包地的人口略少，为 970 人。全村劳动力数量约 560 人，其中，全年在外半年以上的约 400 人。全村有低保户 36 户 42 人；"五保"户 3 户 3 人；60 岁以上老年人口共 168 人。2011 年，全村农民人均纯收入约 5500 元。三包祠村有干部 4 人，党员 31 人。四个村干部分别是村支书（工资 300 元/月）、主任、会计和组长，四个人各包一个组。

2010 年集中居住前，村庄占地面积 340 亩。据村干部估算，全村一户多宅的至少有 150 户，一家有两处以上宅院且至少有一处闲置的约 50 户，村内有住房但常年不住的约 6 户。

二　集中居住实施情况

（一）概况

按照夏邑县的规划，太平镇将把 22 个行政村合并为五个新型社区，其中不包括三包祠所在的包杨花园社区，三包祠与其他 12 个村属于镇区范围的一般镇建设。整个太平镇目前农民建设用地面积为 1013.24 公顷，计划整治后减至 444 公顷，节约出 569.24 公顷。三包祠村拆旧建新工作始于 2010 年 4 月，2011 年 3 月批准为综合整治试点村。计划将 3 个行政村、8 个自然村合并，建设成为包杨花园社区，但是村民仍分归各个行政村管理。目前，新社区中房子已经成形的有 60 多户，包括另外两个村的 30 多户，已经入住了 27 户，只有本村入住人口较多。为解决新社区的卫生问题，村里还请了两个老人帮助打扫卫生，每天工资 20 元，每周工作 2 ~ 3 天。

（二）集中居住区用地

三包祠村的社区建设基本是政府主导、规划的，即征地和拆房则是借助村干部去推进的。要实现集中居住就首先要解决建新所需的土地。三包祠村采取向农民租地的方式来解决这一问题。目前，已经租了 130 多亩。租金为每亩每年 1000 斤小麦。一次性预付 5 年的租金，2011 年 6 月 30 日之前兑付。一部分农户不愿把地租出去，就由村干部把一部分自家的地调给这些农户。其中，村支书调了 4 亩地，村主任调了 7 亩地。租来的地按计划将在老村庄全部复垦后用复垦的耕地归还。计划用 5 年时间实现旧村庄复垦，把租的地还上，如果还不上，建房占地的农民自己继续付租金。

村干部介绍说，租用村庄主路南侧的地时，有两户因为在老村里的房子新盖不久而不想让村里把这个事情做成，所以就不愿意把地拿出来。结果房子只能建东边的一半。后来这两户见居住区初具规模，形势已经挡不住了，自己也觉得不好意思，2012 年又主动找到村里，把地租了出来。

租地本身有很大困难，加上原来的老支书身体不好，连续住了几次院，租地工作陷入停顿。村支书王瑞华 2011 年 3 月上任，是在老支书租地工作开展不力的情况下接手集中居住工作的，可以说是临危受命。王支书说，因为自己与路边耕地承包户的关系比较好，接手这个工作后推进得比较快。

在任村支书之前，王瑞华在村头（几个村子的中央）搞沙石料厂，大车进货小车卖。自 2008 年下半年开始经营，一年能挣十多万元。新农村建设以后，老村里不准建新房（2009 年开始控制、2010 年全面杜绝），他的沙石生意就没法经营了。因此，他认为他家在新村建设中的损失最大。他买了新社区三间户型的独栋房子，并拆了旧村中的房产，又在新居的一楼开了个超市。早上 5 点多去进货，七八点以后就开始处理村里集中居住的事情。按他的说法，"现在村干部就跟全职干部一样，全天都在处理拆旧建新这些事"。

（三）宅基地标准与新房建设

与商丘的其他地方一样，三包祠新社区建设的人均占地不得超过 120 平方米，户均占地不超过 167 平方米。三包祠村的新房建设分几个批次，各个批次之间在房型与宅基地大小上存在很大差别，但都在标准以内。第一批在主路的北侧，共70户，是150平方米（10米×15米）宅基地、三间两层的房子；第二批在路南，共57户，则是84平方米（7米×12米）宅基地、两间两层的房子；再以后就全部都是建高层。作为一种变相的施压手段，通过前后批次间房子的差异，确实起到了诱导农民尽快搬迁的作用，但是与中央强调的不强迫农民上楼之间还是存在一定的矛盾。

房子以统建为主，开发商由村里找，有建设能力就可以。随着高层建设计划的启动，开发商的选择转为招标的形式，由镇里执行招标工作。除了统建的房子，还有12套自建房。因为当地大棚蔬菜较多，本村有110亩左右，周边村更多，主要种西瓜、茄子、黄瓜等，自己建房会耽误农户挣钱，所以农民宁愿选择统建。三包祠村也曾尝试由农户联建，但没有成功。失败的原因与在其他村调查时得到的反映一样，多户联建时为了给自家的房子选好材料，联建的农户都要去看着场子，买材料也都想做主，结果时间都耽误了，还有争议。

统建房子的价格由乡政府核算成本后确定，价格中同时包括了5年土地租金和办理房产证（但是，陪同的刘镇长说"没提办房产证的事"）的费用。2011年上半年，三间标准的独栋楼房的价格为11.2万元。因为成本上升，下半年的价格提高到了12.2万元。两间标准独栋房屋的价格调查时没有确定下来，初步估计的售价为8万元。

（四）建新占地的租金与公共地租金的分摊

新房占地的租金实际由建新房的农户承担，但是因为需要分摊社区公共设施等（包括公共用地、门前道路用地）的建设占地，农户付租金的土地面积要大于宅院的实际占地面积。第一批宅地面积为150平方米的农户按半亩（333.3平方米）的标准预付5年租金（总计2500元），分摊部分的面积为183.3平方米，分摊面积与实际占地面积的比率为1.22∶1；第二批宅地面积为84平方米的农户按按三分半（233.45元）的标准预付5年租金（总计1750元），分摊部分为149.45平方米，但是分摊面积与实际占地面积的比率达到了1.78∶1。

虽然做了这样的分摊，但是仍有一部分公共地的租金没有出处。第一批新房建设包括公共设施总共占了37亩地，其中建房占地15.74亩，公共用地与建房实际占地的比率为 1.35 : 1，高于分摊比率。按上述标准，宅地加上分摊的公共地总计只有 35 亩，差了 2 亩，租金暂时由开发商垫付。

马路南侧（第二批房所在区域）分摊的压力更大。第二批房总计占地 7.18 亩，而这片区域却有 26 亩公共设施用地，包括村室、学校、卫生室等。目前，这些地的租金没有付，只是由村干部垫付了这季的青苗费，也是 1000 元/亩，合 26000 元。地是按政府要求租来的，政府说地租来后马上建学校，但是租来后却又说没有学校的建设指标。因为政府项目未能到位，所以庄稼还在地里，但是农民已不再管理，田间管理只能是村干部做，加上今年的虫害比较厉害，产量不可能达到正常水平，所以垫出去的成本肯定收不回来。按规定付租金的截止日期为 2012 年 6 月 30 日，但到 5 月底我们在该村调查时，租金从哪里来还没有眉目。

对于公共地的支出问题如何解决，上级政府并没有明确说法。三包祠村干部的希望是将来能够和迁进来的另外两个村共同分摊公共地的成本。

（五）促进拆旧的相关举措

调查发现，迫切需要建新房的农户对拆旧建新就非常支持。三包祠村第一批建房的主要是因子女结婚需要新房的农户；第二批建新房的则以中老年人家庭为主。村里还有十来个常年在外打工、每年回来一次、不种地的人，想要买楼房，经常打电话回来，问楼房盖好了没有。

为了推进集中居住，镇政府组织在村里开大会，村干部到农户家里动员，还组织到镇里开大会，最多时有七八千人同时参会。为了对村集体进行激励，镇里对各村拆旧建新工作开展情况进行排名。2011 年三包祠村在全镇排第二名，获得 15 万元奖金（第一名是顺河社区，奖励了 30 万元）。镇里还出钱在新社区建了 8 套周转房，那些建新没有完成，家里是危房又必须先拆除的农户可以借住，解决过渡期住房问题。等社区建设完成之后这些周转房将转为老年房。周转房施工由村里组织，主要是负责找工程队，但工钱在镇里结算。

如前所述，不同批次拆迁在房型与大小上的差异也发挥了激励作用。政府在推动这件事情上的逻辑很清楚，一旦社区达到一定规模，加上基础设施相对老村更加完善，对农户就会产生更大的吸引力。为消除先搬迁农户在补偿标准上的疑虑，政府向农户承诺：不让先拆的农户吃亏，如果拆迁过程中提高补偿标准，差额也会补给先拆的农户。

按规定，农户在新区选房子的同时，就要在老村中确定拆除哪处老房子。如果原来有两处老房子，可以只拆一处，等有补偿时再拆多出来的房子。但是，新旧房子的宅地面积比至少是 1∶1.2。目前已完成 69 户的旧房拆除。因为一户多宅的情况普遍存在，一部分农户拆了旧房后并没有入住新房，所以拆迁的户数多于入住的户数。在全部完成拆迁、复垦前，零散复垦的耕地仍由农户分散经营，将来整体完成复垦后再收上来，用于归还建新租用的地。另一个难点是，计划合并的三个村的人都可以买新社区的房子，如何保证外村来买的农户也能够把旧房拆掉。

（六）鼓励节地的措施

节地多少与比例是反映集中居住实施效果的关键指标，也是政府推动这项工作的主要目标。太平镇及三包祠村采取了多种鼓励节地的措施。第一，通过房型调整，减少新房占地面积。为鼓励农民选择两间的房型以进一步节约土地，镇里对这部分农户给予 5000 元/户的奖励，村里用获得的 15 万元奖金为这部分农户又提供了 3000 元/户的奖励。第二，避免一户多宅在新社区的复制。为鼓励老人和孩子一起居住，镇里规定，如果老村中有两套宅地，并且都拆除，新社区中又只要一处宅地的话，乡里给予补偿，2011 年是 5000 元/套，2012 年的标准还没确定，应该会更高一些。实际上，老人与独子在村里有两套房子的，在新社区中也只能分一套宅地，不过老房子可以先只拆一套。多出来的房子能否拆除，只能寄希望于政府的补偿了。第三，对村里老坟的搬迁给予补偿，每座补偿 800 元，目前费用仍由村干部垫付。

（七）基础设施建设

基础设施建设是新社区建设的重要内容。从实践情况来看，完善的基础设施被看作城市化与公共服务向农村延伸的表现，也是对农民的一种补偿形式。新社区前的一条主路是 2011 年政府投入 20 多万元建的。但是，在整个社区建设中，基础设施综合配套水平还较差。尽管开发商在建房中为每户都单独建设了化粪池，下水也由开发商负责引到水沟，但是因为下水主干管道建设不到位，下雨时水还是排不出去，导致积水。2011 年雨季新社区这边就给淹了，用 4 个水泵抽了两天两夜。按照商丘市国土局土地整理中心田主任的说法，省财政上有 6000 多万元新村建设专项资金，因为建设项目统一由综合整治改为新社区建设，钱就不能动，他觉得可以争取用这部分钱推进新社区的基础设施建设。

（八）补偿

虽然有一部分奖励，但总体上，三包祠村的社区建设在拆旧房、建新房、过渡期、节地等方面均没有补偿。按王支书的看法，建独栋新房不用给补偿，但是对上楼的农户应该给补偿，引导其上楼。

三 社区建设面临的主要困难与不确定因素

一是老百姓的建房融资问题。村民不愿集中居住的主要原因是经济负担重，有些在老村子中的房子新盖不久，家里有楼房、没闲钱。一部分买房的农户钱不能一次性付完，付不起钱人又住进去了就容易发生争议。希望对新建房的农户能够给予贷款支持，实现分期偿还。

二是集体（村干部）资金问题。新建房所占土地的租金由开发商预付，但有 10 来亩地租来后未建房，租金由村干部垫付，按 6000 元/亩（1000 元青苗费和 5 年租金），垫资 7 万元。老坟搬迁给农民的 4 万元补偿、26 亩公共设施用地的 2.6 万元青苗费补偿都由村干部垫付。截至调查时，村集体为集中居住的事支出了 13 万余元，全部由村干部垫资。其中，支书个人垫 7 万元，村主任 3 万元，会计和组长各 2 万元左右。村里准备在公共用地上建一个农具的堆放场所和殡葬的活动场所（公共灵堂），想让老百姓上楼就必须解决这部分需求（问题），但是村里没有资金推动这些计划。

三是拆旧房的问题。按规定，必须拆了旧房后才能入住新房，否则就把选好的新房卖给其他农户，然后再等下一批。但实际上却做不到。有 3 户在老庄子里是楼房，在新村买房子后也入住了，旧房却没拆，村里也没办法。还有一些农户买了新房后不入住，也不肯拆旧房，只是希望把房子占了避免涨价。解决这部分农户的拆旧房问题只能靠政府的补偿。对于旧村中新建不久的房子希望可以补偿 70%~80% 的建设成本，否则就难以拆除。在新社区建设中，矛盾的焦点是拆旧而不是建新，如果把重点放在卖房子搞形象工程上，就可能出现这种情况。

四是政府配套跟不上。 政府说租来地后做的建设，包括学校、路、绿化、下水道和文化大院等，都没跟上。耕地浪费，村里还要垫资，成为村干部面临的最主要困难。

五是老人的居住问题。 按规定，买两间或三间独栋小楼的农户必须和老人一起住，计划再盖一部分小房间给上楼农户的老人。子女与老人共同居住符合节地原则，也是孝道文化的表现。但是在条件不具备的情况下，如果部分农户中子女与老人之间的关系并不和睦，那么强迫共同居住就可能带来新问题。集中居住前，老人给孩子建房后可以分开居住，即使没钱盖房，搭个棚子也可以单独住，搬到新社区就没法这样解决这个问题了。对于买了独栋房子的农户，即使最初承诺与老人共同居住，买房后也没有措施保证其遵循约定。

四　农业生产

实施整治前，全村共有耕地大约 1750 亩，耕地全部流转出去的农户大约有 60 户，但是村里没有大规模经营的农户。集中居住过程中，村里也没有组织耕地流转。已经完成拆旧复垦的 60 多亩地，2011 年种了棉花，这与其他一些地方对复垦地的利用相似，因为棉花的单产在生地与熟地上差别不大。但是，如果在新复垦的土地上种粮食，单产就会小很多。2009 年，政府在三包祠村做了耕地整理项目，主要是机井配套，田间路、电、变压器与桥涵等。目前，当地小麦的单产约为 1200 斤/亩，玉米为 1000 斤/亩。

五　讨论

从当前实践来看，村庄整治后很可能出现耕地面积绝对减少的潜在风险。一部分建新房农户拒绝拆旧房，会使得复垦难以到位，从而导致耕地面积的绝对减少。从这点上来看，对选择建新的农户适度收取押金，以保证其按要求拆旧，是合适的。一户多宅等问题的存在，使得旧村庄完整实现复垦更加困难，也就无法形成农业生产能力。从这点来看，集中居住对粮食生产有可能产生不利影响。

集中居住过程可能成为潜在的承包地转移过程。虽然预付的是 5 年的租金，但是如果复垦不能整村完成，这部分建新占地的归还就变得遥遥无期，对于被占地的农民来说可能就永久性地失去了这块地，而建新的农户通过旧宅基地复垦增加了耕地面积，这意味着承包地以租的形式在农户间发生了一次转移。按地方干部的说法，还不上地，新建房的农民需要继续付租金，但是这些农户自己种复垦地也会有收入。地方干部这种说法的潜台词是租出土地的农民与占地的农民都没有吃亏。但是，实际情况是，农民对背后相关联的建设用地指标转移及土地增值收益毫不知情，更谈不上分享。即使是实际推进工作的村干部，与其他大多数开展集中居住的村庄的村干部一样，虽然听说过增减挂钩，但是对其政策含义或者与本村的集中居住活动之间的关系没有认识。对有些地方来说，如果以租地的形式获得的土地是直接用于商业开发，那么租地就成为比征地更隐性也更加严重的剥夺过程。即使是标准不高的征地补偿也相当于二十年甚至三十年的租金，这样的一次性补偿有可能成为农民从事非农产业的初始投资，而租金却无法起到这样的作用。

虽然集中居住客观上有利于农民享受更高水平的公共服务，但这不能构成无补偿拆旧建新的理由。集中居住可以使得政府得到建设用地指标，并实现建设用地在城乡之间的优化配置。显然，这一公共利益的成本不应由农民负担。因此，在集中居住过程中应加大对旧房拆迁的补偿，降低村庄整治的成本。对农民的补偿还应包括对节约出来的建设用地的补偿问题。如果说各地在拆旧与建新的补偿方面差异大，那么对节约出来的建设用地指标的补偿水平差异更大。兰考县周堂村每亩可以补5万元，滑县锦和新城分别有3万元和30万元两档补偿标准，其他大部分地区则没有补偿。但是，正是这部分补偿体现了对土地增值收益的分享。从实践来看，加大这部分补偿可以提高村庄整治的积极性，也可以起到引导农民上楼的作用。

公共地分摊是社区建设中面临的普遍问题。调查发现，各个调查点的做法不尽相同，甚至差异很大，在一个社区内也会像三包祠这样存在不同的分摊比率。这就出现了两个需要回答的基本问题：一是不同房型的农户是否应该有相同的分摊比率，其中涉及公共设施用地如何分区域分摊问题（哪些为社区所有居民分摊，哪些为局部居民分摊）；二是怎样的分摊比率是合理的。

第三部分

农户访谈个案

引 言

　　本部分收录了调查员在 23 个新型农村社区调查时搜集的典型案例。在实地调研中，调查员通常会花费一个小时的时间与调查对象进行交流，在完成问卷调查的同时，更是以问卷为依托与调查对象进行了一次深度访谈。因此，每一个数据的背后都是一个个鲜活故事、生动的案例。

　　本研究的重点在于探究影响村庄整治顺利推进的因素、评估村庄整治的社会经济效果及影响，特别是村庄整治对农民福祉（生活状况、生存权及发展权）及农业生产的影响。农民是村庄整治的主体，农民的意愿是村庄整治成败及其是否可持续的关键因素。本部分首先从农民对拆旧建新的意愿和支付能力出发，分析了农民参与村庄整治的需求基础；其次，农民参与村庄整治的积极性还受到政策和制度安排及外部环境的影响，因而本部分也着重探讨了制度供给因素对村庄整治的影响；最后，村庄整治是否能够切实改善农民福祉、确保"不以牺牲农业和粮食为代价"是关系到村庄整治及新社区建设是否具有可持续性的核心问题。沿着这样的思路，我们将 65 个农户访谈案例按照五大主题进行了编排：第一，村庄整治的现实需求和搬迁能力；第二，村庄整治的过程和规则；第三，村庄整治中的补偿办法及分配关系；第四，村庄整治对农民生活的影响；第五，村庄整治对农业生产的影响。

　　案例分析属于定性研究，它不同于由统计数据导出变量间潜在逻辑关系的大样本定量研究，而是通过对研究对象典型特点的全面、深入研究，揭示所研究问题的形成、发展特点及影响因素。我们进行案例研究的主要目的有如下几个方面：一是"解剖麻雀"，以小见大。这也是案例研究的主要功能。显然，对于异质性很强的农民来说，案例研究的结论不可避免地存在着代表性和普适性（外推性）的问题。但是，如果把异质化的农民进行分类，各个体案例大体能够反映这个类型农民的总体情况。二是通过案例研究，可以加深对定量研究结果的理解和认识，弥补定量研究的不足。三是回答一些难以定量或以问卷调查为基础的大量研究所难以回答的问题。四是积累资料。村庄整治是不仅仅是农民居住方式、生产方式由分散向集中转变的过程，而且是对传统农村社会的一次更新和重塑。这些案例客观地记录了发生在农村社会的这场重大变革，具有较高的史料价值。

一 搬迁需求

案例 1：愿以宅基地换取住房条件改善

赵某，卫辉市城郊乡倪湾旧村未拆迁农户，一家五口人。赵某在附近乡镇的建筑工地打零工，其爱人种地。赵某家的房屋在 1997 年重新修建过一次，砖房结构，外观较新。尽管赵某的经济能力有限，但他表示，如果有经济来源，肯定会搬到新小区的独栋房屋。调查了几户倪湾旧村未搬迁的农户，他们都是这种想法。主要原因是希望改善住房条件，并且本村大多数人都搬到了新区，自己成了少数人，心里感到不适应。另外，调查中也发现，很多农民不太满意目前传统的居住环境（有较大的院落和宅基地面积），愿意为了住房条件的改善而放弃一部分宅基地。（冯卓）

案例 2：为儿女结婚而在新社区买房

崔发国、王学叶夫妇为新乡县古固寨祥和社区村民，年龄皆 50 岁，育有两个儿子、一个女儿。三个孩子都是大专及以上学历，皆已成家。大儿子，27 岁，研究生学历，现在郑州医院上班；二儿子，大专学历，现在新乡起重机厂上班；三女儿，大专学历，现在新乡从事会计工作。

河南农村家庭养儿防老、传宗接代观念重，家庭孩子多，经济基础差，对子女的教育处于放羊管理的状态，因此在河南农村家庭，培养孩子上大学的现象不多见。像崔家这样，一个家庭就培养了三个大学生的情况，更是罕见。究其原因，可以概括为：父母的辛劳与重视、国家的助学贷款政策、大儿子的榜样作用、三个孩子相互间的鼓励。

夫妇两人农村种地，闲时打工，竭力挣钱培养儿子，集中居住前从未考虑改善住宿条件，一心一意供养儿女念书。大儿子深知家庭困难，在上大学时就申请了助学贷款并勤工俭学，以维持自己的学业与生活，并鼓励弟弟妹妹努力读书；弟弟妹妹以哥哥为榜样，也深受父母勤劳影响，学习努力，皆已大专毕业。三个孩子目前工作稳定，收入有保障，家庭境况不断改善。

集中居住政策宣传时，崔家考虑到陈旧的房屋和儿女皆已近结婚年龄，夫妇俩首批响应集中居住政策，为两个儿子修建了两套独栋新宅，每套房享受了 3 万元低息贷款和 10 吨水泥补贴。总体来说，夫妇俩现在有所庆幸，亦有所不满。庆幸的是，对比晚期修建的独栋，自家享受了低息贷款和水泥补贴；对比现在只能选择入住楼房的政策，自家修建的独栋更是令人羡慕。他们认为，按农村的居住习俗，应该有自己的宅子与院子，沾点地气儿，住小区就不是农民了。不满的是，对比后来的每套老宅拆除赔偿 5 万元，自家未得任何赔偿，认为前后政策非常不公平。夫妇俩开明的是，他们认为虽然独栋是比集中居住好，但是独栋占地面积大，并未起到集约土地的作用。据他们介绍，祥和社区独栋占地 400 亩，绿化面积大，新建住房仅约 800 户，按户均摊 0.5 亩，与之前宅基地持平，无集约意义可言。现在入住小区的政策，有利于集约土地，但是又不太符合传统居住习惯。（余翔）

案例 3：煤矿区土地综合整治的思考

新密市岳村镇马寨村李明召一家四口人，已住进了新社区，"新社区环境好，基础设施齐全，生活也便利。"李明召向我们诉说着。新密原来被称作密县，是河南有名的煤矿产地，李明召家所在的马寨村就属于煤矿区，这里属于山区和丘陵交接地带，地势起伏很大，土壤也不是很肥沃，每家每户承包的土地都不会超过 2 亩地；此外，新密距离省城郑州比较近，区位优势比较明显，村民可以就近在郑州打工养家糊口。

李明召一家原来住在煤矿塌陷区，原来的老房子早已经成为危房：到处都是裂缝，房子是倾斜的，早就不是垂直于地面的。像李明召一家这样处于煤矿塌陷处的村民政府有政策，煤矿上必须给予补偿，重新安置。李明召所在的村集体在村支书的带领下，审时度势，抓住这个机会，搞起了轰轰烈烈的土地整治和新村建设。"村子里面开会，通知说把新房建在一块，不能在未允许的地方私自建房"，李明召对我们说。

马寨社区就这样建成了。马寨社区的成功建设得益于村集体的不失时机的积极作为，以及煤矿塌陷区的补偿安置政策，村民的配合也发挥着很大的作用。这一切的一切都不是偶然的，要想清楚地理解，不能忘记这一切发生的背景以及相关的制度体制和机制。

"以前在塌陷区生活特别不踏实，也不安全"，"拖拉机在犁地时突然就莫名其妙地掉进一个深坑"，"房子在下雨的时候都不敢住进去"……这些都是农户的心声，也是民意。政府在积极地推动新农村以及新型社区建设的同时，也使马寨社区的成功建设成为必然。

在岳村镇还有一些村子没有在塌陷区，那里的新社区建设就不是那么顺利，虽然政府政策都是一样的，但是当具体情况发生改变了，事情也就会不一样了，这就告诫我们无论干什么都不能"一刀切"。"有些村子里面没有煤矿，有些村子里面虽然有煤矿，但是没在塌陷区，他们就没有塌陷区的补偿费"，"那里的新社区就没有我们这里入住的人多"，李明召如是说。盖房子对于农民来说是人生的一件大事，其意义不亚于娶媳妇生孩子，但是盖房子是需要资金做基础的。有些农民是盖不起房子，有的农户是已经盖好房子，没钱再盖一座新房，这些都是加快建设新社区的绊脚石。

对于土地的集中使用，农户的反应不一。"收走地没有了安全感"，李明召对我们说。毕竟农民对于土地的感情和认识是基于历史的积累而沉淀下来的，或许只有那些已经开始习惯都市生活的年轻人可以很漠然地接受，毕竟这一代人对土地不是那么的熟悉，城市的花花世界才是他们所想要的，对于这部分人来说，似乎拥有土地就意味着贫困。"种了不划算，荒了可惜"，旁边女主人插话说，这或许代表了大部分理性农户的看法。传统来讲，土地是农民生活的依靠，也是农民生活的根本。农民像城市人一样不耕种土地，就必须要使他们像城市人一样没有后顾之忧，城乡社会保障体系必须完善和全面地公平覆盖。只有这样，农民才能逐渐改变观念，进而改变生活方式和生活习惯。总之，不能让农民只拥有像城市人一样生活的表象，而不享有如同城市人一样生活的福利；也不能让新社区建设成为社会失序的渊源。（华东旭）

案例 4：农民"上楼"的可行性

睢县周堂乡丁营村刘新理，今年 48 岁，是该村建设新社区的"开发商"之一，常年在外做着生意，见多识广，是村里面的"能人"，对村里面的事情说道头头是道。本来常年在外经商，但是刘新理自己村要建设新型社区，在村干部的招呼下，就回来拉起一帮人搞建筑，建设"社区"。

在农民是否接受高楼的问题上，刘新理认为"高楼不符合农民的习惯：农具问题，存放粮食问题，还有观念问题"，"现在只有一小部分青年人能够接受"，但是刘新理也提到"耕地如果集中起来，就会有更多的人愿意上高楼"，"本村将近一半人愿意把土地集中起来"。

可见，农民不愿意上高楼，是由于习惯，和社会还没发展到一定的阶段也有关系，毕竟社会存在决定社会意识。从和刘新理的谈话中可知，只要解决一些现实问题，有一部分农民对上高楼也并不是反对的，当然了，这部分人还是以青年人为主的。

让农民像城市人一样住进高楼，似乎是让农民像城市人一样生活，但是农民的生活习惯和文化观念等是无法突变的，对于此，只能解决一些现实问题，让可接受的村民先住进去，带动其他人逐步地住进去。虽然我们想尽可能多地腾出土地，但是对于农民的习惯和文化也要尊重，毕竟新型社区是农民居住的，只有他们满意了，才是可行的，干部所能做的就只是引导而已，不可逼迫农民强制上高楼。生活方式和生产要素一定要符合生产力的发展才是王道。（华东旭）

案例5：老年人不愿意到"城里"生活

光山县上官岗村村民董传德、李秀荣夫妇是上官岗村普通村民，两位老人都已年逾古稀，育有两子四女。如今儿女都已成家，老两口和小儿董家财住在一处。小儿子一家在县里开有小饭店，平日生意忙，也不回村里住，所以家里就只有老两口自己生活。老人现在住的房子是1997年小儿子结婚时盖的，当时花了将近20万元，现在住着仍然很舒适。在访谈中，老人总是将村里规划的集中居住区称为"城里"，把自己居住的旧村称为"农村"。老两口表示坚决不会搬到"城里"住，因为新区规划的都是六层高的楼房。"那么高的楼我们上上下下多不方便，就怕住进去就只有到死的那天被人抬下来了。"除了楼高不方便，老两口还有一个不愿意搬走的理由"过不惯'城里'的日子，就喜欢在'农村'生活"。所以即使以后小儿子想要"城里"的房子，那就让他另外花钱去买，老两口不允许拆掉这套老房子去折抵新房。

作为70多岁的老人，董传德夫妇对集中居住生活的顾虑并不是杞人忧天。随后我们在新区走访时也发现，高层楼房的集中方式的确给老人们的生活带来了极大的不便。由于上下楼困难，一些老人只能在没有窗户的车库里勉强度日。（李越）

案例6：这里住习惯了，不想搬出去

信阳市光山县 Y 村村民夏某，今年 50 岁，还未搬迁。夏某有三个孩子，两个女儿已出嫁，18 岁的儿子正在上高中。家里现在的房子 2004 年翻修过，共 5 间。现在大部分时间家里只有夏某和她的老伴。

夏某很开朗，一边剥瓜子一边与我聊天。她不愿意集中居住，她说："我在这里住习惯了，不想搬出去。搬出去有哪样好？"如果搬迁，按照目前的政策她家只有一套房子，夏某担心以后儿子结婚后生活习惯与儿子和儿媳妇合不来。当我问及在这里住也一样会出现这个问题时，她说，如果不搬出去在这里还可以分家，老两口自己住，儿子儿媳单独住，既可以相互照应，也不会在生活习惯上有矛盾。

除了顾虑与孩子长期住在一起生活不习惯以外，夏某还担心因为上楼而影响到邻居。夏某说话声音很洪亮，不时发出爽朗的笑声。她解释说，她说话声音大，集中居住会影响楼上楼下的邻居，老两口吵架都不方便了。夏某对自己目前生活相当满意，她家里 3 个人 3 辆摩托车，想吃什么都能吃，锅里没有煮的就去街上买。因为 Y 村离县城很近，离最近的农贸市场只有 800 米左右，所以生活起来很方便。在一定程度上说，夏家是过着农民的生活，享受城里人的便利条件。她还说，这里的乡里乡亲的都是老邻居了，楼上楼下突然换人都不认识，怎么习惯呀。

在笔者后来调查的过程中发现，Y 村还未搬迁的中老年人多数都不愿意集中居住。Y 村的地理优势以及集中居住的房屋补偿是免费的，他们不愿意搬迁的原因主要是顾虑生活方式的改变带来的种种现实问题。同时，集中居住后在某种程度上对村民来说是一个再社会化过程，多年的心理定式和习惯与新生活的冲突让他们抗拒集中居住。因此，怎样将集中居住和村民认同的地缘与血缘关系以及传统的乡村文化结合起来，也不失为值得思考的重要问题。带着这个问题，我在后来的调查中发现，集中居住模式主要有三种，抓阄、亲朋好友住一起、原村集中居住。其中第一种模式的村民适应性最差。（谈小燕）

案例 7：少数服从多数的"被搬迁者"

卫辉市城郊乡焦庄村一组的康希江，57 岁，是一个孤寡老人，颈椎关节突出，不能干体力活，种了不到一亩地维持生计。本村内无子女及其他亲戚。其老宅基地位于新村规划的道路上，一经村干部动员便拆除了旧屋，在靠近老屋的非临街位置，用旧房的砖堆砌了新房，异常简陋，参观其室内布置，和老屋没有任何区别。他也反映其实和老屋住起来差别不大。

这种情况虽然特殊，但是反映了一个问题：村里面势单力薄的家庭，如康希江这种一人之家，没有拆旧建新的需求，但迫于长期生活在本村所需要的"面子"，加上在村里面没有地位和话语权，因此只能为了大多数村民的新区建设而"被搬迁"。如果将这一问题延伸，我们不难发现，在集中居住的过程中，多数人对少数人的暴政往往是隐性的，并且表现形式多种多样。问题的严重性常常被人们所忽视。（冯卓）

案例 8：拆迁中的困难户与钉子户

68 岁的刘某是卫辉市城郊乡 B 村为数不多的未拆迁户之一。刘家破旧的砖瓦房就屹立在已经腾退了的 B 村大片的空地上，与新区房屋仅几步之遥，对比极其鲜明。走进刘家，陈旧的摆设、斑驳的墙面足以证明这家人生活的困顿。刘家一家三口，老伴孟某 2009 年得了脑血栓，半身不遂，已无劳动能力；孙子自幼失去双亲，被爷爷奶奶养在身边，现今在外读大学，一年学费 7000 元，生活的重担全部压在刘老汉一人身上。平日里，刘老汉经营着家里 4 亩承包地和家门口的几分菜地，省去了买米买菜的花销，每年也就是到年关时才舍得割点肉。孙子的学费和生活费全靠国家的助学贷款和自己兼职收入，他尽量不给老两口增添负担。

都说是养儿防老，但刘老汉家的生活却全靠女儿有所照应才能勉强维持。刘老汉有三儿两女，大儿子在孙子一岁时因一场乌龙事件被计生部门打死；二儿子也没什么手艺，就靠在建筑工地上做做小工养家糊口，根本顾不上刘老汉两口；小儿子的光景也不怎么好，而且还很不孝顺。一次，孟婆婆不得已向儿子们开口借钱，小儿子态度十分不耐烦，最后掏出 20 块钱把母亲打发走了。提及往事，孟婆婆数度伤心落泪。

说到拆旧建新，夫妻俩更是满腹苦水。家里的情况显然是不可能在新区盖得起房的，两个儿子也都有一大家人，不能似乎也不愿意与老人合住。刘老汉也不是不想搬到新区，他曾经跟村里商量，能否给他家点补助，再帮他找几个人把房子盖起来。但村里断然拒绝，答复他道，"大队能给你盖房吗！"最后村里答应不收放线费，免费给他划块地，但划给他的地是一个大坑。"这叫我怎么盖？"他想在其他地方盖，村里就不允许了。（其实坑上盖房并非不可行，有一户受访农民的房子就是盖在大坑上的，因为她家看中大坑所处地的区位优势。但她也介绍说，如果把坑填平再盖房，花费确实很大，即使她家经济条件较好，也无力承担如此巨大的花费。最终她家将坑改造成地下室，尽管如此，整套房盖下来的花费也比正常情况下盖房高出几万元。可见村里的这一措施不够实际。）

一方面是家庭的实际困难，另一方面却是村里的步步紧逼。村里先是以低保指标相要挟，将本来三人份的低保去掉一人，而且每年只发三个季度的钱；随后又强行拆除了刘家的几间配屋和院墙，挖土机一直挖到主屋的墙根，目的是让房屋根基不稳，在雨水的冲刷和浸泡下尽快倒塌。"这哪里还是共产党的干部？根本都成了土匪！"讲起这个过程，刘大爷激动地站了起来，孟婆婆也忍不住用拐棍狠狠地敲击地面。B 社区是卫辉市集中居住的亮点工程，前来视察的领导络绎不绝。每次有上级领导来视察，村里都会派专人看住老两口，防止他们上访告状。（李越）

案例 9：未来的"五保"户没有建新房的意愿

新乡市古固寨镇祥和社区是远近闻名的新型农村社区，后辛庄村正是新区规划村庄之一。走进后辛庄旧村，我们很快就被一批未搬迁的村民围住，他们争相诉说着自己的悲惨境遇。我们随机选择了崔某作为此次访谈的对象。

崔某 53 岁，眼部残疾视物不清，未婚娶，享受五保待遇，生活由兄嫂照顾。崔某的哥哥是个退休老工人，两个儿子早已成家立业，大孙子也已婚娶。崔氏兄弟对村里最大的不满就在于干部处事不公、言而无信。在拆旧建新之初，村里承诺给崔家划三片宅院，解决这一大家子人的住房问题。但后来村里以土地紧张为由，只划了两片宅地，只够两个儿子各建一套房而已，孙子们想要单过就只能"上楼"。如果真是土地紧张也就罢了，偏偏同村的乔某，也是同样的家庭结构，却在建新时分到了承诺的三处宅地。

崔某不搬新社区的原因有两个：第一，无独立经济来源和生活能力，搬不起。村里多次来动员，让他搬到新区为部分困难群众搭建的活动板房。崔某感到这是对自己的侮辱。"就算我是'五保'户，也不能让我去住活动房吧？"第二，兄长家住房问题没解决，在村里承诺没兑现之前，坚决不拆老房。而且，对崔某来说，作为"五保"户，将来是可以进敬老院生活的，所以第二个原因才是他不肯搬走的最根本原因。

旧村拆迁的"钉子户"可以分为两类，一类是因实际困难造成的无法搬迁；另一类是因利益诉求得不到满足，以拒绝搬迁作为谈判筹码，如后辛庄崔某。对于前者，可以通过在搬迁过程中给予适当帮助、探索廉租房等多样化住房策略；而对于后者，除了实事求是地解决问题之外，更应注重化解其对抗情绪。（李越）

案例10：老大爷最大的愿望是吃顿肉

息县李楼村李大爷今年86岁，老伴80岁，已瘫痪在床。见到老大爷时他正骑着三轮车准备去新村看别人打牌。看到我时非常高兴地停下来与我聊天，他家还没搬迁也没打算搬迁，因为没钱。女儿一家在县城做小生意，日子很艰难，已半年没回家了。

86岁高龄的老大爷主要靠领低保过日子，老伴有病没钱看，自己有个小病就扛。老大爷说，他也想搬到新区去，那里人多好玩，但是买房需要10多万元，平时连电费都交不起哪还能买房。在我快结束采访时问大爷最大的愿望是什么时，大爷立即说："我想吃顿肉。"我很心酸，虽然给大爷掏了200元让他自己去买肉吃，但是大爷家是在被规划拆迁范围之内，到时候他与老伴将何去何从？

之后从村干部了解到，面对这种特殊家庭村里也还没有明确的方案或政策，只能是走着看。村里有个养老院，但主要是针对无子女且有自理能力的老人。我不希望本来就生活拮据的李大爷到时候无家可归。就在我整理此案例时，还接到消息说大爷家里房屋漏雨快塌了没人管。

在光山县上官岗村进村口有大幅标语，上面写着：土地流转促进集中居住，集中居住提高幸福指数。如果土地流转后，农民食不果腹，居无定所，何谈幸福？政策和制度的完善亟须跟进！（谈小燕）

案例 11：有钱人才能住进新社区

舞钢市枣园社区位于枣林中心镇规划区内。社区里的主干道修得特别宽阔，两侧则是整齐划一的二层居民楼，道路一直延伸到社区的中心广场，广场一侧矗立着社区综合服务大楼。离社区不到一里路有一处村庄——枣林村，成片的碧绿麦田成了它们之间的天然隔离带，远远望去，大片株林掩映下的枣林村正像是远离喧嚣的田园乡野。

村里连接各家各户的村巷路基本上都是硬化道路，看这白墙红瓦，估摸这光景，也不过七八年。第一家走访的是黄金岭家，我们俩坐在院子里聊了起来，环顾四周，我发现在院子的角落里堆放了一些农具，上面压盖着各种杂物，似乎好久没有用了。我很好奇："大哥，你们村里没有搬到新社区里，为什么家里的地也没有了呢？"大哥说："可不是，家里的两亩地正好在社区建设规划内，被镇政府一亩地一年 1000 斤小麦给租走了。"我接着问他不去新社区买房子的原因，他无奈地笑了，"家里哪能一下子拿出十几万元，社区的那些房子都是有钱人买了"。多年在大城市打工的经历，多少让王大哥眼界开阔了许多，同时又对自己的现状无可奈何。眼看着自己赖以生存的土地上面盖起了新房子，只能私底下抱怨，没个说理的地方。"国家的政策是好，一级压一级，到了基层就不是那回事了，搞新社区建设，名义上是为了改善农民生活条件，节约土地，要农民无偿交出房屋和宅基地，还要自己掏钱买房，这不是加重负担吗？这有什么公平可言。你读这么多书，还不是解决不了这些问题。"面对王大哥的质问，我竟无言以对。（朱林）

案例 12：弱势群体帮扶，任重而道远

到了舞钢市黄庄村，就碰到了一位大爷。在表明我的来意后，他领我去他家。大爷叫张书林，今年 70 岁了，老伴今年也 65 岁了，两口子膝下，只有一独女。张大爷告诉我，这房子并不是他的，是暂时替人看着，自己原先是住在后面的土坯房里，一到下雨就怕会塌下来。我顺势问大爷："像你家这种情况，有办低保吗？""办了的，"大爷缓缓道来，"当时申请办低保，村里派人到家里了解情况，没想到竟甩下这么一句话'这不是没塌吗，等塌了再给办'。"之后各种波折，才给办上，老伴因为疾病缠身也给办了

低保。从大爷之后的讲述中，得知他们家的耕地也被新社区建设给占了，两亩地一年可以得到 2200 元的补助。问到家里还有没有其他的经济来源，大爷有些哽咽了，"现在什么也没有了，前几年身体硬朗的时候还能去工地上干干活，现在老了，干不动了，去年在工地上不小心把手腕扭伤了，现在是想干也干不了"。我难以想象这么一幅画面，一位七十岁高龄的老人，佝偻着背，顶着炎炎烈日，运土拾砖，拼苦力，赚生存。老人说，现在两口子每年吃药总得花上四五千元，更别说吃饭了。像大爷家这样的"困难户"，很难响应政府拆旧建新的政策。（朱林）

案例 13：解决贫困户居住问题的好办法

赵某，35 岁，向我们讲述了该村解决贫困户居住问题的好办法。农村中，还是存在着大量的贫困户，这些贫困户由于经济上的问题不能集中居住，只能待在原来的村子里面，这样就会导致村子里面的宅基地无法复垦。从赵某处得知，该村专门建设了一些房子供贫困户居住，这些房子一般是两室，房屋面积小，只能满足居住需要，同时建设成本也较低，当然，这些房子的价格也很低。仔细地思考下，这些房子和政府建的廉租房的性质很相似，只是这个是由村里面建设的。这些低成本的房子解决了贫困农户的住房问题，那么村子里原有的宅基地复垦就很容易进行，这样就可做好拆旧建新和土地集中整治。（华东旭）

案例 14：因集中居住而返贫

夏邑县太平乡包阳花园社区村民彭美云，46 岁。自 2013 年丈夫在工地受伤去世之后，便独自居住。她的儿子常年在外打工，女儿已出嫁。据彭美云所言，儿子很少寄钱回家，女儿出嫁后也没有给过她钱。彭美云靠种地为生，不再从事其他劳动。

太平乡搞农村集中居住后，彭美云搬进了新居，老房子是 2008 年新建，拆房的时候只给了她 10000 元的补助，远远低于房子的重置成本。在与其交谈中，我可以感受到，彭美云女士是一个没有什么主见的淳朴妇女。尽管集中居住的事情对她来讲并没有多大的吸引力，且损害其自身利益，但是彭美云还是进行了搬迁，新房子共计 11.2 万元，其中已交付 9 万元，尚欠工程队 2.2 万元。在已交付的 9 万元中，自有资金仅有 5 万元，其余为向亲朋好友借贷，在资金不足的情况下，政府也允许其入住，彭美云一人居住在上下两层多达 250 多平方米的房子中，虽家徒四壁，但内心却充满喜悦，还款之事丝毫没有让其头疼，但是有限的经济来源明显制约着她的还款能力，且一人独居，存在严重的资源浪费，多年积蓄也因为买房而耗尽，如果儿女不给钱，只能靠天吃饭，坐吃山空。

农村集中居住必须要符合农户自身的客观实际，不能采取一刀切的手段，一些农户本身并不需要那么大的居住面积，一些农户本来生活状况已经不错，一些人本身无力购买如此高价的住宅，且政府补助又如此之低，凡此种种，导致的后果必然就是，村民表面风光，实则掏空内里，政府表面政绩斐然，实则陷民众于水火。（贾栋）

案例 15：贷款难影响了农民参与村庄整治的积极性

张某，卫辉市城郊乡倪湾村 2 组人，其家原来的承包地正好被倪湾小区所占。他的文化素质较高，有一个刚考上公务员的儿子，但是念书花掉了家里所有积蓄，并且整个家族人口众多，负担很重。

他认为，应该在老村的旧址上新建小区，并且单村合并就可以了。多村合并占据了他们组最好的耕地。他大概估算了每亩土地的收益。夏季种植小麦，每亩的产量为 1200 ~ 1300 斤。秋季种植玉米，每亩的产量是 1300 斤。小麦和玉米的市场价都大约为每斤 1.1 元，每亩土地的毛收入约为 2600 元，除去种植成本，一亩净收益为 1800 元左右。而目前政府的补贴是每亩 1100 元。对于他们这种仅靠种地为生的农民来说 700 元的差距还是很大的。

另外，他从政府的角度也发表了自己的看法。他说放眼望去，新小区占据了全村最好的耕地，而老村却是左一坑右一坑，还有很多旧房，没有任何一片地实施了良好的复耕，总的耕地面积肯定是减少的。

他介绍说，目前农村里有 1/3 的人能够完全支付搬新小区的钱，1/3 的人借一点钱可以实现，1/3 的人完全没办法实现。基于这种情况，政府应该考虑给农民提供贷款，但想要得到贷款十分困难，"只有有关系的人可能会贷到款"。（冯卓）

二 村庄整治的过程和规则

案例 16：农民在社区建设中的积极参与

商丘市睢县丁营社区为单村搬入社区，社区住户都是老丁营村人，是在旧村基础上，占用村边坑洼废地改造而来，占用很少农地，所占农地以每亩 5000 元的标准进行补偿。这种占用老村前废地建造新型社区的方案是由村里通过多次开会商议制定的，这种方案尽可能少占农田，变废为宝，不浪费、不占用原有优质农田。

丁营社区优良的选址启发我们，让农民获得平等的信息和享有知情权的重要性。新社区是给村里的农民住的，农民才是最了解村里土地使用情况的人，社区的选址不应该由几位领导武断决定，而应该由最了解村里情况的村民自己决定，这样才能减少土地资源的浪费和提高农民的满意度。丁营社区选址、全村宅基地面积、不同宅基地位置的房价、房屋的类型都是由村民开会商议决定的。丁营村群众满意度比较高还有一个明显的原因，丁营社区建设推进不是急功近利型的，村里鼓励那些经济条件较好的先行建设先行入住，起到示范作用，对于经济条件不好的可以先不搬或者如果建一半钱不足可以缓建，对农民没有逼迫性。当然丁营社区也存在着问题，如新社区建设基础设施方面不健全，村民用水困难等。但是，丁营社区对农民知情权的保证是其他地方新社区建设中可以借鉴的。（张鸣鸣）

案例 17：统规自建与统规统建的矛盾

光山县江湾村村民林少理，今年 61 岁。一走进林少理家，就感觉他家房子似乎格外宽敞。他 2010 年住进了江湾村新区的这套房子，如今在这个新家已经过了三个年了。林少理家属于江湾村较早搬迁的人家，因为觉得村里说以后都要搬到这来，早晚都得来，索性早点搬过来算了。不过村里2007 年开始宣传新社区建设时承诺的是"村里给盖房子，不花钱，后来又说要交 3 万元买地，最后就变成了房子自己花钱盖"。所以林少理觉得是被村里连哄带骗地搬过来了。由于是较早期建房，林少理选择了统规自建的方式。村里统一的建房标准是 150 平方米，不过自己建房时又稍稍把面积扩大了一点（具体面积不愿透露），当时村里也没怎么管，房子盖了也就盖了。2009 年盖这套房子时林家花了 15 万元，再加上买宅基地花的 2.9 万元，比位于同地段的村里统规统建 20 万元/套的售价便宜了 2 万元，而且自建的面积也比统建的大不少。林少理对当初的决策很是满意，觉得房子盖得非常划算。由于林家的房屋比较大，还有做板材生意的亲戚将存货堆在林家的房间里。

选择统规自建的建房方式是很多农民的想法。同住江湾小区的熊庆秀"没赶上统规自建的好时候"。她说"自己盖住着放心而且根本用不了那么多钱，村里盖房肯定是要赚一笔的"，但"村里不让私人干，敢盖就打"。江湾村沈湾组的雷荣英组长也属于统规统建批次的，虽然他也觉得自己建房比较划算，但作为组干部，他对于村里后期不允许自建的决定十分理解。他介绍说，新区西边一排房都是较早搬迁的自建类型的房子，但"完全控制不住标准，不得已村里才找工程队来盖的房"。

农民自建难以控制标准，村里统建农民又对质量和价格不放心，自建和统建的矛盾暴露出新区建设过程中制度安排和机构设置的不完善。如果在工程的质量、费用的使用上能有一个干部、村民共同参与的监理机构对施工过程进行监督，对可能出现的农民违建或工程队违规行为的制定有相应的惩罚措施，那么统建还是自建的矛盾就不会存在了。（李越）

案例 18："五户联建"的智慧

李某，63 岁，向我们讲述了这里集中居住新房建设采用的"五户联建模式"。李某讲到，该村的集中居住分为两批，第一批是由村里面统一建设，村民只要缴纳一定费用即可；第二批就可由村民自己建设，但必须由五户在一起建设。这里面的窍门在于五户联合建房就可省下四面墙的成本，因为五户可以连在一起，中间相邻的墙面就不用建设了，这是民间的智慧。同时，五户联建也可引导村民和自己关系较好、脾气相投的人住在一起，

这样降低邻里之间发生矛盾的概率，构建和谐社会，这是五户联建带来的正的外部性。（华东旭）

案例19：老房新住

郏县前王庄村于2003年开始规划村庄整治的新型社区，2008年5月正式动工，目前已经搬入新居的农户占规划的85%。在集中区，有一家特殊的农户，以"旧房变新房"，这就是王国银、王二英老人家。

两位老人今年满60岁，经营6亩承包地，地里种烟叶和大根萝卜等蔬菜。夫妇俩十分勤劳，一年各项收入加起来约5万元。大儿子一家4口跟老人住，在县里务工。两位老人的儿女都十分孝顺，会不时地买东西送过来，去年女儿还出钱送两位老人到北京旅游。一直以来，王国银认为"不盖房子过不安稳"，2002年夫妇俩和两个儿子家坐在一起决定用积蓄在自家老宅地上盖新房，房屋占地0.3亩，建筑面积约200平方米，建造成本约4万元，2003年入住。新社区开建后，由于王家的房子位置、面积、外观基本符合社区总体规划，因此免于重建，为了社区统一风貌，王家按照总体规划进行了外墙粉刷、院墙修缮等工作，谈到这里王二英直夸丈夫英明。

不需要再建新房对王家来说是件幸事，夫妇俩虽已60岁，但身体很好，还能务农，旧宅子是按照务农需求设计，有堆放农具的地方，距离最远的地块也不到1公里，经营农业非常方便。而且少了一大笔开支，夫妇俩的收入可以用于提高生活质量，王二英婆婆还专门拿出丈夫去年送的珍珠项链给我看，喜悦之情溢于言表。今年6亩耕地都流转出去，两人又在邻村承包了15亩，扩大了种植规模，谈到未来，夫妇俩一致认为生活会越来越好。（张鸣鸣）

案例20：旧村里的新社区

余连村是倪湾乡倪湾社区规划的9个集中居住村之一。杨某一家并未搬进倪湾社区，而是住在余连旧村的一栋二层小楼里，紧沿大街，区位非常好，旁边许多类似位置的房屋都被用作了门面房。把杨某家所住的地方称为旧村似乎不太恰当，这里是2004年乡镇进行"千村规划"时规划出的余连村集中居住区，与真正的余连旧村有天壤之别。这片区域的房子普遍较新，样式统一，门前路面全部经过硬化。杨某家的房子就是2004年统一规划时建的，宅院占地 0.3 亩，房屋面积 150 平方米。建这套房子家里花了 11 万元，此外装修又花了 2 万元。除了公婆多年的积蓄，还向亲戚朋友借了 5 万元，到 2008 年才差不多把欠款都还清。

现在看见倪湾社区建设，村里的其他村民陆续搬进了倪湾新社区，这让杨某感到有些羡慕。新社区各方面"都都市化了，怪不赖"。而且去年杨某又刚生下一个儿子，杨某想着那就在新社区再盖套房，儿子大了给儿子住，他们夫妻俩再搬回现在的房子里。去年（2011 年），村里做第二批搬入新区户数统计时，杨某一家也去报了名。不过最终考虑到家里这两年实在拿不出这笔资金，也就作罢了。其实杨某忽略了一个最重要的问题，按照一户一宅的原则，如果她在新社区盖套房，现在的这栋小楼必须要拆除，她的美好设想是根本无法实现的。

余连村像杨某这样 2004 年规划时建房的有 20 多户，目前这 20 多户都没有搬到新社区。政府规划缺乏前瞻性和持续性造成了今天这样的尴尬局面：让这批家庭拆掉现有房屋搬进新社区，不仅工作难度大，而且也确实浪费。但如果不搬迁，未来整体规划如何实现以及未来这些居民公共服务提供问题都需要仔细思量。怎样妥善解决这一矛盾，既考验政府的耐心和容忍度，又考验他们的智慧。（李越）

案例 21：规划滞后，新建老宅拆迁可惜

住在滑县锦和新城的五里铺村村民郭冬临今年 41 岁，其丈夫郭红涛，40 岁，夫妇俩育有三个孩子，大女儿 18 岁，上职业高中，小儿子与女儿为龙凤胎，现 9 岁，上小学二年级。夫妇俩承包了 50 亩土地，从事农业生产。2011 年 11 月新搬迁入锦和新城社区，郭冬临保持勤劳本色，利用车库开有一小卖部，收入能维持家庭日常经营开支；丈夫开车为建筑工地运输沙石，收入是家庭主要收入来源。

对郭冬临的访谈，印象深刻。她对本村村民评价高，一句"我们村人可好了"时常挂在嘴边，据其介绍，其经营的 50 亩土地，农忙时节，村里人常常都主动帮忙；对公公婆婆极为孝敬，悉心照料，集中居住前，丈夫开车，其制作烧饼售卖，全靠公公婆婆一手帮忙，她对此充满感激，家庭关系和睦；对政府集中居住政策、对老宅基地整理表示认同，但谈到将要拆掉的老宅子时，却眼含泪水。老宅子说老不老，是其 2007 年耗尽前半生

积蓄所建，谈到老宅子即将拆除时，泪水在眼眶打转。追问其是否有不满时，她说如果国家的赔偿能高些，那就可以了，或是国家能早点规划，老宅子2007年时不新建，就非常好！农村人正常情况下，一辈子就修一次房子，一次修房，将耗尽多年的积蓄，因此，郭冬临对政策的认同与理解，是眼含泪水的认同与理解。

访谈随后，参观五里铺村旧址，多数房屋尚未拆除，一眼看去，甚为吃惊，房屋大多为二层楼房，且不乏近年所建的房子。这么好的房子拆除，甚为可惜！郭冬临的话，令人深思，国家若能早点规划，抑或国家迟些推动规划就好了。笔者认为，新农村建设、土地综合整治，不是一蹴而就的，不能为追求一时的政绩而强行推动，应实事求是，兼顾长期与短期，循序渐进，充分尊重老百姓的利益与意愿。（余翔）

案例22：多交三万元，是配套费还是地皮钱？

在我们调查的江湾村、李楼村，除了农民购房或建房的十几万元花费外，搬进新区还要缴纳一笔3万元左右的额外款项。这笔款项通常因农民在新区房屋面积的大小、区位的不同而有所差异。这3万元被村干部称为"公共设施配套费"，村民却称之为"地皮钱"——购买新宅基地的费用。3万元虽然数目不大，它的后续影响却不容小觑。

李沧英是李楼村村民。见到李沧英是在紧邻李楼新区的旧村里，她正在打理自己院前的小菜地。李沧英的丈夫几年前过世，今年60岁的她和小儿子甄伟一家一起过日子。2010年1月，李沧英一家搬进了李楼新区的新房。新房上下两层，每层80平方米。虽然新社区的居住环境比旧庄好了不少，但住了一段时间后李沧英又搬回了旧庄的老房子来住。一个原因在新区"全大队的人住在一起，摸不着脾气，不如以前老邻居住着熟，有事也好找人说"。另一个原因是和儿子媳妇"吃不到一块去，住着不顺心"。

对于村里建新社区，李沧英和几个老邻居有很多不满。李楼新区占的地是李沧英所在的黄庄组的田地，村里以12000元/亩的价格购买了黄庄组的地，黄庄组将剩余土地再按庄里的人头重分，使得黄庄组村民人均耕地减少了近一半。虽然购买耕地的钱也如数补给了农民，但李沧英觉得这种行为完全是"强占，欺负我们庄小人少"，因为这样一次性买断是"断了我们后代的口粮"。只是占地也就罢了，由于老庄离新区很近，李沧英和很多村民本来并不想搬迁，他们觉得新区再往这延伸一点就到了自己现在的住所了，到时可以在自己的宅基地上盖房子，就省了那 3 万元的地皮钱。谁知村里说新区不往庄子里建了，李沧英还是得到新社区去买房子，还是要交那 3 万元的地皮钱，这就让她十分不满了，"以那么便宜的价钱买了我们的地，还是种庄稼的地，回过头来再卖给我们，实在太欺负人了"！

无独有偶，在江湾村后巷组调查时，几个村民也遭遇了完全相同的情况，2007 年江湾村建新区时占用了后巷组的耕地，随后在全村范围内重新调整土地，建好新区之后农民购房款中也包含了 2.7 万 ~ 3 万元的"地皮钱"。对于这样的政策，后巷组的几个村民都感到十分愤怒，忍不住七嘴八舌地咒骂起来。

"公共设施配套费"与"地皮钱"并不仅仅是概念上的混淆那么简单。除了被占地村庄的村民们的疑惑和不满，也有其他未被占地村庄的村民以"地皮钱"为由索要旧房屋宅基地的赔偿。如果 3 万元是购买新宅基地的费用，那么原宅基地的补偿就应该相应高些。但如果按照村干部的解释，3 万元是公共设施的配套费，那么新宅基地就可以看作是由原宅基地抵扣的。两种思路下对宅基地的补偿数额想必会有不小的出入。（李越）

案例 23：集中居住概念的偷梁换柱以及土地的强征

王某睢县龙王店社区某村的一名普通村民，年逾六十，家中尚有老母。他在村中有两处住宅，为两个儿子所有，但两个孩子皆在县城居住。谈起乡上搞的龙王店社区，王某及当时在场的若干村民皆义愤填膺，龙王店社区建设过程中突出的矛盾主要有以下几点：①打着农村"集中居住"的旗号，进行商品房开发。龙王店社区的房子并非只有当地规划的十个集中居住的自然村的村民可以购买，实则是只要交钱，任何人都可购买，在农村集体用地上进行商品房开发，开发商和政府从中牟利，而村民并未要求集中居住，老村的房子是否拆除也没有明确的政策规定。②龙王店社区占用了大量该村的土地。在未获村民任何许可的情况下，该村的土地就被征收了，每亩的补偿标准为 2.5 万元。一些农民对此不满，镇政府动用警车将不满者抓走，实行恫吓等手段逼村民就范。③村里的各项政策不透明。一些人反映，村里一些非常困难的家庭根本没有享受到农村低保的待遇，而对于什么人获得这些待遇，村民一概不知。④当地国土所和电力局因为种种矛盾，导致该村农民有一年多的时间无法浇地，大量的农村处在干旱中，产量下降很大。农民反映说：政府整天说为人民服务，然而这么一件小事，都不肯让步，导致农民利益受到严重损害。

龙王店社区的见闻，不禁让人感慨，农民的利益根本就不是官员行动的出发点和落脚点，官员自己的政绩，官员自己的利益才是他们行为的出发点和落脚点，基层法制的缺失，农民的无助，让人唏嘘感慨。（贾栋）

案例 24：上访户与政府的"私下交易"

李某，38 岁，居住在新乡县祥和社区，曾经进京上访。概括起来，她上访的主要原因是她有两个男孩，所以想要两处宅基地，但没有得到批准，从而连带她对集中居住的所有不公平感到相当愤怒。

具体经过是：女主人在第一批新社区建设时怀孕，在第二批建设时分娩，计生委频繁来找麻烦，后来新社区工作人员也到家里动员搬迁，两个单位相见后思量了一个"因地制宜"的办法，让农户以拆旧房为条件，获得超生只交 3000 元落户的好处。由于被计生委逼得实在无奈，她认为这样也较好，也就答应了拆迁。因为她刚分娩不久，村里就同意她家先盖新房，再拆迁。但没过多久，村里在没通知她的情况下，拆迁了她的旧房。于是，她家在村里变为相对较为激进的农户，并由此搜集了农户中很多两个男孩只获得一处宅基地的问题去北京上访，在村里也有了名气，成为农民反映问题的一个对象，因此对整个社区很多奖励、惩罚措施中的不公平有了更多的了解。例如她说"有好几家没交新宅基地的押金也直接盖了新房"，村干部及其亲戚的孩子没达条件（13 岁）也可以要一处新的宅基地。

她还反映了一个强盖的案例：某户不同意乡政府征用其耕地建厂，与乡里工作人员发生冲突并被打，成了焦点人物。乡政府因此也比较担心其上访。后来经过反复商量，默认了其强行占用宅基地盖新房的行为，并且还获得了其强盖的那处新房的补贴，也就是激励措施（水泥和贷款）。这两个案例都体现了在集中居住的过程中，政策的执行具有很大的弹性，这种"私下里有交易"的预期有时加重了农户和政府斗智斗勇的复杂程度，影响了中央、省市级政策的公平执行。（冯卓）

案例 25：不患寡患不均

一进新乡县祥和社区村民 X 某家，就像进了一个刚竣工的毛坯建筑，墙上涂料也没涂，光秃秃的水泥墙，客厅摆了一张桌子、几个凳子、一台冰箱，再没别的。X某跟丈夫都是40岁出头，大儿子跟着亲戚出去学手艺，小儿子才两岁。

按理说，X某有两个儿子，应该有权利在新区购置两处宅院，村干部解释说满了13岁才有权利划宅基地。当时还有一个小插曲，X某的二儿子属于超生，户口还没有落下来，为了动员X某搬到新区，村干部带着计生委的人来到了X某家，承诺只要X某在规定时间内拆了旧房搬到新区内，就同意解决小儿子落户一事，罚款也降到3000元。并破例同意他们先在社区把房子盖起来，等到孩子满月，再拆老宅，同时为了防止X某不拆老宅，村里还收了3000元押金，承诺旧房一拆，押金原数奉还。X某说，这只不过是村干部哄骗村民的老把戏。在其出去串门的当口，房子就被强拆了。讨说法不成，一家人只好在没装修的新房凑合过日子。

对于村里关于拆旧建新的奖励政策，X某也没有享受到。如今旧房也拆了，3000元的押金还不知着落，在新区盖房本是有3万元的贴息贷款或是1万元的补贴，X某同样也没有申请到。她在村里找了两户做担保，从农发行贷了5万元，才把房子盖起来。

在种种不公正待遇下，X某屡次向村干部反映，得到的都是空头支票。向乡里反映，得到的却是越级上访的警告。村里像X某这样批不到新宅基地的还有不少，在一番商议后，X某和其他四名村民一致决定进京上访，讨回公道。这次上访得到了中央的重视，向下传达了尽快妥善处理此事的决定。

再谈到曾经一同上访的村民现状，X某表示基本上都得到了相应的补偿。唯独自己还是批不到宅基地，拿不到押金。无奈下，X某又进京上访，结果也可想而知，中央下了决定，县里乡里一级推一级，该得的补偿还是拿不到手，如今X某成了村干部眼中的瘟神，见了就躲，根本不给说法。X某指着对门的那户，"他家比我们搬得还晚，都拿到了押金。还有，村干部只有一个儿子的在新区还买了好几处房子"。（朱林）

案例26：基层干部寻租——小利益破坏大政策

滑县锦和新城由33个村庄合并而成，睢庄村与暴庄村都是第一批合并到锦和新城的行政村。据睢庄村民睢学飞及其周围邻居介绍，两村拆迁前，经济基础、区位优势、人均土地面积等都差不多，但拆迁后，对集中居住政策、村干部等的满意度却大相径庭！究其原因，在于睢庄村干部要求统规统建，并从中渔利，富了自己，损害了村民的利益。

按道理，统规自建，既减少村委会劳动量，又可避免不必要的猜疑和麻烦，因此避免统规统建，是自然浅显的道理。但农民反映，睢村干部打着节省工期、规模效应、降低成本的幌子，瞒上欺下，强行统规统建，实质寻租，谋取个人私利，侮辱老百姓的智慧，伤了政府与老百姓的感情。由此引发一系列的不满，如对拆迁补偿标准不满意，将拆旧建新过程中遇到的问题扩大化，甚至部分村民认为自己是没有办法被"强"拆至此，引发村民与村干部之间发生言语、肢体冲突，集体上访县政府等不良事件。

对比之前的访谈地区，拆迁无补偿，无条件住小区等，锦和新城拆迁建新政策可谓人性与厚道（拆旧依据房屋质量按每平方米给农民 150～250元的赔偿；自主选择小区或独栋，入住小区则宅基地按 30 万元/亩的标准给予补贴），且土地集体流转，按亩补贴收益。总体来讲，锦和新城政策应该是得到睢庄村民的拥护才对，但结果却令人失望。或许真是应了那句古话，不患寡而患不均，村干部小利益坏了大政策。（余翔）

案例 27：强拆失民心，村民敢怒不敢言

新乡县祥和社区旧村村民 Y 某，女，今年 36 岁，家里四口人，老公平时在村里建筑工地上打零工，上有公公婆婆需要奉养，两个女儿一个上高中，一个上初中。仅靠丈夫微薄的收入，家里的生活经常入不敷出，老宅子还是 20 年前盖的，年久失修，又逼仄拥挤，早些年舅舅到市里买了房子，村里的老宅子就交给 Y 某照看，于是 Y 某和丈夫及孩子们搬到舅舅家住，没想到这竟成了日后灾难的导火索。

旧村的路早已不成路，进村的柏油路已被损毁，到处尘土飞扬，站在截面处，望着黄土地上拆的不成模样的老村，零星散落的残垣断墙，还有几处孤零零耸立的楼房，仿佛置身于万丈悬崖边，通往对岸的索桥已被人截断，让人不敢再逼近。

Y 某将我带到他舅舅屋前，地基已被挖得露了出来，大门被沙土封堵了，房顶西角被掀了。Y 某向我讲述了事情的始末，原来是乡干部非说他家一户多宅，这原属舅舅的房子是"违章建筑"，必须拆掉。舅舅闻讯赶回，

宅基证也拿出来了给他们看了，没想到他们依然不依不饶，没过几天，一百多个人穿着迷彩服，握着钢钳，在几台挖土机的保驾护航下，如鬼子进村般，浩浩荡荡地向村里挺进。Y某见势不妙，自知出去对抗无异于以卵击石，和家人躲在屋里，不敢出去，两台挖土机从房屋东西两侧推进，一番扫荡后，已是面目全非。更有乡领导放言："要让你们成为孤岛！"

屋前聚集的村民越来越多了，对于乡干部强拆强迁，他们都颇有微词，当初乡里为了逼迫村民搬迁可谓煞费苦心，先是断路让村民出行成问题，在断电上更是绞尽脑汁，推土机把零线推断，导致当晚村里80%的用户电器被烧化。村民表示，电力局也曾出面干涉，但是无法阻止乡里派人来搞破坏，村里的变压器早就被推土机铲成一座孤岛，一旦刮风下雨，随时会倒塌，到时乡里就可以推卸责任，这是自然原因，和他们无关。

Y某指着只隔着一条路的新社区："说是搞社区建设是为了节约土地，现在新区占了那么多好地，旧村又没拆，不但没节约土地，反而增加了，要是在老村重建，我们负担会少得多。"（朱林）

案例28：新社区建设，摸着石头过河

新乡县祥和社区是河南省众多新型农村社区中的"明星"，很多国家领导人都曾来此视察。后辛庄村村民刘国印就有幸见过几位领导人，还曾与之交谈。

刘国印曾是后辛庄村的村主任，也是祥和社区的第一批"拓荒者"。2007年，在时任村支书崔增连的带领下，刘国印等人怀揣着干一番大事业的信念，开始推动后辛庄村集中居住工作。当时的祥和社区还是一片空荡荡的场地，什么设施都没有。"说实话，心里也很不踏实，不知道新社区能不能建成，以后能建成什么样子。"但作为村干部，刘国印还是带头在这片空地上建起了新房。

祥和社区建设看起来红火，实则并没有"名分"。各级领导来了很多，"周天农来过两次，政协委员也来了好几次，但谁都没敢明确肯定这事"。2009年，陈锡文来新乡调查新农村建设时，曾视察祥和社区并召开座谈会，刘国印作为村民代表参加此次座谈。在座谈会上，刘国印向陈锡文提出给农民建房补贴的要求，"市民拆房有补贴，农民拆房能不能给补贴"，"现在农民买车、买电器都有补贴，农民不买车、不买电器可以，不买房却不行，

但为什么买房却没有补贴呢"？当时陈锡文并没有给出明确答复，只是说"这个问题到回去再说吧"。

在刘国印看来，社区建设得到肯定是 2012 年 4 月 14 日，吴邦国委员长来"传达上面的意思"。这天，刘国印正在乡社保局办理养老保险，不想却幸运地碰上了前来视察的吴邦国一行（作为第一批入住祥和社区的农民，作为奖励，社区给刘全家都转了城镇户口。因而他想参加城镇居民养老保险，觉得以后待遇更高一些。他每年缴纳 400 元，并且已经连续交了两年了，但不知为何，今年社保局把他转成了每年 100 元档次的新农保，把多余的钱又退给他了。当天他正是去咨询这件事）。"委员长一身农民打扮，很朴素，看起来都不像个领导人。""委员长和我握了手，我说了句'委员长好'。"这张珍贵的照片被刘国印装裱起来，悬挂在二楼书房的墙壁上。"吴邦国来了之后，市委书记才敢发表讲话，说要大力推动新社区建设。第二天（4 月 15 日），新乡就被批准为农村改革试验区。"

不管是真得到了中央的肯定，抑或仅仅是地方政府的"狐假虎威"，吴邦国的祥和社区之行似乎确实让集中居住推动者的腰杆硬了起来。在后辛庄旧村，拆旧工作掀起了一波小"高潮"。旧村未搬迁的农民也说，正是吴邦国视察之后，4 月 23 日，乡镇才敢派来铲车，大张旗鼓地把旧村的主要道路全部铲断，将高压电线杆周围的土挖走，只留一根根电线杆松松地插在小土丘上。（李越）

案例 29："顺势而为"还是"逆流而上"？

夏邑县太平乡三包祠村吴巧英今年 64 岁。提起吴巧英，三包祠村或许还有人不认识，但是说到她的儿子曾西占，怕是无人不晓了。曾西占，今年 38 岁，是村子里的建筑队召集人。三包祠村建设新型社区建设采用统规统建方式，社区新房的承建方正是曾西占。

开始建设新型社区时，村民不认为社区能够建设好，很多人都是观望。但是现在，大家都看到了新区各方面都比老村子好：交通便利，生活也更方便，都愿意搬过来。"现在村民是感觉到了社区的方方面面的好"，都和曾西占打招呼，希望能买到一处好房子，价格还能够便宜一点。

新型社区的建设，如果对农民有利，农民没有理由不支持。民犹水也，关键在于引导。就像三包祠的农户，本来很多人对建设社区不抱什么信心，但是在看到新型社区的各种方便之后，都愿意积极地参与进来。而不是像某些干部说的，"停水停电，以后什么费用都不向老村子里面投入"，"让农民自己不得不搬进来"。（华东旭）

案例30：祥和社区后辛庄旧村体验

如果说政府激励农户集中居住的方法是"胡萝卜加大棒"，那么在新区主要看到的是"胡萝卜"，去旧村实地体验才能真正感受到"大棒"：挖地基、拆变压器、剪电话线、堵路挖路，各种手段都是为了促使没搬的农民搬迁。

在旧村访谈时，被好多农民团团围住，农民动情地、没有条理地你一句我一句地述说问题，比较有震撼力。感受最深的是两点：①他们对在电视上看的中央政策十分认同，把所有的矛头指向乡级政府（这个现象也值得分析），认为县级、乡级政府占用了中央、省级给农民的补贴，也仇视乡级政府通过征地逼迫村集体出卖土地。总之，矛盾的焦点在乡政府。②很多农民（尤其是老人）对耕地有特殊的感情，当他们看到新区建设占了最好的耕地，而老村又被拆的东一坑西一坑，没有一分地复耕，感到异常愤怒，认为"农民正在失去土地"。（冯卓）

案例31：2.6m的拆迁标准和拆迁"钉子户"

蔡某，69岁，向我们讲述了一个拆迁标准。该村拆旧建新采取以旧宅的房屋面积置换新房的办法，这本来是一个利民的好办法，也可以减少统一拆旧建新的阻力，但是却有一个匪夷所思的规定：低于2.6m的房屋不能计算在旧房屋面积中。据推测，制定这个规定的原有意思可能是不把农村中的牲口棚以及临时性的房屋计算在内，以防止村民在知道拆迁后快速地盖好一些临时性的房屋。如果是这样，也是无可厚非的，但是村民蔡某家里贫穷，现在的房子还是人民公社时的房子，基本上都不到2.6m的标准，在拆旧建新中就不能得到充分的补偿。由于家人比较多，还有病人，面对这个拆迁标准蔡某多次找到村干部均无功而返，村干部严格执行2.6m标准，毕竟这是村里统一规定的，不能随便破坏这个规则，不过，这让蔡某欲哭无泪，只好在旧村里面无奈地做"钉子户"。蔡某说"我只要求合理的补偿"，蔡某的说法和要求是没错的，村里制定的标准也是没错的，问题在

于现实生活是丰富多彩，村里的标准是原则性的，蔡某的事例是个特例，这就要求我们在办事时要具体问题具体分析。（华东旭）

案例 32：建设新型社区就是拆掉旧村，"另起炉灶"吗？

夏邑县太平乡轰轰烈烈地在全乡范围内推行新型社区化建设，但在推进过程中存在很多问题。三包祠村的李发展，45 岁，早些年出门打工有了点储蓄，眼看着儿子快到结婚的年龄，就在 2009 年的时候在老村子里面盖好了房子，"为儿子结婚做准备"，花费了 19 万元，几乎是家里所有的积蓄。

现在推行新型社区建设，让农户都在新的规划区内建房，而且把老房子全部拆掉，复垦为耕地，这可苦了李发展一家。"这房子是我辛辛苦苦挣下来的，现在让我扒掉重新盖，我肯定不愿意"，"除非给我合理补偿"，"我现在也没有能力重新盖房子了"，李发展愤愤不满地向我们诉苦。现在老村子里面的农户都在新社区盖房子，将来老村子要全部迁移到新社区，这些都让李发展愁自己家的未来。据李发展说，老村子现在不修路，将来可能还要停电等，以后的生活条件会越来越不好。

在拆旧建新的过程中，有的农户已经在原来的宅基地上盖好了房子，而且盖房的各种手续也正常，现在为了建设新社区，就要求这些农户拆掉盖好的新房，重新盖新房，有这个必要吗？难道原始的农村形态就一定比不过新型社区吗？就不能尊重农民的选择权吗？新型社区各种条件是比农村好很多，大部分农民还是支持的，但是有一部分人有各种的原因不愿意去社区里面居住，我们应该尊重这种选择，毕竟农民也知道什么才更有利于他们自己的生活，政策的制定者不能因为拍着自己的脑袋剥夺农民的自由选择权，也不能只为了城市的发展而继续牺牲农村。（华东旭）

案例 33：旧村不建新房带来居住安全问题

46 岁的李清杰家住息县项店李楼村甄大庄组，自幼患小儿麻痹行动不便。其妻患有自笑痴呆症，自 2010 年走失后至今未找到，留有一子李浩今年 8 岁，由李清杰独自抚养。虽然身有残疾，但他还是把家中大小事务打理得清清楚楚。李清杰干不了重活，出去打工也无人雇佣，只能靠着家中的三亩二分地为生，再加上低保收入，一年结余 2000 余元，还要供养儿子上学读书，家中日子过得十分窘迫。李清杰还有一老母亲，去年 8 月去世，丧礼办得十分简单，亲戚朋友来的不多，份子钱一共也就几百元，"（礼金）说白了就是礼尚往来呗，别人家办事时我们也拿不出多少钱来"。

李清杰和儿子至今居住在 20 世纪 70 年代修建的三间土房里，由于年久失修，房子四处漏雨，外墙上的裂痕触目惊心。李清杰一家住在这样的土房里，日夜忧心，特别是老母亲过世前卧病在这样的屋子里，一旦房屋坍塌根本难以逃离。李家想翻修一下旧房子，但村里不允许在旧庄里再建新房，新区的房子十几万元一套又实在难以承受。"家里连攒带借也就能凑到四五万块钱，买新区的房子差太多了。"其实李清杰没想也盖不起太好的砖瓦房，他甚至不求房子能挡风遮雨，只希望住着安全就行。"我跟大队的干部商量，哪怕搭个一万元左右的简易板房也好"，但村里的态度依然坚决"老村不许盖新房，要新房就到新社区去买"。看看李家黑漆漆的土屋、摇摇欲坠的墙体，实在忍不住为这对父子的安全担心。

住在县项店方老庄新社区的徐志广老汉也曾遭遇过类似境况。徐老汉今年 58 岁，早年间丧偶，儿子和儿媳在广东打工，徐老汉带着一对孙子女留在老家。徐家的老宅建于 1982 年，老房子住了 20 多年，墙壁也开始有些松动。大约五六年前，老汉就跟儿子、儿媳合计着把旧房拆了重盖两间，但当时村里已有建设新社区的打算，禁止在旧村建新房，徐老汉也就只得在土屋里将就住着。2007 年村里开始宣传发动集中居住时，徐老汉一家咬牙筹了笔款，第一批就报了名，"那房子多睡一天都不踏实"。然而旧房子还是没能支撑到新房盖好的那天，2009 年 10 月的一个中午，旧房子突然就倒塌了。待在屋里的徐老汉来不及跑到屋外，被掉落的建材砸断了腰。为此徐老汉在床上躺了半年多，还落下了浑身抽搐的毛病。回想起那段经历，老汉就忍不住地叹气。房子塌了之后，一家人也没地方住，只得早早地搬进了尚未完全竣工的新房里。

在土地综合整治项目开展之前，各个村都制定了村庄用地规划，多年不批新宅基地，严禁在旧村庄建造新房，由此创造了农民对新区房屋的刚性需求。该措施极大地降低了推动集中居住的阻力，有效地引导农民逐步进入新村居住。类似的措施还有停止对旧村庄进行公共设施改造等。但通过人为限制改变农民决策的条件的做法是否公正、合理仍值得我们反思，它毕竟迫使部分农民做出不得已的"自愿选择"。而上述案例中，过于机械的规定致使农民的人身安全遭受威胁，更加警示我们应该探寻一些灵活、

合理的方法来引导农民的集中居住。（李越）

案例 34：村级、乡级、县级主导规划集中居住区的差异

村级代表：焦庄集中居住区。

村级主导规划、推动的焦庄集中居住区，规模较小，仅为村内集中。通过走访来看，村委会较少追求政绩，拆旧建新过程尊重村民意愿，政策符合村民需求，公开透明，公平公正；集中居住改善了住房条件，生活环境，小社区生活丰富化，居民整体满意度高。在新社区少见宣传、推广标语和口号；村民院内自由种植蔬菜瓜果，村委会未出于形象工程加以干涉。但由于规模小，少宣传，财政支持有限，无补贴，相关配套设施不完善。总体来看，集中居住改善了居住条件，并未对先前的农业生产、生活习惯等形成大的颠覆，但集中居住对土地整理、集约使用等起到了明显的作用。

乡级代表：泓晟社区集中居住区。

乡镇主导规划、推动的泓晟集中居住区，为多村并入的社区。走访来看，乡镇干部追求短期政绩痕迹明显，拆旧建新过程未充分尊重村民意愿，存在强拆现象，村民满意度低。上无政策、法规可依，下无民意支持，凭的是上级领导的默认，乡镇领导的变通，这样的模式动机不纯，制度无保障，财政无支持，拆迁无补偿，集中居住是好是坏？老百姓的将来是好是坏？没有制度保障。

县级代表：锦和新城集中居住区。

县级主导规划、推动的锦和新城集中居住区，源于产业集聚发展，整合土地资源需求，随后发展为县级统筹、整体规划的大型集中居住社区。县级统筹，成立专门管理委员会，具备政策优势、财政支持、专业团队，拆旧建新尊重村民意愿，有赔偿与补贴，社区配套设施完善；土地征用与流转，失地不失权，保障农民土地收益权益。农民生产、生活方式发生根本性的转变，可以称得上彻底与土地脱离，彻底地向城市转变。

此次村、乡、县三级统筹规划案例对比而言，县级主导的规划，明显优于乡、村级规划，有政策可依、有财政支持、有专业团队，新建的大型社区生活配套设施完善，环境优美，整理出的土地推动产业集聚、经济发展，不仅实现形式上的集中居住，更朝着实现农民生产、生活能力与方式的转变迈进。对于转变中的社区与村民，新型社区治理模式应予以探讨。

乡级规划则由于乡镇干部追求政绩，动机不纯，无政策可依，无财政支持，无民意支持，未来走向不确定因素多、不明朗。村级规划，虽无财政支持，拆旧建新无赔偿、补贴，但村委会较少追求政绩，尊重村民意愿，符合村民需求，公平公正，集中居住改善了住房条件、生活环境，居民整体满意度高。（余翔）

三　补偿及分配关系

案例 35：规范的补偿机制

许河乡董堂社区是兰考县唯一一个建成的社区，董堂村的村支书是一位优秀的农民企业家，自己开办了路桥公司和建设在本村的循环生态农业生产基地，在自己致富的同时，安置了本村大量剩余劳动力，甚至新社区的建设很大一部分也是这位能干的村支书推动的。

董堂村让我感触最深的是他们拥有一套规范的补偿机制，让农民的拆旧损失降到最低，董堂村拆旧房由村里拿钱，旧房补助由专业的评估公司进行评估，按平方数折价给农户，建新房补助 1 万元，新村占土地按 50000 元每亩对被占农户补偿。这样平均算下来每户只需 5 万元左右就可以住上两层新房，对于农民来说，这个价钱还是可以接受并还算公平的。而这些钱都是由村支书出的，村支书从中得到了什么？原来，这种方法使农民的利益得到了保证，减少了新社区建设的阻力，提高了新社区的进度，这样董堂社区成为当地示范性工程，吸收了全县各项资金的投入及当地政府对村办企业政策上的扶持和倾斜，在建设新型社区时村支书损失的资金，可以从企业的赢利中弥补回来，从一定程度上实现农民和干部的双赢。

董堂村的土地有一半通过置换形成连片流转给村支书进行循环生态农业园建设，村里妇女大部分在生态园打工，青年劳动力则在路桥公司打工。这种经营模式减少耕作成本，提高耕作效率，还有利于保护环境。当然董堂村的模式并不具备推广的价值，村办企业在吸收社会各界资源支持的同时，也造成了资源配置的扎堆，容易形成马太效应，使其他乡镇无法平等地享有社会资源，贫富差距拉大，造成各地区发展不均衡。土地的大规模的非农化经营固然赢利丰厚，却对粮食安全和粮食价格的稳定造成威胁。所以，董堂村发展很好，但不具备推广价值。

案例 36：合理补偿对促进农村集中居住大有裨益

兰考县许河乡董堂村村民赵德修，51 岁，患糖尿病多年，每年除了农业生产劳作外不再从事其他劳动。妻子王翠花在集市上卖包子，每天出去赶集，借此维持家庭日常开销。二人育有二子，长子赵凤飞就读于黑龙江大学，研究生；次子赵凤杰就读于河南科技学院，本科，二人每年的生活费开销是一笔巨大的家庭支出。

董堂村集中居住开展较晚，但是民众总体较为满意。以赵德修家为例，其在老宅基地上建造新居，其中就房子的价值进行了评估，补贴额度为50000 元。房屋为统规统建，村民自行购买，房价为 140000 元，其中政府减免 10000 元，净价为 130000 元。这样，赵德修家里建造房屋总的支出为80000 元，远低于先前所调研的其他地区。而在这 80000 元的费用中，自有资金大约为 60000 元，其余为向亲朋好友借贷，其妻子每年卖包子的纯收入大约为 8000 元，种地收入大约有 6000 元，除去两个儿子的生活费和小儿子的学费，还款压力还是挺大。但赵德修对还款充满信心，说争取在三年内还清借贷。对于集中居住这件事情，他也十分支持，与之前在夏邑、睢县大家喜忧参半的态度截然不同。（贾栋）

案例 37：对转出土地权属问题的担心

光山县上官岗村村民蔡正兵一家去年底已经搬进了集中居住的紫薇园。蔡正兵今年 30 岁，和妻子、两岁的女儿以及六十岁出头的父母共同生活。为了父母生活上的方便，选新房时蔡正兵特意做了村里的工作，申请到了一套在一楼的住房。蔡正兵年纪轻轻，但经历十分丰富：1998 年入伍当兵，2000 年开始到深圳打工，后又用自己攒下的钱在深圳开了家小超市，2006年生意失败回到老家结婚生子，又雇了几个人在光山县周围搞建筑。家里有 5 亩田地，由于缺劳力，自 2000 年起就流转给亲戚种，2010 年经由村集体统一将田地流转给公司，租期 18 年。对蔡正兵来说，从旧村搬到紫薇园小区生活比户籍从农业转为非农的变化更重要。他认为户口本身也不能带来什么，但住进新社区才是实现了"乡下生活向城市生活转变"。由于从十几岁开始就在外当兵、打工，蔡正兵在思想和认识上与父辈传统农民有很多不同。他完全不会种地，对土地没什么感情，比较习惯城市的生活方式，觉得集中居住到新社区是潮流、是趋势、是理所应当的。

作为年轻一代，蔡正兵表现出较强的权利意识。住到新区后家里人明显感觉到生活成本的增加，特别是电费的上涨，但这并不是集中居住后蔡正兵最担心的问题。让他担心的是两个与权属相关的问题：一个是新房子没有房产证，"没房产证这房子就不归你，只是让你暂时住这而已，这个事不解决心理就不踏实"；另一个是流转田地的权属不明确，流转给公司时签了 18 年的协议，但"谁知道 18 年后还给你的是什么样的地？是哪块地"？当然，对于这些问题蔡正兵并不是一味地担心，他将自己的要求、想法积极地反映给组里、村里，有时还会联合几个人"找他们（指村组干部）谈谈"希望事情能得到解决。但直到调查时，他向村里反映的各种意见并未被采纳，也没有得到任何解释。（李越）

案例 38：复垦土地使用权归属问题值得探讨

兰考县许河乡董堂村赵全德今年 45 岁，家中 4 口人，一个女儿一个儿子。在老村子里赵全德家有两处宅基地。第一处是人民公社解散后分的宅基地，有 4 分地；第二处宅基地是 1990 年用自家的耕地和村民换的，有 8 分地。当我们问到宅基地上房屋面积时，赵全德回答总共不超过 140 平方米，"多余的宅基地用于栽树和种点菜，自家吃"。

在我们的调研过程中，很多村民的宅基地面积超过其需求，被闲置。宅基地本来用于村民盖房居住之用，但是大量的宅基地面积超过居民需求，基本上都浪费了。所以，现在的拆旧建新就可以复垦出很多的耕地。不过，很值得探讨这些复垦的耕地的使用权归属问题，因为不同村民的宅基地面积是不同的，复垦出来以后应该怎么分配才能更公平和让人接受，还有就是复垦出来的耕地的农业补贴问题等。（华东旭）

案例 39：新社区的房屋能否对外出售？

商丘市睢县蓼堤乡龙王店龙王店社区有着极为优良的区位条件，地理位置位于蓼堤镇、尚屯镇、涧岗乡、西陵乡四乡接合部，是乡级小集镇所在地，人流量大。龙王店还有丰厚的文化底蕴，传说因清康熙看望在本地白云寺出家的顺治，路过此地，居住一夜，故得名龙王店。

由于龙王店社区优越的地理位置，又是小集镇所在地，经贸发达，所以龙王社区的房子不仅有供村民居住的小区，还开发有临街商铺和龙珠花园这样的高层，经过走访我们得知，这些商铺和楼房是面向社会公开销售的，我们还收到了龙珠花园售楼广告的宣传页。土地法明文规定占用农村集体土地所建房屋必须由集体内部村民居住，这些小产权房为何能公开流入市场，流入市场后所得利益又是如何分配呢？我们走进了和龙王店社区仅有一路之隔的 A 村，虽然龙王店社区所占土地都是 A 村的农田，并且监庄老村离新社区只有一路之隔，但是 A 村竟无一户搬迁。A 村有些房屋已破败废弃，但却没有人搬入新社区。通过调查我们得知新社区占地是通过暴力手段强行占用，对于不同意占用的农户，镇政府对其进行非法监禁，最后逼迫农民以 1000 斤小麦每亩的价格出让土地，农民对此怨声载道。一位农民对我说："我那么好的地，你 1000 斤小麦就拿走了，你拿走盖房子卖钱。"

这种暴力强行征收农民集体土地建商品房，对外销售的行为是政府借助新社区建设赢利，而这块利益蛋糕农民却未必能分得一口。另外，外来买房者原有老房并未进入增减挂钩，老房并不用因为住进新社区而拆除，不利于建设用地的节约和增减挂钩的实行。旧房不拆，从中短期来看，造成外来户在原有村住宅的闲置，不利于土地的集约节约利用和旧村的拆除。（张鸣鸣）

案例 40：农村女性的宅基地分配权

兰某，洪胜社区 51 岁家庭妇女。家里四口人，丈夫常年在外省打工，自己在家种地，但看其样子和打扮，很难联想到是一个种地的农民，问其原因，目前种地很方便，播种和收割都是机械化作业，不需要投入太多体力和时间。

由于她只有两个女儿，她反映了双女户的问题。在分房上，他们家只能购得一处宅基地，其小女儿 22 岁，这也让他们家如果想要招一个女婿到本村很难。她认为这是男女住宅权利的不平等。当然，他也提到了，双女儿的家庭在交养老保险以及女儿上学的过程中，政府会给一些补贴。（冯卓）

案例 41：廉租房住户的旧宅财产权

祥和社区的廉租房里，我见到了已经 87 岁的老奶奶桂世英。老人家耳朵已经有点背了，但思维还很清晰，表达很流利。桂奶奶有一个53岁的儿子，因为头部受过伤脑筋有点浑，勉强还能干点活。孙女今年25岁了，但智力也有问题，2年前走失至今没有找回。为了照顾这个困难的家庭，村里给三口人都报了低保，每月有70元/人的补助；村里安排她儿子到附近工厂看大门，一月800元的工资；再加上承包地的耕种以及流转收入和粮食补贴，这几乎就是这个家庭全部的收入了。桂奶奶家的开支也仅维持在最基本的水平上，一个月300元就够母子两人生活了，"也没生过什么大病，有合作医疗就够一年的药了"。

桂奶奶是土改时期的老党员，村里的老妇女主任。响应拆旧建新号召，纯粹是为了"不扯国家后腿"。"我的老房不搬也能住，但国家照顾我这么多年，现在国家走到这一步，我能扯后腿？"作为一名老干部，桂奶奶自然知道推动集中居住并非易事。"有人盖的新房，辛辛苦苦也不容易，心里肯定会不高兴。所以需要干部好好做工作，最后剩下十家八家也就都搬了。""不管搞哪项工作，哪有一帆风顺的？我做干部这么多年，不知道这里边的事？"她列举了土改、第一批征兵、统购统销、计划生育等工作。"哪项不比这个难？"所以当村干部来家里动员，说年前搬迁有奖励，而且"你是干部你不带头？"桂奶奶当即表态："好！你别说了，我搬！不让你们为难。"那段时间桂奶奶高血压正犯，"晕晕地就搬过来了"。

桂奶奶是2010年腊月二十八搬入新居的，属于村里较晚搬迁的批次。考虑到桂奶奶家的困难情况，在集中居住时，村里分给她和儿子两套相邻的50平方米廉租房，租金0.3元/（平方米·月）（暂时还未收取）。旧村120平方米的老房已经拆除，但由于不是买房，也就没有5万元/户的拆旧补贴。她想着即使有5万元也不够买新房的，在这能有地方住就行了。新房里的家具、沙发、茶几、电视机、床、床单、被罩"全是国家（社区）给的"。对这些东西桂奶奶十分珍惜，床上铺的还是旧床单，而新床单则被保护在褥子底下，这样既能露出新床单的边，又不会把床单用旧。

住进新区以后，没有院子种菜了，也"没地没粮，啥都要靠买，每天开门就要花钱"，生活成本增加已成事实。但桂奶奶并不十分担心，"有钱就吃好些，没钱就吃赖些。一把干萝卜泡下水也能吃"。她最担心的是两个问题，一是房子能不能一直让住下去。"能让我住一辈，儿住一辈就可以了"。二是社会关系的变化。"左邻右舍都不认识，南的北的都有，年纪大了很需要邻里间有个照应。"

廉租房是祥和社区建设过程中一次有益的尝试，有效解决了部分困难群众的搬迁困难。但一个值得探讨的问题是，对于租住廉租房的困难户，是否有权利得到 5 万元拆旧补贴？一种思路是拆旧补偿的获得是农民对旧房的所有权，而不应以是否购建新房为条件，因而将其与在新社区建新房捆绑显然不合理。但换另一种思路看，廉租房住户所支付的低廉的租金与市场租金间的差额，相当于非现金形式的拆旧补贴。特别是在祥和社区这种并不规范的补贴方案下，5 万元是一种现金补贴，并不是严格意义上的对旧房所有权的补偿。（李越）

案例 42：新社区的两极评价

陈某，卫辉市城郊乡泥湾村人，44 岁妇女，没有接受过教育，调查时和 8 岁女儿在一起。在整个调查的过程中，其自我保护和谋利的思想相较于本村之前两个农户较为强烈。且 8 岁女儿表现出的对政府的抱怨和自利倾向让人感到诧异，如在旁边喊着：政府给钱少，对社区什么都不满意的话语。小孩与父母朝夕相处容易受父母影响，或许，这正体现了其母亲在平日里的表现。

根据规划，陈某的新房就建在老屋的位置重建，但她抱怨说她是倪湾本村人，房屋位置却在倪湾社区的最边上，而周湾、黑窑场等外村人获得的新房位置却比自己的要靠近社区的中心。但后来问房屋选址过程，她表示是通过几户抓阄决定的。这是"恨乌及屋"的表现，由于对政府补偿金额的不满，非理性地对所有事情都产生不满情绪。此外，她的老屋在 1985 年修建，当时花了 2000 元，但她认为拆除时旧房值 2 万元。

她的这些反映主要还是来源于修建新房花了自己全部的积蓄，外债累累，而自己文化水平低，没有谋生手段，并且政府没有体现出任何的关怀。生活压力和不满情绪的双重影响，导致了她缺乏理性的抱怨。这个案例也反映了多村合并中的利益分配问题。各个村之间涉及占用耕地、新屋位置以及补偿不均等诸多问题。

另一个访谈对象王宝章，男，39 岁，黑窑场村人。家里有四口人，一儿一女，处于中等偏下收入水平，其家里的装修相较其他农户较为朴实，是个懂得长远规划的人。他在集中居住后和另一人合伙买了农用机械，加入了农机合作社。他认为"集中居住后，种田的人会越来越少，农用机械会发挥更大的作用，开农机虽然累，但是是个养家糊口的好工作"。从其话语间，能够感受到他对集中居住的支持，并且这种支持不同于那种来自"村干部的亲戚、有钱人"的支持，是从理性分析的角度下进行的。

对集中居住的评价，农民内部之间也有差异。眼光长远、教育程度较高的农民往往能够清楚地看到集中居住带来的好处，而教育程度低下的农民更注重眼前的细小利益。这也就在集中居住的过程中形成了一幕幕众生相：有的终日闲暇（当然里面有农民就业机会少的原因），抱怨政府补贴少，没法过日子，但仍然花费了很大部分养老的储蓄享受着新房的舒适；有的迅速抓住商机，在社区里开超市，开装修材料商店，购买农用机械并加入农机合作社等，挖掘社区能带来的长远利益；当然大多数的农民，还是在失去和土地的依赖关系后，踏上外出打工的征程，为新房的借款以及将来的养老积攒财富。（冯卓）

四 农民生活

案例43：利己利人——集中居住后王老伯的幸福日子

王书林今年76岁，是郏县前王庄村3组成员，过去曾经担任过村、组干部，退休后一直在家务工。作为一名老党员，在村上提出要集中居住时，他积极响应，2009年10月全家搬入新社区，是社区里第一批入住者。谈到从老宅搬到新区的各种好，老人掩不住一脸喜悦，不住点头。

首先，干部好。老人一直挂在嘴边的一句话是"干部要树一个'公'字"。以老人的话来说，村里的王书记是个没有私心杂念的干部，主要表现在两个方面，一是尊重村民意愿，在有了集中居住的想法时就召集村民开会。之后又由村里出钱带着大家去华西村、南街村、新乡刘庄、濮阳新集庄等做得好的点参观，回来后开会。大家参观后感触很深，觉得别人做的确实好，自己也想住这么好的社区，但是这些地方都有工业支撑，我们村也有自己的特点和需求，得形成自己的风格。书记以村民需求为出发点，在专业规划的基础上做了修改调整，并征得村民同意。此后的几年间，书记都把见识到的一些想法、方案等都公布给村民，征求大家的意见。二是能吃亏，书记带着村干部们率先开始建新房，他们选择的是社区位置最不好的地方，远离公路。对村上"五保"户、低保户等困难群众，干部们也能积极照顾。据介绍，书记每天下午都要到村里走一圈，看看谁家有什么事情需要帮忙的，好及时沟通。

其次，社区好。村里的情况村民自己最清楚，因此在做社区规划时要符合自己的特点和需求。①前王庄村是个农业村，每家每户都需要有院子能堆放农具，能晾晒粮食，所以得形成自己的风格。②村上集体资产较少，在没有政府支持的情况下面不能铺得太大，投资不能太多。③村民的收入会越来越高，对提高生活质量的需求会越来越大，因此社区建设要有前瞻性，比如道路要宽能够通汽车、房屋要漂亮 50 年不落后。在这种理念的指导下，形成了现在的社区。

再次，新房好。在看到村干部们新建的两排房子很好，王老伯也动心了。老人家有 7 口人，原先家里 3 处宅院，交了一处给集体，置换了两处新房。房子采取统规自建的办法，自己请施工队，主材是自己买的名牌正品，全程监督施工，因此房屋成本低、质量好。"住几十年没问题！"此外，王老伯把两处房屋修在一起，院墙打通，户型也按照需要自己设计，两个儿子住在一起，互相照应十分方便。

再其次，土地流转好。今年有一个专门做蔬菜鲜销、冷冻的公司来村里，希望把土地规模流转，村民们不少都不愿意。"我把口粮交出去了，以后吃什么啊？"事实上，公司的经营机制不同于以往，而是把土地按照 700 元/亩的价格流转进入后，再以相同价格流转给本村人，公司提供统一的种子、肥料、技术，并按照定价收购。王老伯身体还好，本着利己利人的想法，从公司租了 50 亩地，找本村未外出务工的农民做零工，如浇地、掰玉米、拔草等，干一天活结一天工资，"咱不图赚钱多少，得想着让不出门的乡亲父老有活干"，地边上还可以像以往自家地一样种些花生之类的小菜，够自家平常使用。在这种流转机制下，土地少的农户可以"不守着一亩二分地"，放心外出务工，老年人、妇女那些没法外出务工的可以在地里打工，也可以自己租地种，没风险又有收益。

最后，治理好。前王庄村的村民大多都姓王，是一个大家族，民风淳朴，加上干部是"实实在在办好事的"，村民很团结，各项工作都好做，治安也很好。新社区成立了物业管理公司，请了 4 个人专职负责公共区域卫生，但是各家房前屋后的清洁卫生和绿化还是由各家负责，大家互相监督，内心里也在竞争评比，新社区的环境就越来越好。

王老伯的案例表明：①从建新社区到土地规模经营、从社区规划到房屋建设，农民是最了解自身需求的，在合理的制度设计下，他们有意愿、也有能力管好自己的事情，而且能够为自己所做的选择负责。②村干部有公心是必要的，但村干部的公心和行为必须有强制约束，在前王庄村，"群众是看干部的"，在传统习惯的非制度约束下，干部行为向有利于公平的方向发展。③传统习惯如善加利用，有利于新社区公共服务和社会治理的可持续建设。（张鸣鸣）

案例 44："翻天覆地"的巨变

2009 年 9 月，舞钢县张庄村石长明一家入住张庄新社区，属于全村较早的搬迁批次。在统规自建的政策下，他们家建房花费了 15 万元，装修 5 万元，花费不算高，但房子干净、整洁、宽敞、明亮。

谈及对目前的生活是否满意时，石长明和他的母亲郭香民脸上洋溢着幸福的笑容。郭阿姨讲述了搬迁前后的变化：第一，以前的老宅住得偏远，地势较高，进村路都是土路，最担心下雨下雪天气，路面泥泞，出行更加不方便；现在家门口都是水泥路面，干净、宽阔，再也不用担心天气原因带来的出行问题。第二，以前住得比较分散、杂乱，特别不方便的是村里只有一个小卖部，东西不太齐全离家又比较远，有时购买急需品太麻烦；新社区不仅有小卖部还有物品齐全的超市，有需要的话，步行一分钟都可以买到，而且这边的房子都是联排建造的，整齐、统一，"邻居"变成真正的邻居了，新社区基础设施完善，有娱乐健身场所，赋闲时，大家在一块儿拉拉家常、聊聊天、锻炼锻炼身体，日子比以前过的轻松舒适。第三，张庄社区利用自身的区位优势和文化特色，走旅游带动农村发展的路子，因而郭阿姨家充分利用了这一条件，自家经营特色产品——山野菜。由于游客络绎不绝，而且现在的人们都喜欢绿色无公害食品，因而山野菜相当走俏。山野菜的销售收入现在成为家里主要收入来源之一。较之以前只能靠几亩田地过日子的生活宽裕了很多。第四，儿子在政府组织的就业培训中接触到了挖掘机，后来通过系统学习，已经熟练掌握挖掘机技能，家里置办了一辆，平常外边的业务不断，这已经成为家里最主要的经济来源。总的来说，现在每年基本上都有 20 万元的收入，生活已经达到小康水平。

从她喜悦的表情中，我们充分感受到了新农村新社区的建设给农民带来了切身利益，不仅改善了生活条件，还能借助旅游产业增加收入。（吴晶晶）

案例 45：集中后的非传统生活

舞钢市张庄社区被列为河南省新农村建设的典型，每天都吸引着来自全省乃至全国各地的参观学习者。该乡还成立了专门的接待办，来接待各方参观者。走访了几户农民，大多数是从交通和居住条件极度恶劣的山间碎地搬下来的，原来的住宅面临着山体滑坡和坍塌的危险。现在好了，住的是由清华大学设计的小楼，生活环境好，健身设备很完备。聊起集中后的生活问题，他们现在的土地都流转给了种田大户集中种植，每年按亩给他们承包金，比自己种时的收入还多，家里闲下来的劳动力，年轻人好多都出去打工了，上了年纪的在社区打扫卫生还能赚钱。

我们还发现，张庄的村民明显比其他村富裕，由于参观的人每日不断，这里的农家乐相当发达，很多村民靠家庭旅馆和贩卖山野菜都走上了富裕的道路。通过走访，我们得知，政府也为他们组织过多次餐饮和旅游方面的免费培训，帮助他们靠副业致富。

张庄的村民在政府的引导下，走出了传统靠地吃饭的生活方式，通过自身的优势和特色摸索出了一套独特的生活方式，依托旅游致富，走出了一条自己的康庄大道。（张扬扬）

案例 46：四个婆婆讲述的新村建设

郏县冢头镇陈寨新村是个园林式的村落，村口竖着刻有"礼孝"二字的大石块，车停在休闲广场上，广场南边是个大舞台，不时地播放"礼孝"文化介绍等内容；北边树了几个迎接参观者的牌子，介绍新村规划、礼孝文化等，再远点是新修的敬老院和新村（社区）居委会；西边的房子是卫生所和便民中心；东边一排体育健身器材之后，是打造的河边景观，河上架了一座拱桥，通往河东的聚居区。广场上亭台楼阁错落有致，与各种花卉苗木相映生辉，几条碎石小路蜿蜒其中，颇有几分江南园林的风韵。站在广场上，能看到新村已经初具规模，除广场南边仍有一座旧宅外，河东与河西均为一排排风貌统一的独栋二层小楼，硬化的路面延伸至每家，整个社区干净亮丽，加上对传统仁义礼孝文化的重视，让人心境开阔。

第一户的问卷访谈就由此开始。秦巧云老人今年 78 岁，有 4 个儿子 1 个女儿：大儿子今年 59 岁，在许昌卖菜；二儿子 55 岁，在江苏一个工厂务工；三儿子和四儿子作为招赘，分别在临颍和许昌；女儿早已出嫁。老人和儿子们早已分户，老人和 83 岁的丈夫吕文选现在住在广场南边那座未拆的旧宅里，两个大儿子已经在新区建了两座新房。老人家里有 3 个人的承包地，在新村建设中被占了 0.7 分，现在仅剩的 1.7 亩是老人赖以生存的土地。由于年龄大又有疾病，老人每年种一季麦子一季大豆。谈到为什么没搬到新居，老人泣不成声，新村要建广场，两个儿子的老房子就在新村的广场上，开建广场时，书记带人开车把老房子给推翻了，儿子们没办法只好盖新房，大儿子房子盖了两次才建完，借了5万元，二儿子从公家贷款3万元，说是无息借款，但今年还是交了3000元利息。盖新房时每家还交了3000元押金，说是房子盖好退还，可是房子都盖好2年了，还没退。据说盖新房有上级政府给的补偿款，但是老人的两个儿子都没有得到。为了还债，两个儿子都快六十岁了还要出去打工赚钱。老人和儿媳妇关系不好，所以不愿意搬去跟儿媳妇一起住。除了土地以外，老人的生活都要靠几个儿子女儿。去年老人去找过书记要低保，但支书说"不扒房子就不给低保"。老人最后说，如果能给4万元补偿款就愿意拆旧房。

下午访问的吕双印、张环两位老人都68岁，他们有3个儿子，现在老两口带着3个孩子居住在位于河西聚居区的独栋房屋中，三个儿子和媳妇全部外出打工，到晚上张环老人住在三儿子家，吕双印老人轮流住在大儿子、二儿子家，方便看房。吕双印老人还是村上慈孝协会的成员。我与两位老人坐在家门口访谈，访问进行到一半，村里的徐书记到来，坐在边上介绍了村里的一些情况，直到他走访问才继续进行。老人三儿子的旧房子修建于2003年，虽然只花了5000元，但"至少还能再住几十年"，拆房时老人和儿子万分不舍但也无奈，因为旧村拆的只剩了他们最后一家。建新房时因为实在拿不出钱，就没交3000元的押金，房屋本身花了将近10万元，而且全部是借款，迄今已经3年，具体偿还多少老人并不清楚。谈到新村建设及在新居里的生活，两个老人一直表示"非常满意"，但是问到是否对拆旧建新后悔时，吕双印老人深深地把头埋到膝盖里，大约过了快一分钟才抬头看着我说："不后悔怎么样，后悔又能怎么样？"

随后我走过漂亮的小桥到河东，见到两位老人，提出想去她们新建的房子里看看，她们两家是邻居，分别位于河东北边第二排房子的第一、二家。白衣老人家院子的左手边是两大摞红砖，右手边是一个低矮的小房子，打开两道防盗门，进入老人家，各个房间连门都没有装，一排破旧的矮柜加上两张极破的沙发就是约20平方米客厅里的全部家具。白衣老人说，她有两个儿子，大的36岁，小的20多岁，还都未娶妻，因盖新房欠了很多债，都出去打工去了，现在她一个人在家。从白衣老人家出来转身进入另一位蓝衣婆婆家，老人家院子的左手边是一大堆沙子，右手边是用青砖垒砌的小房子，里面架了一口锅，烧的柴火，同样打开两道防盗门后，映入眼帘的是毛坯房，200多平方米的房子里只有两张旧几、一张1.2米宽的旧床，连个椅子都没有，老人的儿子也外出务工还债。据两位老人说，他们两家的老宅就在现在广场东边的亭子所在地，家里因没钱一直不同意拆迁，后来趁家里没人时，书记带着人把旧房推了，现有的家具是从废墟里抢出来的，蓝衣老人的丈夫因此脑溢血发作而亡。两位老人生活极其困难，做饭以烧柴为主，连家里的床单都是别人接济的。两位老人泣不成声，一直拉着我的手，说"中央好，共产党好，每月还能领60元钱"。（张鸣鸣）

案例47：在没有装修的房子里住了6年

J村村民周某今年48岁，家庭年均纯收入8000元。家里两个孩子，一个上高中，一个上大学。当她将我领进屋时，我很诧异。因为外表华丽的两层连排洋房，屋里陈设极简单，客厅里除了堆放着的农具，就剩一张小饭桌。周某一家2006年便搬了进来，据说她家是组里最后一批搬迁的。此村是统规自建，周家建房花了14万元，自己家里当时只有2万元，借了12万元，现在才还4万元，家里的收入供两个孩子上学后基本所剩无几，装修房子怎么也得花几万元。

由于此村房屋建房没有补偿，在我所访谈的对象中每家都借了从几万元到十多万元数目不等的外债。集中居住后虽然生活环境变好了，可是农民的负担比以前更重了。（朱林）

案例48：新村社区要面子更要里子

4月24日，当我们的汽车缓缓驶入舞钢市丰台社区时，两边整齐的开放式联排别墅让我有种错觉，我来的不是河南农村，而是欧洲小镇。家家白色两层别墅，院子里郁郁的小树透过铁艺的精致围墙点缀着一栋栋白色小楼，门前是修得整整齐齐的水泥路。诚然，这是我见过的最豪华的农村。

我想，能住在这种在城里好多人一辈子都买不起的别墅里，不知比蜗居城市好多少，农民还有何求呢？怀着这种心情我走进了第一户大姐家，进入别墅，入眼的是与外边洋气截然不同的落魄与寒酸，屋子里空荡荡的，摆设尚不齐全，更不要说是新家具和装修，我按耐下好奇的心，和大姐聊了起来，在交谈中得知，他们这几户都不是丰台本村人，是从外村花钱买进来的，因为家里儿子多，儿子们到了娶媳妇的年纪，村里却迟迟不给批宅基地，无奈之下，借债买了丰台社区的房，给儿子结婚用。谈起现在的居住环境，大姐又是一肚子的无奈，大姐领着我走进了里屋和二层，屋里墙体严重的漏雨现象，据大姐说，这是搬新居以来下的第一场雨，房子都漏成这样，看着一家人四处借款才买来的新房，心里说不出的酸楚。接着又随大姐来到了院子里，签上贴着铁质的小牌，上面写着近三年年收入都是几万元，大姐说，这是村里强行让贴上的，数字也是他们定的。对于我在外面看到的园内景观树，大姐说，我不想种树，想在院里种点菜，可村里不让，说是不好看，还每天都有人检查，看着大姐一脸不满的样子，我真不知道该说点什么。接下来，我又走访了几家，生活条件有好有差，但房子漏雨情况确实相当严重，走出农户，再次回望这些美丽的房子，竟生出了金玉其外、败絮其中的感慨。

新农村建设的初衷是让农民们过上村容整洁、生活富裕的新生活，这些生活，不是几栋整齐的联排别墅就能代表的。要让农民住得好，更要让农民活得好，政府先要解决的是如何让农民里子丰富起来，然后才是面子的装饰，空有一副华丽的壳子，到头来还是一场空。（张扬扬）

案例 49：新村虽好，何以谋生？

今年 32 岁的石大哥是舞钢市尹集乡张庄社区的普通住户。石大哥和 30 岁的妻子常年在上海打工，这些天刚好请假回来，一来探望下老人和小孩，二来装修新房子。黄大哥的儿子今年 8 岁，一直跟着爷爷奶奶生活，老两口也都 58 岁了。当我问到家里还有没有耕地的时候，石大哥叹了一口气："家里本来有一亩二分地，还能种点小麦，基本上两老一小够吃了，现在搞新区建设，把家里的耕地占了，每年给 800 元的补助。实在没办法，就在山上荒地上种了些桃树，树间刨刨再种点小麦，根本不够吃。"石大哥家的房子是按照村里统一的图纸建的，两层楼，带个小院，特别宽敞漂亮，石大哥表示对社区的环境特别满意，他说以前一到下雨，家门口的路就泥泞的无法行走，现在社区环境好，住得也更舒适了，美中不足的就是院子里面不准种菜，更别说是养鸡养鸭了，如今吃什么都得花钱，家里负担更重了。问到之前拆旧建新的情况，由于石大哥当时没回家，不了解情况，大妈回答了这个问题，那时候拆迁都是老两口自己投工，为了节约成本，老宅拆了一部分，拆下来的砖又运到新区来盖新房子，两边都要监工，索性两边都搭了个塑料大棚住在里面，回忆起当时的情景依然历历在目，打雷下雨，孙子吓得直往怀里蹿。这样艰难的日子竟然持续了一年，更让人惊讶的是，这一年村上也没有任何的补贴帮助。旧房子拆了没有补助，新房子建起来也没有补助，当初承诺先搬迁给予的奖励也不了了之。我问他建这房子可花了不少钱吧。他说，可不是，十几万哩。大部分是从亲戚朋友那借的，现在年迈的父亲也到建筑工地上打零工补贴家用。谈到对未来的担忧，石大哥的脸色一下凝重起来，以后回到农村生活，还不知道出路在哪。现在地也没了，吃的用的穿的哪一样不得使钱，现在就盼着政府早点解决家里的"低保"问题。（朱林）

案例50：想回乡创业带动就业，难！

信阳市光山县 S 村的曹家元，51 岁，一家六口人住在刚搬进的新家，面积有 120 多平方米，家里装修豪华，有一辆丰田 G 系越野车。曹家元自营一藤条家具厂 10 余年。曹某很随和，很难想象他是走南闯北的创业能人。当提及他回乡创业时，他连连摇头叹道："难！这么多人现在没工作，我说回来村里建厂带动就业，也想为家乡做点好事，结果……"他经营的藤条家具厂主要是手工，国内国外都有市场，国外主要销往新加坡，国内在河北、河南、黑龙江都有代理处。知道土地整治后很多村民失业，他与妻子就商量将工厂搬回来，起码也能解决 500 人的就业。他说村里只想招大商，要投资上亿元的，这样村干部既能做面子工程还能得利。他多次找村干部得不到政策支持，所以最后就无奈将工厂建在了离村 20 多公里别的村。因刚将工厂搬回来，各方面还未完善，他不解决工人的住宿，所以就只能在当地找工人。他说，现在他工厂的工人月收入 5000～6000 元，本村也有几个人不怕远，在工厂里干活，要是村里支持就不会看到那么多人无事可做了。他同时也埋怨到，村里就是不考虑村民的利益，很多事情都是村干部说了算，小区车位连车都停不进去，他家车就只能停在楼下狭窄的路上，也不能保证安全。

当天晚上在他家访谈完后已是晚上 9 点，笔者心情很沉重。因为就在曹家元家里访谈的同时还有 3 位同小区的村民在他家玩，其他 3 位村民说不但村里不支持他在这里建工厂，连他们在本村被流转出去打工的待遇也不一样，比如包工头从外地带来的工人150元/天，而本村村民去打工只有100元/天。笔者非常惊讶，为什么会出现这种现象？他们说，因为村干部可以从包工头那里得到好处。

土地流转后农民就业是事关他们生计的要事。但是在村干部与农民的利益博弈中，由于新村治理的非民主性，使得村干部仍然是资源权力、经济权力以及政策权力的控制者，在自己既得利益和村民的利益比较之下，就选择了前者。在S村没有任何关于农业技能的培训和解决村民就业的政策。因此，各级政府部门应对土地流转后，农民的就业给予政策乃至法律的支持和保障，只有这样，才能真正维护农民的利益，保障农民的权利；也只有在土地整治的同时维护好农民的利益，也才不会出现更复杂的"三农"问题，才能真正实现农业现代化。（谈小燕）

案例51：无处安身的老人

进入舞钢市八台社区，就看到一位大爷站在路边。我忙过去跟他打招呼，在了解我的来意后，大爷径直往家里走，一面又向身后的我解释，屋里漏雨了，向村里反映过好多次了，都没有过来修，你快跟我过去看看。一进房门，就发现，白色瓷砖铺成的地面全是水，抬头看看，墙面湿了一大片，大爷说，这房子是村里按照图纸统一修建的。这又是一项豆腐渣工程。

大爷叫梁自强，今年78岁，老伴也73岁了。梁大爷身体不好，常年吃药。他的大儿子也快50岁了，和妻子靠着卖豆芽菜维持生计。大孙子和孙媳在舞钢市的一家棉纺厂打工，小孙子则是在平顶山做水电工。这个村子的情况比较特殊，大儿子家有两个儿子，眼看小孙子也到了婚嫁年龄，再添一口人，家里就住不下了，但村里却不给批新的宅基地了，等到新农村建设，政策上允许他们在新社区购一套房子，旧宅子也不用拆掉。新房子花了14.8万元，基本上都是借亲戚朋友的。听完大爷的讲述，我不禁问，那你们俩住哪了？大爷说很平淡，大儿子家负担重，就跟着二儿子一起住了，没料想儿媳妇不孝嫌老两口恶心，竟狠心将他们撵出来了，还在村委会立下字据，"生不养，死不葬"，从此再无来往。后来，老两口就在自家自留地盖了一个小房子，也能凑合过下去。老人说，大儿子卖黄豆芽也挣不了多少钱，两个孙子在外面打工，也就只够自己花费，也从来不往家里寄钱，老两口已经七十多岁了，村里说了有两孩，不给办"低保"。现在年纪大了，地里的活也干不动了，家里的 2.4 亩地流转给种植大户，一年一亩地给 750 元，再无其他经济来源，人老了就怕生病，去年大妈住院花了 4000 多元，还是两个女儿凑的钱。我实在不忍心问大爷对今后的生活有信心吗？这个新房子只是老人暂时看着，老人说以后等二孙子回来结婚，如果孙媳不孝敬，可能他们又得被撵出来，回到自留地的小房子里，眼下，谁也不知道上面的政策怎么样，自留地的房子既没有证，基本属于违规建筑，说不准哪天都得拆了，那时，老两口真得无家可归了。（朱林）

案例 52：四世同堂——老年人换取住房的唯一通行证

祥和社区五里铺村民 A 某，女，43 岁，如今住在祥和社区的独栋小院里，为了补贴家用，常年和丈夫在村里建筑工地上打零工，一天 60 元的工钱，女儿在郑州上大学，儿子和儿媳则赋闲在家中。A 某上面有一年迈的婆婆，在旧村时自己有一处单门独院，并不和子女居住，如今搬到社区里，社区规定必须所有子女都有孙子/女，老人才有在社区购置新房的权利，婆婆膝下有三个儿子，无奈小儿子的小孩才 3 岁，要等到他结婚生子，还不知道要等到猴年马月。婆婆还患有糖尿病，饮食有各种忌口，和子女吃不到一块，婆婆直说"不带劲"，婆婆还说，等到媳妇老了，孙子们长大了，还要跟着媳妇在孙子家轮住，到时矛盾更大了。（朱林）

案例 53：老年人的新区体验

付某，男，62 岁，锦和新城社区老人。他有两个 40 岁左右的儿子，一个由于没钱还住在老村，一个搬到新区。他和老伴目前住在新区这个儿子的家里。他和老伴一致认为和儿子、媳妇住在同一个屋子里"很难受"。虽然房间是分隔的，但是公用厕所和厨房很不习惯，并且失去了"乡间居住的自由和隐私环境"。

但付某认为集中住小区总体是好的，改善了农村的住房环境，并且"修房带动建筑产业，给农民增加打工的就业机会，现在每天出去都能在新区找到打临时工的岗位。并且，集中居住促使农村的现代化发展。就是这个父母随子女住的政策不好"。

付某的老伴则认为集中居住破坏了她的生活状态。原有的随意在房前屋后种种蔬菜的机会没了，一方面蔬菜价格贵可以省一些钱；另一方面种菜已经成为她唯一能干的事情，只有在其中她才能找到生活的意义。而目前，田地集中流转，大规模种植，她继续种菜的可能性为零。（冯卓）

案例54：老年人集中居住后的福利下降了

在将近一周的调查中，农村普遍存在着老年人搬入新社区后住房和生活困难问题。5月25日，我们来到商丘市夏邑县岐河乡蔡河社区，蔡河社区是一个多村并入、统规自建的社区。当地从2009年开始停止了老村新宅基地的审批，为了儿子结婚需要，老人们必须要在新区为儿子建新房。同时，根据增减挂钩的政策，在老村的宅子就必须拆掉。这样一来就造成了，老人用自己的宅基地换来了儿子的宅基地，儿子住进了新房，老人无房可住的现象。我们5月26日在夏邑县太平乡三包祠社区调研时，同样遇见很多这样无房可住，在老村临时建棚住的老人，尽管三包祠社区允许这样的住户，拆一处老宅后，在新社区购置多出住宅，但是，对于一辈子靠几亩耕地生活的老农民，为儿子花十几万元购置一套新房已是倾尽半生心血，身背债务，怎么会有钱在为自己买一处新宅？

对于这种情况，蔡河社区在新社区修建了老年房，凡年满65岁，且旧房已拆，通过农户申请，村组织审批可入住。但是，我们参观蔡河社区的老年房时看到，尽是十几间低矮的平房，并且，通过向村民调查发现，老年房是极难批准入住的，大部分的老人依然处在老无所住的状态。包公祠社区的老年房是楼房，正在建设中，但是，现在农村60岁以上农民主要的生活来源是儿女和自己养的家禽，一旦老年农民上楼，他们将失去唯一的自有收入来源，全靠儿女供养，生活前景堪忧。

对于这些为了儿子买房结婚，花去自己一生积蓄又背上一身债务的年老农民，已经成为农村最为弱势的群体之一，他们前半生奉献国家，后半生奉献子女，当问到他们对新社区建设有什么要求时，他们说："有个地方住就中，就满足了。"新型社区建设的同时对这些半丧失劳动能力的老人安置问题是国家应重视的。（张鸣鸣）

案例55：村庄精英：抓住土地整治的"商机"

方老庄村村民徐鹏，27岁，可以算得上是方老庄村的"太子"，其父亲正是方老庄村新上任的村支书徐志锋。徐鹏年纪虽轻，却是建筑工程队老板，方老庄新社区的住宅建设都由他的工程队负责。据徐鹏介绍，2007年，方老庄村开始进行新社区建设。起初，村里请来外面的工程队来建新房，但担心房屋质量不过关，不如自己人盖在用料质量、价格等方面都放心。于是徐鹏跟当时还是村主任的父亲商量过后，决定自己组织一支工程队，全面接手新区住宅建设。工程队规模不大，1个工头和十几个小工。工头是从外地请来的有经验的师傅，平时工地上的事都由他负责，小工多是本村或周边村庄的农民。徐鹏偶尔去工地上转转，和母亲一起给工人们做饭送饭。徐鹏说给自己村里人盖房子其实不能赚什么钱，基本上都是在成本价上稍加点价，能保证资金够流转就行。以现在新区的房屋为例，房屋统一定价是10.1万元，成本粗略估算就有9万多元。今年建材价格涨得厉害，钢筋一吨涨了4000多元，砖垛价格涨了将近一倍，所以考虑这批房屋的价格会提高一点，定到12万元/套。此外，考虑到农民的经济能力，房款分三期收取，有些家庭在房屋竣工后尾款仍交不上来，村里还是会把钥匙给他们，让他们先住进新家再慢慢交钱。所以一般来说，农民交7万~8万元房款就能住进新房，但这样也导致工程的实际利润更低。徐鹏说"这不都是为了配合土地整治嘛，这样能加快集中居住。再说大家也都是乡里乡亲的，钱也跑不了"。徐鹏的工程队从信用社贷款30万元用以日常周转，钢筋水泥等建材也需要赊销一部分。

在访谈的过程中，并没有见到徐鹏的父亲徐支书。徐鹏说做支书的父亲工作十分繁忙，要经常到乡镇出差、跑项目，每天清早和晚上又总有农民上门来找父亲谈事情。虽然徐鹏说不想管村里的事情，但父亲似乎有意培养他做接班人，不仅鼓励他尽快入党，还让他在村委会帮忙，所以徐鹏对村里的大小事务也比较了解。据他介绍，由于村里有国土、水利等各部门的项目资金，土地整治基本不需要村集体和农民负担什么费用，对农民来说这也是有益无害的事情，所以推动起来阻力不大。在访谈中，又无意间了解到，徐鹏的二伯也就是徐支书的兄弟正是乡国土局局长徐志国。俗话说"朝中有人好做官"，不知道方老庄村能够申请到上级部门的各类项目，其支书家族的资源能起到多大作用？从其他村民口中也侧面了解到，前任支书也是徐家的某亲戚，这让支书的选举有点"世袭"的味道。

虽然徐鹏一再推说做工程不赚什么钱，但粗算下来去年建造12套房子纯利润也有 40 万元左右。村庄精英们在土地整治中抓住"商机"并不是方老庄村独有的。位于城郊的上官岗村以集中居住为契机，在本村区位最好的地段开发了一批商品房，虽然占用的是村里的土地，但其收益却和普通村民没有任何关系；江湾村拟将节约下的集体建设用地用于开设村办企业，掌控企业的也是经济实力雄厚的村庄精英。该局面的形成有其合理的逻辑，一方面村庄精英确实是农村中较有眼光和想法的群体，他们能够发现土地整治中的商机；另一方面精英们也有较充足的资源和能力来践行这些想法。从整个村庄的角度看，在这个过程其整体福利也有所提高，但对普通村民来说却因感受到不公平的待遇而心生不满，进而引发一些矛盾。怎样才能处理好做蛋糕与分蛋糕的关系同样是村庄发展中的问题。（李越）

案例 56：趋于消失的家族群居模式

徐月玲，周湾村人，38 岁妇女，周湾村离泥湾村大概两里地。徐月玲有两个儿子，丈夫常年在外打工。自己的公公婆婆仍然住在老屋。由于自己的大儿子已满 18 周岁，面临着娶媳妇的压力，所以必须要盖一处新房。按照惯例，一般是在旧村批一处新的宅基地建新房，或者在老屋的基础上进行翻新、重建。但是，这几年周湾村实施集中居住以来，新宅基地没法批准，也禁止在老屋的基础上进行翻新和重建，考虑到这些因素，徐月玲以及丈夫和两个儿子只好搬到以倪湾村为中心的倪湾社区，要了一套独栋房屋。

此外，按她的话说，平时要回公婆家（以前的老屋）还是很方便，走几步路就到了，现在离得远了，和公公婆婆的关系确实比以前要疏远一点了，尤其是小儿子，和爷爷奶奶待在一起的时间明显少了。集中居住改变了以往农村大家族一起生活的状态。（冯卓）

案例 57：一个小山村的"神话"

王爱枝家住荥阳市郑庄村，那里多山少平地，多旱少雨，村民以前的日常饮用水都是用积累雨水而成的水窖里的水；郑庄老村子建在一座比较平整的山上，我们从山下的村支部步行到山顶的新社区大概花了 15 分钟；王爱枝今年 49 岁，家中四口人，现在已经住进新社区。

郑庄本身一穷二白，也没有什么区位优势。"新社区建设我们支书起到关键作用，没有我们支书，我们不可能住进新房"，王爱枝对我们说。据村民说，郑庄村的支书本来在荥阳市上街区承包建设工程，在村民以及村中党员的再三请求下，郑庄现任支书决定抛弃已有的身份和地位，回到穷苦的家乡带领村民致富。

郑庄村多山，年轻的村民大多外出打工，不多的耕地质量也不高，支书回到村子后就立马把土地集中起来由村集体耕种，发挥规模效益，虽然每月给村民补偿不多的粮食但是村民大多少毫无怨言。

在支书的带领下，耕地已经集中利用，新社区也在马不停蹄地进行。郑庄社区的建设补偿标准是按老房子和新房子 1 ∶ 1 的比例置换，所以农户基本上不用出很多钱，额外出的钱也基本上在农户的接受范围之内。"建新社区的钱目前都是支书垫资的"，王爱枝说。

如今，第一批新区居民已经入住。他们的新房从外观上看和城市的小区很相似，鳞次栉比，令人心向往之。但是村民们仍然做着一些小手工换些许零用钱，而且家里也没有怎么装修，几乎还是老房子里的一些旧家具，显得格格不入，似乎是两个世界的拼凑。"你们能不能让外边的企业来我们这投资啊，这样我们的生活就会变好的"，面对王爱枝这样的问题我是无从答起。村民急切地想改变贫穷的面貌让他们做出很大的牺牲，虽然现状并不是那么美好，但还是不放弃对未来美好的向往，这也让人心痛。

做完这份问卷，我抬头看了看四周，远处除了大山什么也没有，近处却是现代化的大楼；远处是一片荒凉，近处似乎也不怎么好。想改变贫穷促使人们思想统一起来共同奋斗，这很好，但是现在不是与天斗其乐无穷的年代，不能盲目地蛮干，必须因地制宜地发展。新社区带给山村农户的不单单只是硬件上的高楼大厦，也应该是软件上各种福利的享受。郑庄社区目前还只能提供给村民硬件上的福利，软件上的还很难让人看到。郑庄社区"神话"真正的出路在哪儿呢？这是一个深沉的话题，也是一个值得思考的问题，甚或这根本就是一个假命题，因为一步到位地改变全部农民使之都成为市民或"社区人"，或许只存在于某些学者和理想主义者的构造中，而这对于现实来说是很苍白无力的和毫无益处的。（华东旭）

五 农业生产

案例 58：拆旧为什么这么难？

夏邑县歧河乡蔡河村张丕元今年 66 岁，身体还算健朗，配偶的身体也还算好。平常老两口一边种着家里的责任田，一边照看孙子、孙女。2009年 11 月已经搬进新区，当我们问到老房子有没有复垦时，老人回答说是还没有复垦。当问及原因时，老人回答说是自己还是要在老房子里面养老的，不能和儿子住在一块，"怕和儿媳闹矛盾"。

在调研时发现，这里的很多老人都不愿意跟儿子住在一块，都希望自己能够住在老房子里面。虽然自己辛辛苦苦一辈子，建好了一座房子，但是那就是儿子儿媳的，老房子才是自己的。"我家在规划区内还有一块耕地可以盖房子"，"自己没有更多的钱了，反正，老房子还能住，自己也活不了多长时间"，张丕元老人向我们讲到。

本来建设新型社区，一方面为了提高农民的生活质量，另一方面也为了整理出来更多的土地。但是如果建好新房而不拆旧房，那只能使耕地面积更少，这和初衷是不符的。在实际中，由于对旧房补偿不到位，以及像老人不愿意和子女住在一块的原因，大大阻碍了目标的实现，所以才有了"老年房"，甚至"中年房"的产生。在制定拆旧建新的政策过程中，一定要认识到拆旧的艰巨性和必要性，不能只建新而忽视拆旧，但是又不能不顾一切地强制拆旧，需要找到一个平衡点，事前制定可行政策，形成良性的机制。（华东旭）

案例 59：斑块老村

商丘市夏邑县太平乡三包祠村包杨花园，新村占用三包祠村原有农地，第一批共建 70 户，已入住 30 户。包杨花园所占土地按每年 1000 元每亩从所有土地的农民手里租赁，一次租 5 年，5 年后，如果老村全部复垦为耕地，则由老村复垦耕地置换新村所占土地，若老村未整体复垦，则新村所占土地继续从所有农民手中租赁。据说已经进驻新社区的 30 户都已完成复垦，所以我们走进了老村，老村本是成排规整的房屋，如今间或着一块块的农地，好像斑秃。田地里种着棉花幼苗，因为四周房屋的遮挡，阳光不足，长得矮小低黄，田块的四周围砌高高的篱笆。村民说，因为老村家家都养的有家畜，家畜总是啃食棉苗，不得已只有围起来。因为刚复垦后的耕地肥力跟不上，只有种棉花。而且四面房屋，种小麦根本不长。

全村 380 户居民，40 户左右都是 2009 年以后刚盖好的二层半新房，还有 80 户是新盖的一层半新房。在老村，不愿搬迁的有两种农户，一种就是这些花去半生心血刚盖新房的住户，他们既没有多余的钱再去盖一处新房，又觉得花这么大功夫盖好的新房拆掉是一种浪费；另一种是房屋破败不堪，很愿意住进新村，但由于家庭经济条件太差，实在没有能力建新房的农户。因为太平镇现对于拆旧建新没有任何补偿，所以这两类用户的搬迁极具困难。

在这种情况下，新村已经占用大片土地，开基动工，而旧村又无法整片复垦，仅仅是已经搬入新区的一小部分农户零星的复垦，既增加不了耕地，又提高不了粮食产量。而这样的过渡期因为补偿问题无法解决而注定会经历相当长的时间，这段相当长的过渡期内，土地如何节约？粮食产量如何保证？为加快新社区建设步伐，尽快腾出建设用地指标，一些乡镇政府及村组已经采取对老村不投入基础建设，甚至破坏老村基础设施等软暴力手段逼迫农民搬迁，在这种形式下，农民的权利谁来保护？（贾栋）

案例 60：从河南村民对收割的态度看其对土地的感情和家庭观念

之前在信阳调查时，访谈对象基本是留守村中的老弱妇幼。此次则不同，大部分都是外出务工返乡人员，是家庭的主要劳动力，其收入是家庭主要收入来源。原因为此次正值小麦收割季节，外出务工人员皆返乡帮助家庭收割，如焦庄村村民李民师傅，在山西太原从事建筑行业；刘新建师傅在郑州从事建筑行业；倪湾村倪志峰师傅，在包头从事电气焊工作。农忙期间，不约而同地返乡帮助家庭从事农业生产，以管窥豹，可见河南村民对土地的感情和家庭观念。

　　以焦庄村李民师傅为例，其级别为大师傅，工资 180 元/天，除去生活等开支，剩余约 150 元/天，一月平均可做工约 25 天，月平均净收入约 3500 元。访谈时，已返乡近一个星期，帮助家庭套播玉米，收割完小麦后，将返回太原务工，前后耗时合计约 1 个月。李师傅家中 4 口人，人均 1.7 亩土地，合计约 7 亩地，此次收割小麦回家耗时约 1 个月，秋收玉米、播种小麦时，还得回家耗时约 1 个月。访谈时，同李师傅算过一笔账：按平均月收入算，耗时两月，收入少掉 7000 元，且收割季节受下雨等影响较小，是建筑行业旺季，收入应有 8000 元出头，加之两次往返家中车旅费，损失可谓近万元。对此，我们有几点不解：①种地每亩按 1000 元的净收入看，仅对比李师傅个人务工收入，就非常不经济、不划算；②若李家彻底不种地了，李大嫂也专职打工，那整个家庭收入可以更好；③即使种地，7 亩地按现在的机械化水平，李师傅不回家帮忙，李大嫂辛苦些或顾临工帮忙，也是可以应付的，加上李师傅务工收入，家庭收益明显优于现在。如此不经济，且浅显明白的账，难道李师傅他们不会计算，显然不是！李师傅的回答是：这个账不能这么算，农民一辈子种惯地了，如果完全不种了，那心里不踏实。若完全辛苦李大嫂种，那他在外面务工也是牵肠挂肚的，不如回来安心踏实地一起收割！李大嫂也附和说，农民不种地还是农民吗，不种地干啥呀！打工虽是可以多挣些钱，但不如自家种地的踏实；收割季节也希望家中男人在家里帮衬着。

　　在土地未流转村中，以上相似问题都有遇到。农业收入与务工收入对比的不经济性，各自想法与回答也差不多，概括为农民应该种好自己的地，以获得安稳、踏实的保障，可见河南农民对土地和农业是有依赖的，进而其家庭生活观念与其他地区如四川外出务工人员是有区别的。比如倪湾倪志峰反映：河南人和四川人不一样，四川人在外打工，一年回家一次，对家牵挂较少，家里田地托付给老人或是亲朋好友，对种地关心不多。有的甚至拖家带口，举家在外，而河南这样的情况几乎没有。同样的家庭观念，在土地已经完全流转，现在外出务工或从事个体经营的村民，也有充分体现，如锦和新城村民大部分在外经营超市，他们少有带着妻儿的，基本三四个月回家一次。在睢庄访谈期间，一家聚集了六七个年轻人，基本是在外合伙开超市，不定期轮流回家看望家人，每次待半个月左右。

　　这样的观念，具有明显的不经济性，在市场经济的今天，究竟是对是

错？但可以肯定的是河南基于对土地和农业的依赖与感情，所形成的家庭观念，具有浓浓的乡土情结。（余翔）

案例 61：集中居住政策好，可惜了良地

倪湾村村民倪志峰、侯秀华夫妇，为倪湾村三组村民，现年 36 岁，育有一儿一女，大女儿 7 岁，小儿子 4 岁，连同 69 岁老父亲倪恒信一家五口于 2011 年 5 月搬入倪湾村新社区。倪师傅往年常年在包头工地从事电气焊工作，月收入约 4000 元，农忙时期，回家帮忙；今年，由于妻子侯秀华生病，家庭需要照料，未能外出，家庭农业生产等担子几乎落到了倪志峰师傅一人身上，因此他今年仅在卫辉地区从事电气焊临工，年后至今 3 个月收入仅 7000 元，对比包头缩水一半。妻子侯秀华在其中居住前，在老宅经营玉米加工和面皮生产批发，年收入约 30000 元，搬入新宅后，由于不具备生产条件，且生病，暂时停工，无收入，目前月药品花费 3000 元。倪家老父亲，具备木工技术，为卫辉市第二化肥厂退休工人，虽是高龄，仍然外出从事木工工作，年后至今 3 个月收入与儿子收入持平，约 7000 元，连同每月 1000 元的退休金，补贴家用。

妻子生病，对其家庭收入与生活造成了极大的困难。妻子由于病情严重，不能继续之前的面粉加工等经营，失去收入，且需由倪师傅在家照料，收入陡降。一方面收入减少，另一方面药费开支陡增，加之近两年修建装修新房，给家庭经济生活带来极大困难。

倪家对集中居住政策总体认同，但其家及相关村民有以下几点不满意。

（1）新社区占地主要为倪湾村三组耕地，是倪湾村最好的耕地，依据过往经验，被占耕地种粮年均收入可达 1500 元左右，是名副其实的高产地，被占用甚为可惜，村民一致认为占地规划非常不合理，应该占用低产土地。

（2）被占耕地补偿不合理：外村并入集中区占用倪湾耕地的，由外村划入倪湾土地作为补偿，但划拨的土地基本为低产地或是灌溉不方便土地，占好补差，被占村民难以接受；本村集中所占土地，未能有土地划拨补偿，每亩给 1000 元/年的补贴，但比较 1500 元的种地收入，虽有劳动力解放好处，但倪湾村民表示，还是愿意自己种地。

（3）村委会鼓动搬迁时，承诺的 5 万元低息贷款等从未兑现，村委会存在坑蒙拐骗之嫌。

（4）集中居住1年了，集中居住区基础设施如下水管道、生活垃圾处理、环境绿化全未到位，村委会总是推诿，村民看不到解决态度和进度。

（5）新社区开展的电脑、机床、缝纫等职业技能培训，纯粹就是走过场，糊弄老百姓，套取国家的钱，无实效可言。

倪湾集中居住区，村与村之间的土地占用与划拨补偿问题，是集中居住区涉及外村并入、多村合并时都会面临的问题，具备典型性。合理的新社区选址规划，良好的土地划拨补偿分配方案，值得深入探讨。（余翔）

案例62：请给我一张农民的身份证

X县L村黄某，22岁。一个很精神的小伙子，也许是因为刚做爸爸的喜悦，与我聊起来滔滔不绝。他是我在整个调查过程中遇到的唯一的"90"后，所以特别想听听他的想法。他高中毕业后一直在浙江打工，没有专业技术，待遇也比较低，月收入一般1500元左右。按照父母的要求早早结婚并有了孩子。他没有真正干过农活，但是因为有孩子了，如果长期在外打工以后孩子上学不方便，所以不准备出去打工了。他想从村里承包几百亩土地做个真正的农民，但是目前有以下困难：①承包费用短缺；②没有种植技术；③粮食价格不稳定，风险大。他说，如果可以给他一张农民的身份证，然后凭证能低息贷款，得到技术支持以及合理的价格保护，他就真正能干了。他说，现在小区干净了，住在家里总比在外打工住的房子舒服，在外面还受歧视。

此案例可知：①"90"后也并不是对土地完全没有情感，由于集中居住后社区环境的改善，他们感觉自己像过着城里人的生活一样，他们愿意回到农村；②黄某所面临的问题，也正是农业社会化服务体系目前存在的问题，虽然早在1986年中央1号文件都提及了社会化服务体系，但到目前还存在口号化，需求与供给脱节，服务体制死板等问题；③土地流转后农业专业化，农业产业化已经成为一种必然的趋势，农民身份化也不失为一种新的探索。（谈小燕）

案例63：水引不到田边，抛荒3亩

汤某，J村村民，37岁，穿着一身红黑配连衣裙，很时尚。她拒绝了问卷调查，但很愿意与我聊天。她家两个孩子，儿子13岁，女儿5岁，丈夫

不干农活时帮别人开拖拉机。她家即将搬迁，集中居住的房子正在装修。在谈到承包地时，先前一脸的幸福立显凝重。她家以前 3 亩田地流转给了集体，然后从村里以每亩 350 元的价格流入 20 亩，目前种植小麦面积为 17 亩，抛荒 3 亩。抛荒的 3 亩地主要是因为无法浇灌，水过不去，她说从外面抽水的话离水渠太远很麻烦。也就是说她承包的 3 亩地不但没有收益每年还得付出 1050 元的承包费。J 村灌溉方式主要是传统的水渠，在 J 村因为灌溉抛荒的还远不止她一家，她哥家也因为灌溉不方便而抛荒 4 亩。土地集中整治与基础设施的滞后性给生产带来严重的影响。（谈小燕）

案例 64：村民、合作社和种粮大户

江某，48 岁，向我们讲述了该村的村民、合作社以及种粮大户的事例。该村村民大多数出门务工，很多村民每年的收入在 10 万元以上，这部分收入较高的人基本上不种地，把土地全部转包给合作社，合作社又通过和种粮大户签订合同，由种粮大户在土地上种植粮食作物，确立了"农民享有土地承包权，合作社享有管理权，种粮大户享有经营权"的理念。该合作社挂靠在该县农机局，成为一个注册的组织，而且按照《中华人民共和国农民专业合作社法》制定合作社的章程，明确了各个主体的权利和义务。合作社对种粮大户提供各种服务和扮演监督的角色，种粮大户在耕地上只能种植粮食，而不能改变土地用途。农民以每亩 300 元的价格将土地集中到合作社，合作社则以每亩 350 元的价格转包给种粮大户，其中的溢价收入归合作社。（华东旭）

案例 65：农业机械合作社不是简单地把机器集中在一块

黄某，50 岁，告诉我们关于该村农业机械合作社的事情。该村学习外村的先进经验，力图建立农业机械合作社，提高农业的机械化水平。但是，从黄某处得知，该农业机械合作社既没有专门的章程，也没有组织机构，就是单纯地把村里面的机器集中在一块，在收割、耕种季节只要有农户需要机器，就由机器的所有人以有偿的形式进行收割、耕种等。该农业机械合作社基本上是徒有其名，实际上并没有发挥合作社的真正功能，只是学习到了外村先进经验的皮毛，合作社的大院成为摆放机器的"展览馆"。（华东旭）

参考文献

［1］郑风田、傅晋华：《村庄整治：现状、问题与对策》，《农业经济问题》2007 年第 9 期。

［2］张金明、陈利根：《村庄整治的意愿、影响因素及对策研究》，《农村经济》2009 年第 10 期。

［3］阮荣平：《农村集中居住：发生机制、发展阶段及拆迁补偿》，《中国人口》2012 年第 22 卷第 2 期。

［4］党国英：《如何看"迁村并居"热潮》，《人民论坛》2010 年 8 月。

［5］刘元胜、崔长彬、唐浩：《城乡建设用地增减挂钩背景下的撤村并居研究》，《经济问题探索》2011 年第 11 期。

［6］李昌平：《环球时报》2012 年 4 月 25 日。

［7］马贤磊、孙晓中：《不同经济发展水平下村庄整治后的福利变化研究》，《南京农业大学学报》（社会科学版）2012 年第 12 卷第 2 期。

［8］潘国建、姚佳威：《村庄整治得失》，《财经》2010 年第 22 期。

［9］韩俊、秦中春、张云华、王鹏翔：《引导村庄整治存在的问题与政策思考》，《国研报告》2006 年 11 月 26 日。

［10］胡克梅、杨子蛟：《对集体建设用地使用权流转的思考》，《中国房地产》2003 年第 11 期。

［11］杨继瑞、周晓蓉：《统筹城乡背景的村庄整治及其制度重构：以四川为例》，《改革》2010 年 8 月。

［12］王碧红、苏保忠：《比较分析框架下的"村改居"社区居委会的治理研究》，《湖北社会科学》2007 年第 6 期。

［13］苏培霞：《"村改居"集体资产改造的路径选择》，暨南大学硕士学位论文，2011 年 6 月。

［14］付群：《"村改居"背景下社区集体资产股份制改革研究》，《安徽农

业科学》2012 年第 8 期。

[15] 郑风田、赵淑芳：《"农转居"过程中农村集体资产处置：问题与对策》，《甘肃社会科学》2005 年第 6 期。

[16] 万国华：《宅基地换房中的若干法律问题》，《中国房地产》2009 年第 3 期。

[17] 郭振杰、曹世海：《"地票"的法律性质和制度演绎》，《政法论丛》2009 年第 2 期。

[18] 王延强、陈利根：《农户集中居住对农地细碎化程度的影响》，《农村经济》2008 年第 10 期。

[19] 吴晓燕：《从文化建设到社区认同：村改居社区的治理》《华中师范大学学报》2011 年第 9 期。

[20] 叶继红：《村庄整治、文化适应及其影响因素》《社会科学》2011 年第 4 期。

[21] 丁煌、黄立敏：《从社会资本视角看"村改居"社区治理》，《特区实践与理论》2010 年第 3 期。

[22] 张金明、陈利根：《村庄整治的意愿、影响因素及对策研究》，《农村经济》2010 年第 4 期。

[23] 白莹、蒋青：《村庄整治方式的意愿调查与分析》，《农村经济》2011 年第 7 期。

[24] 鲍海君、吴次芳、贾化民：《土地整理规划中公众参与机制的设计与应用》，《华中农业大学学报》（社会科学版）2004 年第 1 期。

[25] 易小燕、陈印军、杨瑞珍：《农民"被上楼"的权益缺失及其保护措施》，《中国经贸导刊》2011 年第 22 期。

[26] 易舟：《公众参与农村闲置宅基地整理的研究综述》，《农业科技管理》2012 年第 3 期。

[27] 陈佳贵、黄群慧、吕铁、李晓华等：《中国工业化进程报告（1995 ~ 2010)》，《学术动态》2012 年第 32 期，中国社会科学院科研局主办。

[28] 刘炜、黄忠伟：《统筹城乡社会发展的战略选择及制度构建》，《改革》2004 年第 4 期。

[29]《关于对〈关于统计上划分城乡的暂行规定〉和〈国家统计局统计上划分城乡工作管理办法〉的说明》。

[30] 谭崇台主编《发展经济学》，山西经济出版社，2001。

[31] 李恩平：《韩国城市化的路径选择与发展绩效——一个后发经济体成败案例的考察》，中国商务出版社，2006。

[32] 魏后凯主编《现代区域经济学》，经济管理出版社，2006。

[33] 陈成文：《社会弱者论》，时事出版社，2000。

[34] 朱力：《社会问题概论》，社会科学文献出版社，2002。

[35] 王思斌：《改革中弱势群体的政策支持》，《北京大学学报》2003 年第 6 期。

[36] 孙莹：《论农村最低生活保障制度对农村弱势群体的保护》，《人口与经济》2004 年第 10 期。

[37] 余少祥：《法律语境中弱势群体概念构建分析》，《中国法学》2009 年第 3 期。

[38] 张娟、樊文星：《农村税费改革对弱势群体的影响》，《经济问题探索》2006 年第 1 期。

[39] 李迎生：《社会转型加速期的弱势群体问题：特点及其成因》，《河南社会科学》2007 年第 3 期。

[40] 郝朝辉：《农村土地流转问题的深层思考》，《农村经济》2005 年第 2 期。

[41] 胡武贤：《农村弱势群体的生成变动与评价体系》，《求索》2006 年第 8 期。

[42] 郑杭生、李迎生：《走向更加公正的社会——中国人民大学社会发展研究报 (2002—2003)》，http://ehina. org. en/ehinese/zhuanti/264615. htm#12，2003 年 3 月 10 日。

图书在版编目（CIP）数据

村庄整治效果和影响的实证研究/崔红志等著. —北京：
社会科学文献出版社,2015.6
ISBN 978 - 7 - 5097 - 7169 - 3

Ⅰ.①村…　Ⅱ.①崔…　Ⅲ.①乡村规划 - 案例 - 中国
Ⅳ.①TU982.29

中国版本图书馆 CIP 数据核字（2015）第 042170 号

村庄整治效果和影响的实证研究

著　　者／崔红志　等

出　版　人／谢寿光
项目统筹／任文武
责任编辑／张丽丽　王　颉

出　　　版／社会科学文献出版社·皮书出版分社（010）59367127
　　　　　　地址：北京市北三环中路甲 29 号院华龙大厦　邮编：100029
　　　　　　网址：www. ssap. com. cn
发　　　行／市场营销中心（010）59367081　59367090
　　　　　　读者服务中心（010）59367028
印　　装／三河市尚艺印装有限公司

规　　格／开　本：787mm × 1092mm　1/16
　　　　　　印　张：21.75　字　数：353 千字
版　　次／2015 年 6 月第 1 版　2015 年 6 月第 1 次印刷
书　　号／ISBN 978 - 7 - 5097 - 7169 - 3
定　　价／68.00 元